Kurt Gödel
**Philosophische
Notizbücher**
Band 4
Maximen IV
*Seite 7*

Kurt Gödel
**Philosophical
Notebooks**
Volume 4
Maxims IV
*Page 137*

# Kurt Gödel
# Philosophische Notizbücher

Herausgegeben von Eva-Maria Engelen
im Auftrag der Berlin-Brandenburgischen
Akademie der Wissenschaften (BBAW)

BAND 4

# Philosophical Notebooks

Edited by Eva-Maria Engelen
on behalf of the Berlin-Brandenburg Academy
of Sciences and Humanities (BBAW)

VOLUME 4

# Kurt Gödel
# Maximen IV /
# Maxims IV

Herausgegeben von /
Edited by Eva-Maria Engelen
Aus dem Deutschen von /
Translated from German by Merlin Carl

**DE GRUYTER**

Edited on behalf of the Berlin-Brandenburg Academy
of Sciences and Humanities (BBAW) with support
of the Hamburg Foundation for the Advancement of Research and Culture.

Design: Friedrich Forssman.
Typeface: Chaparral Pro by Carol Twombly.

Editing of the German Text: Christopher von Bülow.
Editing of the English translation: Carolyn Benson.
Funding of the translation: Alfred P. Sloan Foundation.

Printed in Germany.
Printed on acid-free paper.

Works of Kurt Gödel used with permission
from the Institute for Advanced Study.
Unpublished Copyright (1934 – 1978)
Institute for Advanced Study.
All rights reserved by Institute for Advanced Study,
Princeton, New Jersey, U.S.A.

© Copyright 2024 by
Walter de Gruyter GmbH, Berlin/Boston.
Dieser Band ist text- und seitenidentisch mit der 2023 erschienenen
gebundenen Ausgabe.

Library of Congress Control Number: 2022919491

Bibliographic information published by the Deutsche Nationalbibliothek
The Deutsche Nationalbibliothek lists this publication
in the Deutsche Nationalbibliografie;
detailed bibliographic data are available on the Internet
at http://dnb.dnb.de

ISBN 978-3-11-162253-8
eISBN 978-3-11-077301-9

Inhalt – Contents

Kurt Gödel – Philosophische Notizbücher ... 7
　Dank ... 9
　Editorische Notizen ... 10
　Einleitung ... 14
　Max IV ... 47


Kurt Gödel – Philosophical Notebooks ... 137
　Acknowledgments ... 139
　Editorial Notes ... 139
　Introduction ... 141
　Max IV ... 177


　Biographische Skizzen –
　　Biographical Vignettes ... 265
　Literaturverzeichnis und Werkregister –
　　References and Index of References ... 269
　Personenregister –
　　Index of Names ... 272

# Kurt Gödel
# **Maximen IV**

Herausgegeben von Eva-Maria Engelen

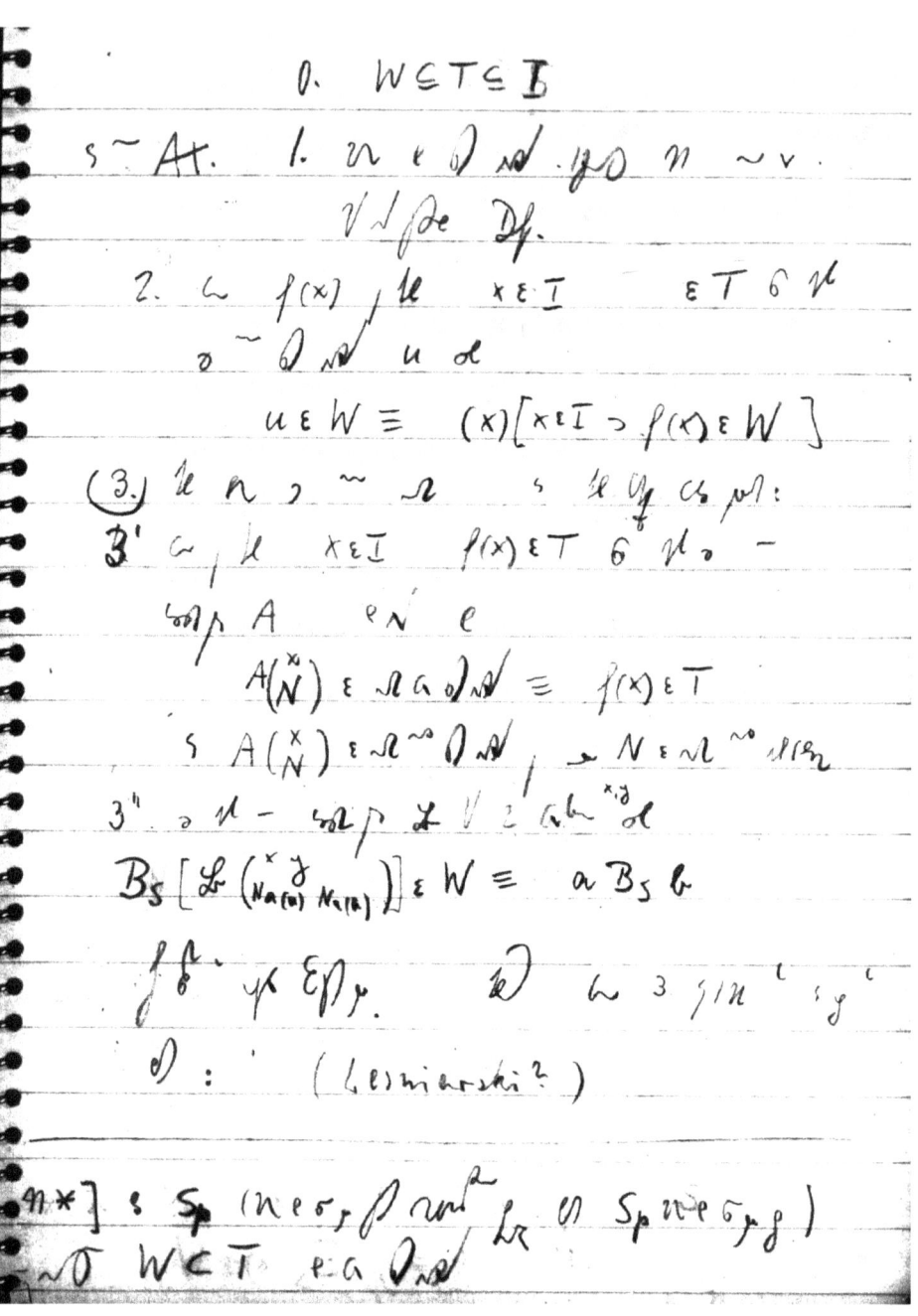

# Dank

Die Edition von Kurt Gödels Philosophischen Notizbüchern wird durch die Hamburger Stiftung zur Förderung von Wissenschaft und Kultur sehr umfassend und großzügig unterstützt. Dafür sei ihr, und namentlich Jan Philipp Reemtsma, auch an dieser Stelle herzlich gedankt.

Die Übersetzung ins Englische wurde dankenswerterweise von der Alfred P. Sloan Foundation finanziert.

Der Berlin-Brandenburgischen Akademie der Wissenschaften, an der die Edition von Kurt Gödels Philosophischen Notizbüchern angesiedelt ist, gebührt gleichfalls großer Dank für umfangreiche Unterstützung. Insbesondere sind hier ihr Altpräsident Martin Grötschel, der amtierende Präsident Christoph Markschies sowie die Akademiemitglieder Jürgen Mittelstraß und Martin Mulsow zu nennen.

Den Nachlassverwaltern von Kurt Gödels Hinterlassenschaft gilt mein Dank für die Erlaubnis, Gödels Notizbücher zu edieren, dem Archiv des Institute for Advanced Study in Princeton sowie der Rare Books and Manuscripts Division der Firestone Library der Princeton University für Materialbereitstellung aus dem Nachlass.

Für Auskünfte, fachkundigen Rat und sonstige Hilfestellungen in Fragen, die insbesondere den vorliegenden Band betreffen, danke ich Merlin Carl (Flensburg/Konstanz), John W. Dawson, Jr. (York, Pennsylvania), Cheryl A. Dawson (York, Pennsylvania), Christian Fleischhack (Paderborn), Gottfried Gabriel (Jena), Marija Gorse (Konstanz), Maria Hämeen-Anttila (Helsinki), Leon Horsten (Konstanz), Karl Sigmund (Wien), Jonathan Tennenbaum (Berlin), Sue Toledo (St. Louis, Missouri), Daniel Wilhelm (Konstanz), Christopher von Bülow (Konstanz) und Andreas Zierl (Dresden).

Christian Fleischhack, Merlin Carl und Christopher von Bülow haben dazu beigetragen, die gröbsten Fehler und Ungenauigkeiten in der Kommentierung zu verhindern.

**Editorische Notizen**

Bei den vorliegenden Transkriptionen, die von Eva-Maria Engelen stammen, handelt es sich um eine Textrekonstruktion aus der Kurzschrift Gabelsberger. Die dadurch erforderlichen grammatikalischen und sonstigen Ergänzungen werden für die daran interessierten Leser sichtbar gemacht, wurden aber so gewählt, dass die Lektüre für die an den Zusätzen uninteressierten Leser nicht erschwert wird.

Der Band enthält ein umfangreiches Literaturregister der Werke, die Gödel gelesen und für seine Notizen herangezogen hat. Die ausführlichen Angaben dazu finden sich im Werkregister, Kurzangaben dazu zudem im Kommentarapparat. Grundsätzlich wurden Erstausgaben angeführt, es sei denn, es ist erkennbar, welche Ausgabe Gödel nachweislich oder anzunehmenderweise benutzt hat. In diesem Fall wurde die von ihm verwendete Ausgabe angegeben. Die Literatur, welche für die Einleitung ausgewertet wurde, ist getrennt davon im Anschluss an dieselbe angeführt, allerdings nicht noch einmal im Werkregister.

Zitate aus Kurt Gödels Philosophischen Notizbüchern werden mittels nicht abgekürzten Titels sowie Seiten- und Zeilenangaben des jeweiligen Bandes belegt, wenn der edierte Text gedruckt vorlag; war das nicht der Fall, werden der von Gödel abgekürzte Manuskripttitel und die Manuskriptseiten angegeben. Auch wenn auf das Manuskript Bezug genommen wird, wird der von Gödel abgekürzte Titel des Manuskripts angeführt.

Nähere Angaben zu den von Gödel direkt oder indirekt angeführten Personen finden sich im Personenregister, mitunter auch im erläuternden Kommentarapparat.

Die Notation der logischen Zeichen wurde in der englischen Übersetzung in moderne Notation übertragen; im deutschen Originaltext ist hingegen die Notationsweise Gödels beibehalten worden, um die Erforschung historischer logischer Notationen zu ermöglichen. Beibehalten wurde auch in der englischen Übersetzung Gödels Gebrauch der logischen Symbole → und ⊃.

Die Übersetzung ins Englische gleicht in ihrer typographischen Gestalt dem deutschen Text. Es entfallen: unsichere Lesarten / die Differenzierung in Lang- und Kurzschrift / die Hervorhebung von Wort- und Wortteil-Ergänzungen / die Hervorhebung von Gödel-Interpunktionen / die Markierung unlesbarer Textteile / die

Markierung von Einfügungen / weitgehend der nicht erläuternde Kommentarapparat. Unterstreichungen erfolgen nur einfach.

*Editionsrichtlinien*

Die erforderliche Ergänzung einzelner Buchstaben im Falle syntaktischer, grammatikalischer Interpretationen wie Pluralsetzung, Kasus etc., die Auswirkungen auf die Semantik haben könnten, ist durch Graudruck sichtbar gemacht. Hat eine Ergänzung hingegen keine erkennbaren Auswirkungen auf die Semantik, wird sie stillschweigend vorgenommen. — Textergänzungen

Die Ergänzung ganzer Worte erfolgt im Graudruck ohne eckige Klammern. — Ergänzung ganzer Wörter

Da das Setzen von Satzzeichen, insbesondere von Kommata, im Deutschen oftmals mit einer Interpretation einhergeht und sich sogar sinnverändernd auswirken kann, werden die von der Herausgeberin eingefügten Satzzeichen nicht fett gedruckt; die von Gödel gewählten Satzzeichen werden hingegen fett gedruckt und sind immer geradestehend. — Satzzeichen und Ergänzung

Die in der Regel verwendete Kurzschrift Gabelsberger wird in der Transkription in einer Antiqua, also einer Serifenschrift, wiedergegeben. Die Langschrift erfolgt in *kursiver Schrift*; sie kommt meist bei Personen- und Ortsnamen sowie bei Zitaten in nichtdeutscher Sprache vor. — Lang- und Kurzschrift

Unsichere Lesarten stehen in leichter Grotesk. Danach steht kein Fragezeichen in Spitzklammern oder Ähnliches. — Unsichere Lesarten

Auflösen von Abkürzungen: In Gabelsberger standardisierte Abkürzungen wurden im Fließtext in ganzen Worten wiedergegeben, innerhalb der Klammern jedoch auch in der Transkription als Abkürzungen. Das soll die Lesbarkeit des Textes erhöhen. — Abkürzungen

Wiedergabe von Zahlangaben: Gödel schreibt Zahlangaben manchmal als Ziffern, manchmal als Worte. In der Transkription wurde — Zahlangaben die jeweilige Vorgehensweise Gödels übernommen, nicht so in der englischen Übersetzung.

Unterstreichungen — Gödel unterstreicht in zahlreichen Varianten: einfach, doppelt, dreifach, gestrichelt, wellenförmig oder in Kombination dieser Varianten. Einfache, doppelte und dreifache Unterstreichungen werden als solche sichtbar gemacht, wellenförmige oder gestrichelte jedoch nicht, sie werden als einfache Unterstreichungen wiedergegeben. In der englischen Übersetzung werden die Unterstreichungen nur als einfache sichtbar gemacht.

Streichungen — Streichungen werden mit senkrechtem Strich | angegeben und im Apparat für editorische Erläuterungen wiedergegeben. Eine Ausnahme davon sind Streichungen, bei denen davon auszugehen ist, dass sie erledigte Punkte auf einer Liste wiedergeben, weil Gödel den Buchtitel gelesen oder die Aufgabe erledigt hat etc.

Einfügungen — Einfügungen durch Gödel werden in {Schweifklammern} wiedergegeben.

Paginierung der Manuskriptseiten — Die Paginierung der Manuskriptseiten durch Gödel wird in eckigen Klammern angegeben. Bei Verweisen auf einzelne Stellen innerhalb eines Notizheftes wird diese Paginierung angegeben. Erfolgt die Paginierung innerhalb einer Aufzählung, wird sie rechtsbündig wiedergegeben, ansonsten linksbündig. Die Paginierung der geraden und ungeraden Seitenzahlen stammt zum Teil von Gödel, die fehlenden wurden meist stillschweigend ergänzt.

Gödels Fußnoten, Kommentarapparat — Gödels Fußnoten erscheinen in der Edition als Marginalien. Diese Vorgehensweise wurde gewählt, um den Lesefluss zu erleichtern und um ihre Zugehörigkeit zum Textkorpus deutlich werden zu lassen. Nachweise und Erläuterungen werden als Fußnoten unter den Kolumnen gegeben. Der Kommentarapparat steht am Seitenfuß außen.

Literaturangaben — Die Kenntlichmachung von Buchtiteln erfolgt im Anmerkungsapparat durch ›einfache Anführungszeichen‹, die von Aufsatztiteln und anderen unselbstständigen Titeln durch »doppelte Anführungszeichen«.

Unlesbare Textteile werden mit einfachem senkrechten Strich | angegeben (Strich in leichter Grotesk) und kommentiert. Gestrichene unlesbare Textteile werden mit doppeltem, durchgestrichenem senkrechten Strich ╫ angegeben. *Unlesbares*

Die Gödel-»Fußnoten« in den Marginalspalten sind bezeichnet: Sternchen, zwei Sternchen, drei Sternchen, Kreuz, Doppelkreuz, Paragraph, Alinea (* / ** / *** / † / ‡ / § / ¶). Diese Symbole stehen im Text (Kreuz † bis Alinea-Zeichen ¶ werden im Haupttext hochgestellt, † vor dem Text in den Marginalien jedoch nicht) und zu Beginn der Anmerkungen. Die Marginal-»Fußnoten« beginnen jeweils auf der Höhe der Markierung im Text, soweit möglich, ansonsten schließen sie direkt an die vorige Fußnote an. *Fußnoten, -zeichen*

*Typographische Angaben*

Die Schrift ist die »Chaparral Pro« von Carol Twombly. Durch ihren geringen Strichstärkenunterschied eignet sie sich gut für Graudruck. Es gibt sie in verschiedenen Designgrößen; für die Fußnoten und Marginalien werden die »Caption«-Schnitte verwendet, die für kleinere Grade optimiert sind. Die Grotesk ist die Gill Sans light. *Schriften*

Die Satzart ist grundsätzlich Blocksatz, wobei tabellen- und listenartige Textteile auch im Flattersatz stehen können. *Satzart*

Alle Anführungszeichen haben »diese« bzw. ›diese‹ Form. *Anführungszeichen*

Es wird mit Ligaturen gesetzt. Im Deutschen werden die Ligaturen ff, fl und fi aufgelöst, wo es korrekt ist (in Wortfugen wie bei »Auflage«). *Ligaturen*

Es werden Mediävalziffern verwendet (1234567890). Im Formelsatz ist Verwendung von Versalziffern (1234567890) möglich. In der Bezeichnung ›Max 0‹ steht immer die Versalziffer. *Ziffernform*

*Abdruckgenehmigung*

Dem Institute for Advanced Study, Princeton, ist als Nachlassverwalter von Kurt Gödels Nachlass für die Erlaubnis zu danken, Kurt Gödels ›Maximen Philosophie‹ zu transkribieren, zu edieren, zu veröffentlichen und zu übersetzen.

## Einleitung

Bei ›Maximen IV‹ handelt es sich in einem gewissen Sinne um das bis dahin komplexeste, weil facettenreichste, Notizheft in der Reihe der Philosophischen Notizbücher Gödels. So enthält es insgesamt nochmals 18 Maximen, die über das gesamte Heft verstreut sind, freilich mit einer Häufung zu Beginn. Diese Maximen sind solche zur Arbeit, insbesondere auch zur mathematischen Arbeit, zur Hygiene, zur Zeiteinteilung, aber desgleichen zur Heuristik.

Die Ars inveniendi als Heuristik verstanden gehört in Leibniz' Systematik zur Scientia generalis. Die Ars inveniendi ist als Ars combinatoria, die sich mit den Regeln befasst, nach denen Zeichen kombiniert werden, um zu neuem Wissen zu gelangen, Kunst des Auffindens von Fragen sowie der Antworten. Für Gödel ist Heuristik ein Hilfsmittel für methodisch betriebene Wissenserweiterung. Auf Manuskriptseite 174 von ›Maximen IV‹ bezeichnet Gödel die Logica inventiva als Methodenlehre. Bei Bernard Bolzano, dessen Schriften Gödel ebenfalls rezipiert hat, ist die Heuristik ein »Inbegriff von Regeln, die bei Erfindung neuer Wahrheiten zu beobachten sind«.[1] Der Ars inveniendi zur Seite gestellt ist bei Leibniz zudem die Ars iudicandi, durch die eine Festlegung erfolgt, was ein mathematischer Beweis ist, was eine logische Folgerung, was eine Wahrscheinlichkeitsbegründung und was eine Rechtfertigung. Der Ars iudicandi und der Ars inveniendi dient eine Ars characteristica als Kunst der geeigneten und angemessenen Wahl von Zeichen und Symbolen. Zu all diesen Aspekten, wie etwa zu

---

[1] Siehe Bernard Bolzano, ›Wissenschaftslehre‹, Bd. 1, Einleitung § 9, S. 40; dort verwendet Bolzano explizit den Begriff ›Heuristik‹. In Band 3, vierter Teil, §§ 322–391, S. 293–575 seiner ›Wissenschaftslehre‹ äußert er sich zudem ausführlich zur Heuristik als Erfindungskunst (Bernard Bolzano, ›Wissenschaftslehre. Versuch einer ausführlichen und grösstentheils neuen Darstellung der Logik mit steter Rücksicht auf deren bisherige Bearbeiter‹, Bde. 1–4, Sulzbach (Seidel) 1837).

methodischer Wissenserweiterung, zur Wahl geeigneter Symbole, zu Zeichenkombinationen oder zur Bestimmung dessen, was ein Beweis ist, finden sich entsprechende Bemerkungen in ›Maximen IV‹, ohne dass eine ausdrückliche Zuordnung zu einer der Artes erfolgt. Dennoch ist offensichtlich, dass Heuristik, in einem umfassenden Sinn verstanden, in ›Maximen IV‹, ebenso wie bereits in ›Zeiteinteilung (Maximen) I und II‹ und in ›Maximen III‹, einen bedeutenden Platz einnimmt. Hervorzuheben sind hier insbesondere die vier Bemerkungen Grundlagen auf den Manuskriptseiten 163f., 221f. sowie 236ff. Diese Bemerkungen enthalten Ideen zur Lösung aller Probleme beziehungsweise jedes Problems in der Mathematik.[2] Sie sind über das ganze Notizbuch hinweg verteilt und waren Gödel erkennbar so wichtig, dass er Verweise zwischen diesen Bemerkungen angebracht hat. Am markantesten fällt das bei der Bemerkung Grundlagen auf Manuskriptseite 221f. aus, wo sowohl zu Beginn auf die entsprechende frühere Bemerkung hingewiesen wird als auch am Ende auf die entsprechende Bemerkung Grundlagen, die noch folgen wird. Zur Heuristik gehören auch Gödels Gedanken zu Analogieschlüssen, zum Wert von Analogien im Allgemeinen und zu Entscheidungsverfahren.

Damit ist die Vielzahl der in ›Maximen IV‹ erörterten Themen allerdings nicht annähernd angesprochen. Es finden sich über das Notizbuch verteilt Bemerkungen zur Funktion und Rolle von Sprache und Grammatik ebenso wie zur Sprachphilosophie oder zum Begriff des Begriffs und der Definition. Das Verständnis mathematischer Aussagen bildet dazu passend einen weiteren Themenbereich. Überhaupt sind Fragen zu Mathematik und Logik in diesem Notizbuch zentral. In welchem Verhältnis stehen Mathematik und Logik zueinander? Und in welchem steht die klassische aristotelische Logik zur modernen Logik? Gibt es mathematische

---

[2] Vgl. dazu auch ein Zitat Gödels, das van Atten und Kennedy in ihrem Aufsatz »On the Philosophical Development of Kurt Gödel« (in: Mark van Atten, ›Essays on Gödel's Reception of Leibniz, Husserl, and Brouwer‹, Cham/Heidelberg (Springer) 2015, S. 95–145) auf S. 102 anführen: »The universal characteristic claimed by Leibniz (1677) {if interpreted as a formal system} does not exist. Any systematic procedure for solving problems of all kinds would have to be nonmechanical« (Gödel-Nachlass (C0282), Behältnis 3c, Reihe I, Mappe 209, ursprüngliche Dokumentennummer 013184). Angesichts der Angaben von van Atten und Kennedy geht die Editorin davon aus, dass sich das Zitat in der Korrespondenz mit Hao Wang befindet. Auf Grund der Covid-19-Lage konnte die Stelle nicht persönlich von der Editorin überprüft werden. Der Zusatz »(C0282)« zu »Gödel-Nachlass« wird im Folgenden nicht wiederholt.

Sachverhalte? Und wenn ja, wie erfassen wir sie? Durch Intuition, Anschauung, Wahrnehmung? Ist das alles dasselbe? Zu allen diesen eminent wichtigen Fragestellungen kommen nicht weniger wichtige aus der Philosophie des Geistes hinzu. Wie ist das Verhältnis von Seele oder Geist und Materie zu denken?

Durch diesen kursorischen Überblick über einige der zentralen Punkte dieses Notizheftes – die Liste ist noch keineswegs vollständig und wird im Verlauf dieser Einleitung erweitert werden – mag seine Komplexität deutlich werden. Letztere könnte ein Grund sein, warum Gödel ›Maximen IV‹, anders als den vorangegangenen Notizbüchern, nachträglich ein Inhaltsverzeichnis vorangestellt hat. Was ihn letztendlich dazu bewogen hat, lässt sich dennoch nur mutmaßen. Es dient sicherlich dem schnelleren Auffinden bestimmter Themen, könnte jedoch, so wie es angelegt ist, noch eine weitere Funktion gehabt haben.

### Das Inhaltsverzeichnis

Es lautet, erweitert um einen Eintrag zu Beginn und zwei Zusätze am Ende, wie folgt:

<u>p. 247 Beweisidee</u> für Menge der Mächtigkeit $\aleph_1$ aller Wachstumstypen

| | | |
|---|---|---|
| *Mountain Ash Inn* | *p.* 167–190 | |
| neuer Beginn der *Philosophie* | *p.* 239 | |
| *März 42* | *p.* 243–58 | *Brouwer* Unterbrechung durch Grundlagen |
| *Philosophie der Principia* | *p.* 270 | |
| | Ende des Heftes | *ca. April* 1942 |

*Theologie*, *Philosophie*, *Psychologie* in diesem Heft ganz durchgesehen

Die Beweisidee für die Menge der Mächtigkeit $\aleph_1$ aller Wachstumstypen schnell auffinden zu können scheint Gödel besonders wichtig zu sein, weshalb er diesen Hinweis unterstreicht. Ob er ihn auch aus diesem Grund über das Inhaltsverzeichnis schreibt, oder weil er ihn dem Verzeichnis später hinzugefügt hat, muss offen bleiben.

Die anschließenden Einträge folgen dann allerdings keinem unmittelbar erkennbaren einheitlichen Schema. Wenn er bezüglich der Seiten 167–190 »Mountain Ash Inn« festhält, verweist das lediglich darauf, dass die dort festgehaltenen Bemerkungen in der Ferienanlage dieses Namens während der Sommerferien geschrieben wurden. Es handelt sich bei diesen Eintragungen vornehmlich um solche zur Philosophie und zu Grundlagenfragen der Mathematik und Logik.

Die Manuskriptseiten 190–239 enthalten größtenteils Bemerkungen zu Themenstellungen der Logik und Mathematik sowie zur Philosophie der Mathematik, wodurch sich der Eintrag »neuer Beginn der Philosophie« für Seite 239 erklären lässt. Freilich handelt es sich bei diesem Neubeginn des Nachdenkens über genuin philosophische Fragen lediglich um fünf Bemerkungen zur Philosophie auf den Seiten 239–243, ehe statt einer thematischen Angabe (»neuer Beginn Philosophie«) oder einer Ortsangabe (»Mountain Ash Inn«), wie zuvor, eine Zeitangabe (»März 1942«) gemacht wird und ein Name, nämlich der des Mathematikers und Logikers Luitzen Egbertus Jan Brouwer, eingetragen ist. Der anschließende Vermerk »*Brouwer* Unterbrechung durch Grundlagen« ist interpretationsbedürftig.

In ihrer Dissertation[3] schreibt Maria Hämeen-Anttila auf Seite 125f. dazu Folgendes: »There is one exception: Gödel read and made extensive notes (030135)[sic][4] on Brouwer's dissertation in

---

3 Maria Hämeen-Anttila, ›Gödel on Intuitionism and Constructive Foundations of Mathematics‹, Ph.D. Dissertation, Faculty of Arts, University of Helsinki, 2020.

4 Die Exzerpte zu Brouwers Dissertation befinden sich in Behältnis 10a, Reihe V, Mappe 39, ursprüngliche Dokumentennummer 050135; auf einem Zettel in der Mappe ist lediglich festgehalten, dass die diesbezüglichen Notizen vor 1952 geschrieben worden sind. Die von Gödel als ›alt‹ gekennzeichneten Bibliographien zur Logik und Philosophie der Mathematik, die sich in Behältnis 9b, Reihe V, Mappe 2, ursprüngliche Dokumentennummern 050013 und 050014, des Nachlasses befinden, zeigen jedoch, dass Gödel sich schon früh mit den Schriften Brouwers beschäftigt hat. Dort hat er sich nicht nur ›Over de grondslagen der wiskunde‹ von 1907 notiert, sondern auch »Beweis der Invarianz der Dimensionszahl«, in: ›Mathematische Annalen‹ 70 (1911), S. 161–165; »Beweis der Invarianz des $n$-dimensionalen Gebiets«, in: ›Mathematische Annalen‹ 71 (1911), S. 305–313; »Zur Invarianz des $n$-dimensionalen Gebiets«, in ›Mathematische Annalen‹ 72 (1912), S. 55–56; »Intuitionistische Zerlegung mathematischer Grundbegriffe«, Vortrag gehalten am 6. Februar 1924, abgedruckt in: ›Jahresbericht der DMV‹ 33, 1925, S. 251–256; »Intuitionistische Mengen-

March 1942. The 14 pages of notes show that Gödel also read the philosophical parts very carefully and understood them well. In any case, these notes were made later than most of the material in ›Max Phil‹ 3 and 4 as well as ›Questions and Remarks‹, and there are few remarks on intuitionism after mid-1941; therefore it is difficult to say how the reading of Brouwer's dissertation affected Gödel's view on intuitionism.«

Und in der dazugehörigen Fußnote heißt es: »There is no date in the notes, and they have been stuck in the same folder with notes mostly from the 1950s. However, there are several pieces of evidence suggesting that the notes on Brouwer's dissertation are from the early 1940s. First of all, Gödel wrote to his brother in September 1941, asking if he could obtain a copy of Brouwer's dissertation [...]. Secondly, in the ›Max Phil‹ 4, one can find a margin note ›Beginn Lektüre Brouwer ca. Ende März‹ on p. 243 and a corresponding ›Ende Lektüre Brouwer Ende März 42‹ on p. 258. In the front page of the notebook, there is a note ›März 42 p. 243–58 Brouwer Unterbrechung durch Grundlagen‹ probably referring to ›Over de grondslagen‹. Finally, in ›AH‹ 14 there are notes on Brouwer's non-Archimedean systems dated March 1942 which show parallelism with the notes on the dissertation.«

Ob der Eintrag »März 42 p. 243–58 *Brouwer* Unterbrechung durch Grundlagen« tatsächlich auf Gödels Lektüre von L. E. J. Brouwers Dissertation ›Over de grondslagen der wiskunde‹ von 1907 verweist, ist jedoch aus zwei Gründen zumindest unsicher. Zum einen betreffen die Eintragungen auf den Manuskriptseiten 243–258 in ›Maximen IV‹ nicht ausschließlich Brouwer und las-

---

lehre«, in: ›Jahresbericht der DMV‹ 28, 1919, S. 203–208; »Intuitionism and Formalism«, in: »Bulletin of the American Mathematical Society‹ 20 (1913), S. 81–96; »Begründung der Mengenlehre unabhängig vom logischen Satz vom ausgeschlossenen Dritten«, in: ›Verhandelingen der Koninklijke Akademie van Wetenschappen te Amsterdam‹ 1918, 1919 (1920–1923), S. 1–43, S. 1–33; »Über die Bedeutung des Satzes vom ausgeschlossenen Dritten in der Mathematik, insbesondere in der Funktionentheorie«, in: ›Journal für die reine und angewandte Mathematik‹ 154 (1924), S. 1–7; »Zur Begründung der intuitionistischen Mathematik«, in: ›Mathematische Annalen‹ 93, 95, 96 (1925, 1926, 1927), S. 244–257, S. 453–472, S. 451–488; »De onbetrouwbaarheid der logische principes«, in: ›Tijdschrift voor wijsbegeerte‹ 2 (1908), S. 152–158. Auch im von Gödel als »alt« gekennzeichneten Katalog von ›Fragen Grundlagen‹ in Behältnis 12, Reihe IV, Mappe 44, ursprüngliche Dokumentennummer 060574, wird Brouwer unter Punkt 19 erwähnt, sowie in den Punkten 14, 17, 100 und 114 der Bemerkungen ›Grundlagen‹, von denen es allerdings unterschiedliche Listen in der Mappe gibt.

sen sich zudem nicht lediglich Brouwers Dissertation zuordnen, sondern auch anderen seiner Schriften. Zum anderen kann man den Eintrag »*Brouwer* Unterbrechung durch Grundlagen« auch so lesen, als wäre der Neubeginn der Arbeit an den Bemerkungen zur Philosophie durch Bemerkungen zu Grundlagen unterbrochen worden. Denn auf den Manuskriptseiten 258–270 finden sich vornehmlich Bemerkungen zu Psychologie, Philosophie und Theologie, und auch die Bemerkungen ab Manuskriptseite 270, die als Überlegungen zum Studium von Alfred North Whiteheads und Bertrand Russells ›Principia Mathematica‹ gekennzeichnet sind, sind zu einem Gutteil als Bemerkungen zur Philosophie ausgewiesen, während es sich bei den Bemerkungen auf den Manuskriptseiten 243–258 vornehmlich um solche zu Grundlagen handelt.

Was Gödels Inhaltsverzeichnis nicht vermerkt, von ihm aber im Notizbuch auf Manuskriptseite 261 festgehalten ist, ist seine Lektüre von Stephan Zweigs Buch ›Die Heilung durch den Geist‹, das 1931 bei Insel in Leipzig erschienen ist. Gödel fügt innerhalb des Manuskripts ein: »Lectüre Zweig (Mesmer, Baker, Freud)«. Die dieser Notiz folgenden Bemerkungen stehen allerdings nur in mittelbarem Zusammenhang mit dem genannten Werk, und lediglich eine Bemerkung, nämlich die auf Manuskriptseite 265 folgende zur Theologie, lässt sich direkt auf eine Stelle in Zweigs Werk beziehen. Dennoch ist in dem von ihm ausgewiesenen Bereich des Notizbuches der Einfluss der Lektüre auf die Bemerkungen Gödels erkennbar.[5]

Gödel könnte mittels dieser Einträge im Inhaltsverzeichnis sowie ähnlicher im Verlaufe des Notizbuches nicht allein seine Auseinandersetzung mit einzelnen Autoren und Werken festgehalten haben, sondern ebenso gut auf mögliche direkte und indirekte Einflüsse hingewiesen haben, die ein Ort wie die Ferienanlage Mountain Ash Inn, die Lektüre eines Autors wie Brouwer, ein Werk wie ›Die Heilung durch den Geist‹ oder eines wie die ›Principia Mathematica‹ auf seine Überlegungen gehabt haben.

---

[5] Auf Stefan Zweigs Ansichten zum Verhältnis von Körper, Seele und Krankheit geht Gödel auch in seinem Notizbuch ›Max V‹ ein, wo es auf Manuskriptseite 345 heißt: »*Bemerkung* (*Philosophie*): *Stefan Zweig* weist auf die Möglichkeit hin, dass die Einteilung der Krankheiten nach dem Organ nicht richtig sei, sondern Einteilung nach den persönlichen Umständen der Gesamtperson [*externe* und *interne* Zerlegung].« Gödel zieht Zweigs Buch hier nicht als das eines Literaten heran, sondern als das eines Wissenschaftshistorikers oder Medizinhistorikers, was dieser aber beides nicht ist.

Der dem Inhaltsverzeichnis folgende Hinweis »Theologie, Philosophie, Psychologie in diesem Heft ganz durchgesehen« suggeriert, dass die Bemerkungen zu Grundlagen nicht nochmals durchgesehen wurden, was insofern erstaunlich wäre, als sie fast die Hälfte des Umfangs dieses Notizbuches ausmachen.

### Ein Anfang und seine Implikationen

Vor dem eigentlichen Beginn der Bemerkungen findet sich am oberen Seitenrand des Notizbuches folgender Passus eingefügt:

Die Bedeutungsrelation bezieht sich auf [die] Abbildungsfunktion der Sprache, die Sinnrelation auf [die] Mitteilungsfunktion? (Das heißt [auf die] »verständliche« Abbildungsrelation.) Oder auf den psych[ischen] Akt der Konstruktion der Bedeutung aus dem Symbol?

Diese Fragen sind am oberen Rand des Notizbuches noch oberhalb der Seitenzahl aufgeschrieben. Der Beginn des Heftes ist als Ort dieser Eintragung jedenfalls beachtenswert. Nimmt man diesen Anfang als solchen ernst, stellt sich die Frage, worauf er verweist. Gödel bezieht sich zumindest mit dem Wortlaut der Fragen auf Gottlob Freges Begriff der Bedeutung,[6] die eine Relation der Referenz mit Weltbezug ist, sowie auf dessen Begriff des Sinns, der eine semantische Relation mit Implementation im Subjekt angibt. Später im Notizbuch führt er die <u>natürliche</u> Bedeutungsrelation als einfache Beziehung zwischen Begriff und Gegenstand an.[7] Diese Verwendungsweise ist allerdings durch das Adjektiv ›natürlich‹ als eine besondere eingeschränkt. Und tatsächlich ist

---

6 In »Russell's Mathematical Logic« erklärt Gödel, wie er Freges Begriff der Bedeutung versteht. Dort heißt es in Fußnote 4: »I use the term ›signify‹ in the sequel because it corresponds to the German word ›bedeuten‹ which Frege, who first treated the question under consideration, used in this connection.« »Russell's Mathematical Logic« erschien zuerst in: ›The Philosophy of Bertrand Russell‹, hrsg. v. Paul A. Schilpp, Evanston, Ill. (Northwestern University) 1944, S. 123-153. Zukünftige Forschung wird sich zudem mit der Frage zu beschäftigen haben, ob und inwiefern Heinrich Gomperz' Begriff der Bedeutung in Gödels Überlegungen eingegangen ist. Vgl. Heinrich Gomperz, »Die Glieder der Bezeichnungs- und Bedeutungsrelation« sowie »Erklärung der Bedeutungsrelation«, in: ders., ›Weltanschauungslehre, Bd. 2, Noologie‹, Jena (Eugen Diederichs) 1908, S. 132ff. und 284ff.

7 Siehe Manuskriptseite 223, Bemerkung Grundlagen 1 in diesem Notizbuch.

sie sogar irreführend, denn in Bemerkung Grundlagen 2 auf den Manuskriptseiten 232f. stellt Gödel klar, dass die Bedeutungsrelation nicht von empirischen Faktoren abhängt; wir dürfen sie also nicht als eine Abbildfunktion missverstehen, die die Wirklichkeit abbildet, sondern sollten an einen Isomorphismus denken.[8] Ohnehin müssen wir den Umstand sehr ernst nehmen, dass es sich hier um eine Frage handelt und nicht um eine Feststellung, denn die Frage, ob sich die Bedeutungsrelation auf »den psych[ischen] Akt der Konstruktion der Bedeutung aus dem Symbol« bezieht, wird auf Manuskriptseite 257f. negativ beantwortet. Dort heißt es: »Die Bedeutungsrelation hat nichts mit *Psychologie* (auch nicht *idealisierter*) zu tun.«

Gödel verwendet ›Bedeutungsrelation‹, wie er in der Bemerkung Grundlagen 1 auf Manuskriptseite 257f. von ›Max IV‹ schreibt, so, dass eine Sprache mehrere Bedeutungsrelationen haben kann, was zudem zeigt, dass es sich nicht um eine Relation im Sinne einer erkenntnistheoretischen Abbildtheorie handelt:

Dieselbe Sprache kann verschiedene Bedeutungsrelationen haben [...]: Beispiel: *intensionale* und *extensionale* Deutung der ›*Principia* [Mathematica]‹ [durch Begriffe und Klassen[9]]. [...] Die Bedeutungsrelation hat nichts mit Psychologie [...] zu tun [...]. Dagegen ist die Fregesche ›Sinnrelation‹ keine Bedeutungsrelation in diesem Sinn. Sie [...] hat etwas mit Psychologie zu tun. Nämlich: Sinn(P) = das psychische Bild von P [welches unmittelbar wahrgenommen wird] = die durch P angeregte Vorstellung.

---

8 Auf Manuskriptseite 176f. setzt er in der dazugehörigen Marginalie zur Erläuterung von ›Analogie‹ Isomorphismus und »Bedeutungsrelation« gleich; der Begriff für letztere steht allerdings in Anführungszeichen.
9 Später hat Gödel in diesem Kontext von »Mengen« statt von »Klassen« gesprochen. Vgl. etwa Hao Wang, ›A Logical Journey. From Gödel to Philosophy‹, Cambridge, Mass. u. a. (MIT Press) 1996, S. 274, Nr. 8.6.1. In »Bemerkungen Grundlagen« (nicht zu verwechseln mit den Notizheften ›Resultate Grundlagen‹) heißt es des Weiteren im Gödel-Nachlass in Behältnis 12, Reihe IV, Mappe 44, ursprüngliche Dokumentennummer 060574, dort Nr. 109: »*Russell No Class Theory*: 1. Jede Aussage über Klassen lässt sich umwandeln in Aussagen über definierende Begriffe. 2. Jede Aussage über Begriffe lässt sich umwandeln in eine Aussage über das Ding, welches unter den Begriff fällt, oder über das entsprechende ›Wort‹ (das ergibt zugleich die einfache *Typentheorie* und die *Extensionalitäts-These*). Aber Existenzaussagen über Begriffe haben zunächst keinen Sinn (sie sind bloße Abkürzungen).« Da Gödel in Nr. 119 der »Bemerkungen Grundlagen« auf ›Maximen Heft I‹, S. 72, rekurriert, ergibt sich, dass die »Bemerkungen Grundlagen« nach 1938 niedergeschrieben worden sind.

Die intensionale Deutung der ›Principia‹ ist mithin eine mittels Begriffen und die extensionale eine mittels Klassen. Daneben führt Gödel in einer weiteren Bemerkung noch die psychologische, nominalistische und idealistische Interpretation dieses Werkes an, wobei er die psychologische die »natürliche« nennt. »Psychologisch« nennt er sie, weil er eine Klasse natürlicher Zahlen als eine sogenannte Verhaltensweise, das heißt, ein Konstruktionsverfahren, versteht, das schöpferisch ist,[10] mithin eines, das nicht fix vorgegeben ist, dem wir wie auf Schienen folgen müssen, sondern eines, mit dem sich auch Neues schaffen lässt.[11] Etwas Neues konstruieren zu können ist für Gödel also zumindest beim Menschen ein Merkmal des Psychischen.

Gödels Wortwahl erlaubt es, einen Zusammenhang zwischen seiner psychologischen Deutung der ›Principia Mathematica‹ und seinem besonderen Interesse am Intuitionismus herzustellen. Letzteres rührt offenbar nicht allein von der intuitionistischen Stellungnahme im Grundlagenstreit der Mathematik her. Der Gedanke der Konstruktion steht bekanntlich hinter Brouwers Stellungnahme im Grundlagenstreit, und für Gödel deutet sich da wohl eine Verbindung zur psychologischen Deutung der ›Principia Mathematica‹ an. Denn da Gödel in der psychologischen Deutung der ›Principia Mathematica‹ Konstruktionsverfahren mit Psychologie in Zusammenhang bringt, kann man hierin zumindest einen Grund unter anderen sehen, warum er den Intuitionismus in ›Maximen III‹ eine »schematisierte Psychologie« nennt. Versteht man den mathematischen Intuitionismus als formale Theorie einer idealisierten Psyche, ist diese Annahme allerdings selbst ohne zusätzliche Herleitung einleuchtend.

So heißt es auf Seite 165, kurz vor Ende des Notizbuches ›Maximen III‹, das nächste Ziel für seine nichtmathematische Arbeit sei es, »die Grundbegriffe der Psychologie in Ordnung [zu] bringen«, denn das sei auch für seine Grundlagenarbeit in Mathematik und

---

10 Vgl. dazu Manuskriptseite 270, Bemerkung Grundlagen 1 in diesem Notizbuch.
11 Vgl. dazu auch ›Philosophie I Maximen 0‹, S. 104, Zeilen 4–14: »*Bemerkung*: Grundbegriffe, einfache Begriffe, zusammengesetzte Begriffe haben eine *psychologische* und eine logische Bedeutung (logisch = *psychologisch* im Verstand Gottes). *Frage*: Sind alle Begriffe *psychologisch* durch *Kombination* und Iteration einiger weniger erreichbar? Diese wenigen charakterisieren dann den Menschen, aber das Kombinieren ist nicht mechanisch, sondern das Resultat der Kombination (Kombination in verschiedener Weise möglich) ›zu erkennen‹ ist die Hauptfähigkeit des Verstandes. Sie folgt daraus, dass die Grundbegriffe ›Verstand‹ wurden.«

Logik wesentlich: »Die Rechtfertigung dafür ist: 1.) Anwendungen für Grundlagen (*Intuitionismus* ist eine schematisierte *Psychologie*).« Hämeen-Anttila schließt aus Bemerkungen wie diesen, dass für Gödel die Begriffe, die der Intuitionismus klären möchte, intuitive oder Alltagsbegriffe sind, die für das menschliche Denken adäquater sind als die der Mathematik.[12] Gödels Ansatz geht aber darüber hinaus. Da, wie wir im Anschluss sehen werden, Leibniz' Projekt einer Characteristica universalis nicht durchführbar ist, bedarf es einer rationalen Grundlegung des Denkens, insbesondere des wissenschaftlichen, das dem spezifisch menschlichen Verstand und Denken entspricht. Die Grundbegriffe, die Gödel dafür suchte, nennt er auch psychologische.

Darüberhinaus gilt es jedoch zu beachten, dass Gödels Bemerkungen zu den oben angeführten Interpretationen der ›Principia Mathematica‹ auch im Kontext des Verstehens mathematischer Aussagen zu lesen sind, das in ›Maximen IV‹ einen breiten Raum einnimmt.

### Parallelen zum Notizbuch ›Resultate Grundlagen IV‹

Um Gödels thematische Schwerpunktsetzung in ›Maximen IV‹ einordnen zu können, ist es lohnend, einen Passus aus dem Notizbuch ›Resultate Grundlagen IV‹ heranzuziehen,[13] das er etwa zur gleichen Zeit angelegt hat wie ›Maximen IV‹.[14]

In dem betreffenden Abschnitt von ›Resultate Grundlagen IV‹ äußert er sich zu ontologischen Fragen der Mengenlehre[15] und zur Rolle des Verstandes, zu Grundbegriffen, zu Ideen und zum Intuitionismus. Des Weiteren gibt er auch an, was trotz eines unvoll-

---

12 Hämeen-Anttila, ›Gödel on Intuitionism‹, S. 130.
13 Der gesamte Passus aus ›Resultate Grundlagen IV‹ ist am Ende der Einleitung als Anhang abgedruckt.
14 ›Maximen IV‹ entsteht zwischen 1941 und 1942, die letzte Zeitangabe ist »Ende März 1942«, und an ›Resultate Grundlagen IV‹ schreibt er ab Januar 1942.
15 Auch wenn diese Stelle erst aus dem Jahr 1942 stammt, ist sie ein Grund neben anderen, weshalb ich Maria Hämeen-Anttilas Einschätzung, Gödel habe sich in den 1930er Jahren und auch 1941 nicht für die Metaphysik der Mathematik interessiert, nicht teile. Siehe Hämeen-Anttila, ›Gödel on Intuitionism‹, S. 150: »What is clear, though, is that metaphysics did not much interest Gödel in the 1930s or even 1941: his foundational studies were all epistemically motivated, and he saw the project of an epistemically responsible treatment of mathematics as highly important. He simply did not occupy himself with the question about the objects of mathematical inquiry.«

kommenen (»verstümmelten«) menschlichen Verstandes mittels einer Characteristica universalis zu erreichen ist. Zwar werden in ›Maximen IV‹ nicht nur diese aus ›Resultate Grundlagen IV‹ angeführten Themen untersucht, aber sie gehören auch dort zu den wichtigen, weshalb es sinnvoll ist, sich die entsprechenden Stellen in ›Resultate Grundlagen IV‹ zusätzlich genauer anzusehen.

Beginnen wir mit dem Ende des Ausschnitts aus ›Resultate Grundlagen IV‹, nämlich mit der Characteristica universalis, deren Rolle für eine Scientia generalis bereits in den Einleitungen zu den vorangegangenen Notizbüchern dargelegt wurde. Nachdem Gödel in ›Resultate Grundlagen IV‹ festgestellt hat, dass der menschliche Verstand »verstümmelt« ist, folgert er daraus, dass die »Characteristica universalis[16] [...] nur Anweisungen geben [kann], in einer bestimmten Richtung zu schauen, wobei gewisse körperliche und geistige ›Exercitien‹ vorangegangen sind«.

Eine Universal- respektive Einheitssprache, wie es die Characteristica universalis im weitesten Sinne auch ist, ist mithin zwar hilfreich, wenn es darum geht, eine Universal- respektive Einheitswissenschaft zu begründen, als welche man die Scientia generalis zudem auffassen kann, sie weist laut Gödel aber lediglich in die richtige Richtung. Die Characteristica universalis kann auf Grund der »Verstümmelung« des menschlichen Verstandes keine formale Gewähr für fehlerlose Verstandestätigkeit und damit für wissenschaftlichen Erfolg bieten, der das Ziel einer Scientia universalis wäre.[17]

Der Beschädigung des Verstandes lässt sich laut Gödel durch körperliche und geistige Exerzitien entgegenwirken. Das Thema der körperlichen und geistigen Exerzitien verweist auf seine angewandte Individualethik in den Notizbüchern ›Zeiteinteilung (Maximen) I und II‹. Dort hat er dargelegt, welche geistigen und körperlichen Exerzitien in Frage kommen und wie er sie auf sein

---

16 Nach Leibniz soll die Characteristica universalis jedem Begriff ein Zeichen zuordnen und so die Strukturverhältnisse der Gedanken wiedergeben. Sie ist Teil der Scientia generalis, welche Leibniz wechselweise als allgemeine Ars inveniendi und Ars iudicandi, als Wissenschaft des Denkmöglichen oder als Metaphysik charakterisiert.

17 Vgl. auch hier nochmals die von van Atten und Kennedy zitierte Gödel-Stelle in ihrem Aufsatz »On the Philosophical Development of Kurt Gödel« auf S. 102: »The universal characteristic claimed by Leibniz (1677) {if interpreted as a formal system} does not exist. Any systematic procedure for solving problems of all kinds would have to be nonmechanical« (Behältnis 3c, Reihe I, Mappe 209, ursprüngliche Dokumentennummer 013184).

eigenes Leben anwenden möchte.[18] Gödel sollen sie dabei helfen, seine philosophischen und mathematischen Arbeiten mittels geistiger und praktischer Diätetik (beziehungsweise Hygiene) voranzubringen. Sie sind aber generell dafür gedacht, den Verstand zu »reparieren«, nicht nur im Falle Gödels.

In ›Maximen IV‹ spiegelt sich diese Einsicht der Beschränkung bezüglich der Characteristica universalis auf das In-die-richtige-Richtung-Schauen etwa auf Manuskriptseite 245 in der folgenden Maxime wider: »<u>Maxime</u>: Es genügt, das zu tun, was <u>in der Richtung des</u> Richtigen liegt. Das heißt, ohne *abrupte* Änderungen des bisherigen Verhaltens.«

Für das Verständnis von ›Maximen IV‹ sind die weiteren genannten Themen aus dem Notizbuch ›Resultate Grundlagen IV‹, das zu einer anderen Notizbuchreihe Gödels gehört, allerdings weitaus aufschlussreicher, weil sie Gödels Nachdenken über die Grundlagen der Mathematik und Logik betreffen, das in ›Maximen IV‹ einen großen Raum einnimmt.

Geht man, so Gödel, davon aus, dass die mathematischen Axiome eine Realität beschreiben,[19] weil sie, wie zu ergänzen wäre, von mathematischen Objekten handeln und der Begriff einer Menge sich mit einer ihre Elemente charakterisierenden Eigenschaft vom Verstand sinnvoll erfassen lässt, lassen sich unabzählbar viele Mengen (Ordinalzahlen) vom Verstand erfassen, obgleich wir in unserem Verstand nur über endlich oder höchstens abzählbar viele Grundoperationen und Grundbegriffe verfügen und die Menge der erfassbaren Begriffe abzählbar ist. Diese Überlegung ist für Gödel bereits für sich genommen interessant. Es schließt im Rahmen seiner Beschäftigung mit dem Intuitionismus beziehungsweise Konstruktivismus jedoch noch eine weitere an. Wenn unser »verstümmelter« Verstand in der Lage ist, unabzählbar viele Men-

---

18 Dem Notizbuch ›Zeiteinteilung (Maximen) II‹ hat Gödel einige Addenda mit entsprechenden Maximen beigefügt, deren Entstehungsdaten sich mit dem Entstehungszeitraum von ›Maximen IV‹ überschneiden, und auch mit dem von ›Resultate Grundlagen IV‹.

19 In Sue Toledos Notizen zu einem Gespräch zwischen ihr und Gödel vom 22. Juli 1975 heißt es mit Bezug auf die sogenannte klassische Mathematik: »In class. math hunt for axioms using extra-mathematical ideas. But axioms are about mathematical objects. In intuitionism isn't. Statements involve extra-math. Element. Namely, the mind of the mathematician & his ego«; siehe Sue Toledo, »Sue Toledo's Notes of Her Conversations with Gödel in 1972–5«, in: ›Set Theory, Arithmetic and Foundations of Mathematics. Theorems, Philosophies‹, hrsg. v. Juliette Kennedy und Roman Kossak, Cambridge (Cambridge University Press) 2011, S. 200–207, hier S. 206.

gen zu erfassen und die definierbaren Mengen nicht abzählbar sind (»und sogar die Mächtigkeit des Absoluten haben«),[20] ist das nicht erklärbar, so unser Geist diese unabzählbar vielen Mengen konstruiert, wie es die Intuitionisten beziehungsweise Konstruktivisten annehmen, sondern nur, wenn sie etwas Objektives sind, auf das sich der Verstand richten kann, obgleich es nicht in einer gegenwärtigen Situation präsent ist, oder wenn das Kontinuum wie bei Brouwer durch Urintuition gegeben ist.

Gödels großes Interesse am Intuitionismus ist also nicht dem Umstand geschuldet, dass er ihn insgesamt für den richtigen Ansatz in der Mathematik hält, wenngleich ein starkes inhaltliches Interesse daran offensichtlich ist. Die Gründe, warum Gödel sich in ›Maximen IV‹ dennoch streckenweise intensiv mit den Schriften des Intuitionisten L. E. J. Brouwer auseinandersetzt, sind vielfältig, doch ein zentraler wurde bereits angesprochen: Gödels Aufmerksamkeit gilt der von ihm so genannten psychologischen Interpretation der Mathematik, wie er sie bei Brouwer findet.[21] Daneben führt er eine psychologische Interpretation der Logik in den ›Principia Mathematica‹ an.

Gödels grundsätzliches Interesse für Psychologie sowie ihre Begriffe und Gegenstände ist bereits im Notizbuch ›Maximen III‹ erkennbar. In ›Maximen IV‹ lässt sich nun zudem eine Passage so lesen, dass der Intuitionismus, wie die Psychologie, psychische Objekte zum Gegenstand hat.[22] Aber in dem soeben paraphrasierten Passus ist auch festgehalten, unter welchen Voraussetzungen eine rein konstruktive Auffassung zu kurz greift, weil die definierbaren nicht abzählbaren Mengen nicht durch Operationen des Geistes, also nicht konstruktiv, entstehen und wir sie dennoch erfassen können.

---

20 In der Zermelo–Fraenkel-Mengenlehre sind die Objekte ausschließlich Mengen; eine echte Klasse, die die Mächtigkeit des Absoluten hat, ist hier ausgeschlossen. Anders in der von Neumann–Bernays–Gödel-Mengenlehre, in der echte Klassen als Objekte zugelassen sind.

21 Damit ist selbstverständlich kein Psychologismus gemeint. In den Notizen von Sue Toledo heißt es dazu: »Statement[s] of int[uitionism] are psychol. statements, but not of empirical psy[chology], – essential a priori psychology / not formal«; op. cit., ebd.

22 »Die Bedeutungsrelation hat nichts mit *Psychologie* (auch nicht *idealisierter*) zu tun [außer dass vielleicht bei *Brouwer* die Bedeutungen der mathematischen Sätze psychische Dinge sind, ebenso wie in der *Psychologie*].« (›Max IV‹, Manuskriptseite 258, Punkt 3.)

Gödel hat sich in seinen Schriften verschiedentlich zu den Positionen im mathematischen Grundlagenstreit wie Finitismus, Konstruktivismus und Intuitionismus geäußert. Eine Quelle, die dafür noch nicht herangezogen wurde, im Zusammenhang mit ›Maximen IV‹ allerdings außerdem aufschlussreich ist, ist die Einführung von Sue Walker Toledo zu ihrer Dissertation.

## Sue Toledos Einführung

Sue Toledo war von August 1972 bis April 1974 Forschungsassistentin bei Hassler Whitney am Institute for Advanced Study in Princeton. In dieser Zeit hat sie mehrfach Gespräche mit Gödel am IAS geführt,[23] was unter anderem durch die bereits publizierten »Sue Toledo's Notes of Her Conversations with Gödel in 1972–5« bekannt ist.[24] Nicht bekannt zu sein scheint bisher, dass Gödel auch die Einleitung zu Toledos Dissertation ›Tableau Systems for First Order Number Theory and Certain Higher Order Theories‹, die 1975 erschienen ist, gegengelesen und kommentiert hat.[25] Das ist im vorliegenden Zusammenhang deshalb von Interesse, weil es sich dabei um einen kurzen Abriss der Geschichte der Beweistheorie handelt, in den Äußerungen Gödels direkt eingegangen sind. Sie wirken wie ein Nachhall zu einigen Bemerkungen aus ›Maximen IV‹ und sind geeignet, die Verschränkung philosophischer und mathematischer Auffassungen in Gödels Denken noch deutlicher zu machen, als das allein auf Grund der entsprechenden Aussagen in ›Maximen IV‹ oder anderen Quellen der Fall ist. Daruberhinaus zeigen sie, wie sich Gödels Positionen über 30 Jahre hinweg entwickelt und gehalten haben.

In Bezug auf diese Einleitung Toledos hat sich Gödel nicht nur ihr gegenüber anerkennend geäußert (er hatte lediglich einige

---

23 Sie hatte Gödels altes Büro im Haupthaus zugeteilt bekommen, da er im Anbau des IAS ein großes Büro bezogen hatte. Telefoniert haben sie nach Auskunft von Sue Toledo nur selten, und bei diesen Gelegenheiten hat sie keine Notizen gemacht.
24 Siehe Fußnote 20.
25 Diese Mitteilung hat Sue Toledo gegenüber der Autorin in einem einstündigen Online-Gespräch am 24. September 2021 gemacht. Toledo hatte zur Vorbereitung der Unterredung mit der Autorin ihre Unterlagen aus ihrer Zeit am IAS in Princeton erneut durchgesehen. Siehe Sue Toledo, ›Tableau Systems for First Order Number Theory and Certain Higher Order Theories‹, Berlin u. a. (Springer) 1975.

kleinere Korrekturen und Ergänzungen vermerkt), sondern auch gegenüber Stanley Tennenbaum.[26] Gödels konkrete Einlassungen sind in Toledos Text durch Wendungen wie »he further says«, »Gödel pointed out«, »Gödel believes«, »Gödel noted«, »Gödel finally suggested«, »Gödel made it very clear«, »Gödel said later« etc. angezeigt.

In dem sehr kurzen historischen Abriss Toledos zur Beweistheorie wird zu Beginn auf die Standpunkte des Finitismus und des Intuitionismus sowie auf Gödels Differenzen mit diesen Positionen eingegangen, die, obgleich sie für ihn in erster Linie philosophisch begründet sind, dazu beigetragen haben, dass er zu seinen bahnbrechenden mathematischen Beweisen gelangt ist. Als ein zumindest entfernter mathematischer Geistesverwandter wird Gerhard Gentzen dargestellt, der in ›Maximen IV‹ allerdings nicht erwähnt wird und sonst der Hilbert-Schule zugerechnet wird.[27]

Die geistige Nähe und insbesondere die Unterschiede der jeweiligen mathematischen Grundlagenpositionen zu Gödels Auffassung werden dabei in Toledos Einleitung deutlich herausgestellt. In dieser Hinsicht verfährt Gödel in den Bemerkungen in ›Maximen IV‹ anders; er nimmt dort weitgehend keine expliziten Wertungen hinsichtlich der Positionen der Hauptakteure im mathematischen Grundlagenstreit vor.[28] Vor dem Hintergrund, dass

26 Diese und die folgenden Auskünfte stammen gleichfalls von Sue Toledo.
27 Siehe Christian Tapp, ›An den Grenzen des Endlichen. Das Hilbertprogramm im Kontext von Formalismus und Finitismus‹, Berlin/Heidelberg (Springer) 2013, S. 273–282, hier S. 274–277, zur ausführlichen Darstellung, inwiefern Gentzen zur Hilbert-Schule gehört und Gentzen selbst die metamathematischen Schlussweisen seiner Widerspruchsfreiheitsbeweise für die Zahlentheorie für finit zulässig erachtet. Allerdings weist auch Maria Hämeen-Anttila darauf hin, dass laut Gödels Äußerungen in »The Present Situation in the Foundations of Mathematics« von 1933 Gentzens Widerspruchsfreiheitsbeweis durch transfinite Induktion die Kriterien für Hilberts Finitismus in der Mathematik nicht erfüllt. Siehe: Hämeen-Anttila, ›Gödel on Intuitionism‹, S. 145.
28 Eine ähnliche Beobachtung hinsichtlich Gödels Denken machte sehr viel später Georg Kreisel. Maria Hämeen-Anttila referiert dessen Einschätzung mit den treffenden Worten: »It could be replied that he [= Gödel] did tend towards pluralism, exploring a wide variety of different philosophical and mathematical views, in nearly all of which he saw some value.« Hämeen-Anttila teilt diese Einschätzung hinsichtlich Gödels Position vor 1941 allerdings nicht (Hämeen-Anttila, ›Gödel on Intuitionism‹, S. 148f.). Für die Zeit ab 1941 schreibt sie jedoch selbst: »Gödel's view in the 1940s is, in general, more philosophically nuanced – one cannot find strong statements like those in the 1930s on Platonism and intuitionistic logic – and starting to lean towards the pluralism that characterizes his philosophical works. Interestingly, this view is more present in the notes written immediately after the Yale and the Princeton lectures than in the lecture notes themselves. It is as though the challenges had him reconsi-

Gödel die Ausführungen in Toledos Einleitung kannte und ihnen nicht widersprochen hat, sondern sie vielmehr sogar gutgeheißen hat, sind sie jedoch geeignet, Gödels Äußerungen in ›Maximen IV‹ differenzierter einordnen zu können, weil sie bereits ein mathematik- und philosophiehistorisches Narrativ darstellen. Eines solchen Narrativs enthält sich Gödel in ›Maximen IV‹ allerdings, was dem Vergleich zusätzliche Aussagekraft verleihen kann, jedoch die Frage aufwirft, warum dort derartige Wertungen fehlen.

Eine einfache Antwort wäre natürlich, darauf zu verweisen, dass es sich bei besagter Einleitung nicht um seinen eigenen Text handelt und das Narrativ daher nicht das seine ist. Es sollte jedoch auch ins Auge gefasst werden, dass die Enthaltung Gödels bewusst gewählt ist. Letzteres würde darauf hindeuten, dass die Positionen David Hilberts und L. E. J. Brouwers in Grundlagenfragen für ihn durchaus beide respektabel sind, weshalb er sich zu Beginn der 1940er Jahre (erneut) gedanklich mit ihnen auseinandersetzt. Hilbert wird in ›Maximen IV‹ zwar nur einmal genannt, dort aber prominent und als einziger neben Leibniz. Finitistische Auffassungen werden zweimal explizit erwähnt. Gödels intensive Beschäftigung mit dem Intuitionismus impliziert aber geradezu ein Mitdenken von Hilberts Finitismus und Formalismus.

Insgesamt lässt sich Gödels Enthaltung sowohl als Zeichen dafür lesen, sich erneut mit den Positionen im mathematischen Grundlagenstreit befassen zu wollen, als auch als Ausdruck seiner grundsätzlichen intellektuellen Offenheit. Die beiden Lesar-

---

der his earlier views and made him more tolerant of those of others as well.« Hämeen-Anttilas Interpretation der Gödelschen Position zum Platonismus in der Mathematik ist indessen fraglich; so erwähnt sie nicht John W. Dawsons Lesart der betreffenden Passage bei Gödel (»that our axioms, if interpreted as meaningful statements, necessarily presuppose a kind of Platonism, which cannot satisfy any critical mind«, in: »The Present Situation in the Foundations of Mathematics«, Gödel 1933o, abgedruckt in ›Collected Works‹, Bd. III, S. 45–53, hier S. 50), nach welcher der Sinn sich ändert, wenn man das Komma vor ›which‹ entfernt, und Gödel die Regeln für die englische Sprache zu dieser Zeit vielleicht noch nicht sicher beherrschte (John W. Dawson jr., ›Kurt Gödel. Leben und Werk‹, Wien/New York (Springer) 1999, S. 87, Fußnote 13; ders., ›Logical Dilemmas. The Life and Work of Kurt Gödel‹, Wellesley, Mass. (Peters) 1997, S. 100, Fußnote 13). Der Satz würde dann bedeuten, dass diese Art des Platonismus keinen kritischen Geist zufriedenstellen kann. Eine ähnliche Erklärung liefert Bernd Buldt 2005, S. 392 f. danach geht es in der zitierten Passage um eine andere Form des Platonismus als die, die Gödel sonst vertreten hat (Bernd Buldt, »Stories of Genius. Recent Accounts of Kurt Gödel's Life«, in: ›Europolis 5. Kurt Gödel und die mathematische Logik‹, Linz (Linzer Universitätsverlage) 2005, S. 368–400).

ten schließen sich keineswegs aus, und Anfang der 1970er Jahre wird er einen klärenden gedanklichen Neuansatz vermutlich nicht mehr angestrebt haben.

Für Hilbert müssen sich logische Schlüsse (und wissenschaftliche im Allgemeinen) auf (außerlogische) konkrete Objekte, nämlich finite mathematische Objekte, beziehen, die dem Verstand durch unmittelbare intuitive Erfahrung gegeben sind, während unendliche mathematische Objekte ideale Objekte sind. Schlussweisen, die Begriffe des Unendlichen verwenden, können nach ihm durch solche ersetzt werden, die endliche verwenden.

Hilbert hielt das für möglich, konnte sich aber letztlich nicht klar dazu äußern, wann ein Beweisverfahren finit zu nennen ist. Damit sind zwei Eckpfeiler seiner mathematischen Grundlagenposition benannt, deren Ziel es war, die Arithmetik auf einem widerspruchsfreien Axiomensystem zu begründen und die Mengentheorie unter Verwendung finitistischer Mittel als widerspruchsfrei zu erweisen. Er ging zudem davon aus, dass die klassischen Formen der Folgerungsbeziehung unsere Denkprozesse gut widerspiegeln.[29]

Aus den Arbeiten Peanos, Freges und Russell/Whiteheads war bekannt, dass es möglich ist, die klassische Mathematik zu formalisieren, indem ihre Theoreme und Beweise in finite Objekte überführt werden. Hätte man mit finiten Beweismitteln einen Beweis geben können, dass die Einführung solcher Elemente nicht zu Widersprüchen führt, hätte man eine Rechtfertigung für die klassischen Methoden gefunden gehabt.

Wie zuvor auch Frege[30] warf Brouwer später ein, dass Widerspruchsfreiheit nicht ausreicht, sondern Wahrheit benötigt würde, weshalb Hilbert seine Formulierung dahingehend spezifizierte, dass ein finiter Widerspruchsfreiheitsbeweis für ein formales System einen finiten Beweis für jede Aussage des Systems ergibt, die finiten Gehalt hat. L. E. J. Brouwer und andere Intuitionisten lehnen die Existenz aktual infiniter mathematischer Objekte be-

---

29 Vgl. auch Sue Toledo, »Introduction«, in: ›Tableau Systems for First Order Number Theory and Certain Higher Order Theories‹, Berlin u. a. (Springer) 1975, S. 1. Im Weiteren mit ›Sue Toledo, »Introduction«‹ abgekürzt.

30 Vgl. den Brief von Frege an Hilbert vom 6. Januar 1900 in: ›Gottlob Freges Briefwechsel mit D. Hilbert, E. Husserl, B. Russell, sowie ausgewählte Einzelbriefe Freges‹, hrsg. v. Gottfried Gabriel, Friedrich Kambartel und Christian Thiel, Hamburg (Meiner) 1980, S. 14–20, hier S. 19.

kanntlich ab und erlauben lediglich diejenigen, die sich finit konstruieren lassen.[31]

Die Diskrepanz zwischen den diesbezüglichen Auffassungen Gödels auf der einen sowie Hilberts und Brouwers auf der anderen Seite stellt Toledo klar heraus: »Gödel, however, in fact totally disagreed with Hilbert (and Brouwer) on the most fundamental issue in question: Gödel did not believe that classical, non-finitary, mathematics was meaningless, that meaning could be attributed only to propositions that speak of concrete and finite objects.«[32]

Dies muss man zumindest auch vor Augen haben, um Bemerkungen zu den Grundlagen wie die auf Manuskriptseite 187 in ›Maximen IV‹ zu würdigen, in der von der Existenz der mathematischen Objekte die Rede ist: »Die Anschauung, dass die in der Mathematik erkannten Objekte nicht existieren, führt zur Wahrheits*Definition*.« Hinter dieser Äußerung stecken mindestens zwei Fragen philosophischer und mathematischer Natur: (1) Was heißt es, wenn man davon ausgeht, dass ein mathematisches Objekt existiert? (2) Wie stellt man fest, dass eine mathematische Aussage wahr ist, wenn man davon ausgeht, dass mathematische Objekte nicht existieren?

Deutlich ist der Hilbertsche Ansatz angesprochen, wenn auf Manuskriptseite 188 von ›Maximen IV‹ nach finiten Beweisen gefragt wird: »Gibt es 2 verschiedene Arten finiter Beweise? Solche, in denen höhere Zahlen konstruiert werden, und solche, wo das nicht der Fall ist?«

Es ist bekannt, dass Gödel durch seine Arbeit von 1931 gezeigt hat,[33] dass es nicht möglich ist, mit finiten Mitteln die Widerspruchsfreiheit eines formalen Systems zu beweisen, das die Formulierung der elementaren Arithmetik erlaubt. Hilberts Grundannahmen sind also nicht haltbar und sein Programm lässt sich in

---

31 Vgl. Sue Toledo, »Introduction«, S. 1f. Diese Position Brouwers hat Hilbert unter anderem zu dem berühmten Ausspruch veranlasst: »Aus dem Paradies, das Cantor uns geschaffen, soll uns niemand vertreiben können« (aus: »Über das Unendliche«, in: ›Mathematische Annalen‹ 95 (1926), S. 161–190, hier S. 170).
32 Vgl. Sue Toledo, »Introduction«, S. 3. In der Forschung ist diese Auffassung vornehmlich auf Grund der posthum veröffentlichten Fassungen von Gödels »Is Mathematics Syntax of Language?« bekannt. Zwei der sechs erhaltenen Manuskripte dieses Aufsatzes wurden 1995 in den ›Collected Works‹, Bd. III, auf S. 334-362 publiziert; sie stammen aus dem Jahr 1953.
33 Kurt Gödel, »Über formal unentscheidbare Sätze der ›Principia Mathematica‹ und verwandter Systeme I«, in: ›Monatshefte für Mathematik und Physik‹ 38 (1931), S. 173–198.

diesen Punkten nicht durchführen. Mit Hinsicht auf Gödels Philosophische Notizbücher ist das vor allem deshalb von Relevanz, weil Gödel (zumindest retrospektiv) nicht nur der Ansicht war, dass sein nicht-finitistischer Standpunkt es ihm erst ermöglicht hat, zu seinen epochalen Ergebnissen zu gelangen, sondern er diesen für sein gesamtes Denken für relevant hält: »Gödel attributes to his non-finitary viewpoint the fact that he obtained the completeness proof where others had failed. And this, he further says, also applies to his other work to a large extent.«[34]

Die Untrennbarkeit von Mathematik und Philosophie in Grundlagenfragen stellt Toledo auch für Gödels Ergebnis von 1933 heraus,[35] mit dem er unabhängig von Gerhard Gentzen gezeigt hat, dass die intuitionistische Zahlentheorie nur scheinbar schwächer ist als die klassische Zahlentheorie:

> This result showed, as Gödel pointed out, that intuitionistic number theory was only apparently weaker than classical number theory [...]. On the one hand this pointed out to those who held the view that finite, constructive, intuitionistic, and classical methods were just successive additions to one's store of tools [...] that in this case at least this wasn't so, that the issue was a truly philosophical one and lay at the level of fundamental differences in meaning. On the other hand it suggested to the proof theorists both (1) that one might give up the view of classical inferences as being meaningless ›ideal objects‹ one passed through, and look for a more fundamental reason for the fact that classical reasoning gave correct finitary theorems, e.g. based on this or another reinterpretation of classical reasoning; and (2) that one could perhaps obtain the desired consistency proofs if one settled for means

---

34 Sue Toledo, »Introduction«, Seite 4. In einem Brief an Hao Wang vom 7. Dezember 1967 äußert sich Gödel in ebendiesem Sinn: »The completeness theorem, mathematically, is indeed an almost trivial consequence of Skolem 1922. However, the fact is that, at that time, nobody [...] drew this conclusion [...]. But now the aforementioned easy inference from Skolem 1922 is definitely non-finitary, and so is any other completeness proof for the predicate calculus. Therefore these things escaped notice or were disregarded. I may add that my objectivistic conception of mathematics and metamathematics in general, and of transfinite reasoning in particular, was fundamental also to my other work in logic.« Zitiert in: Hao Wang, ›From Mathematics to Philosophy‹, London (Routledge and Kegan Paul) 1974, S. 8f.

35 Vgl. Kurt Gödel, »Eine Interpretation des intuitionistischen Aussagenkalküls«, in: ders., ›Ergebnisse eines mathematischen Kolloquiums‹ 4 (1933), S. 39–40.

less restrictive than finitary methods (even if intuitionistic methods were decided to be unacceptable).[36]

Dieser Abschnitt ist nicht nur bemerkenswert, weil er die Unlösbarkeit mathematischer Grundlagenfragen mit rein mathematischen Mitteln betont, sondern auch weil die Frage der Bedeutung für mathematische Verfahren und mathematisches Denken hervorgehoben wird.[37] Was die Lektüre von Sue Toledos »Einleitung« im Zusammenhang mit Gödels ›Maximen IV‹ so interessant macht, ist die Betonung der Bedeutungshaftigkeit mathematischer Sätze und Objekte, was, auch wenn es sich bei der »Einleitung« um eine retrospektive Betrachtung handelt, die Frage beantworten hilft, warum die philosophischen Begriffe ›Bedeutung‹ und ›Bedeutungsrelation‹ in ›Maximen IV‹, das etwa zur Hälfte aus Bemerkungen zu Grundlagenfragen in Logik und Mathematik besteht, eine zentrale Rolle innehaben.[38]

Gödel hat sich bereits zu Beginn der 1930er Jahre dahingehend geäußert, dass die in der mathematischen Diskussion wesentlichen Konzepte, wie etwa ›finiter Beweis‹, nicht nur nicht klar seien, sondern sogar undefinierbar. So schreibt er in seinem Brief an Jacques Herbrand vom 25. Juli 1931:

---

36 Sue Toledo, »Introduction«, S. 5f.
37 Ob das in Gödels Denken wirklich erst 1941 eintritt, wie Hämeen-Anttila in ihrer Arbeit behauptet, muss hier offen bleiben. Für den vorliegenden Zusammenhang ist relevant, dass auch Hämeen-Anttila das für Gödels Arbeiten ab 1941 konstatiert.
38 Die Hinwendung zur Frage der Bedeutung in diesem Kontext sieht auch Maria Hämeen-Anttila in ›Gödel on Intuitionism‹, S. 154. Sie ist allerdings der Ansicht, dass Gödel vor 1941 Fragen der Bedeutung kein großes Gewicht zugemessen habe: »In general, as his interpretation of the negative translation shows, Gödel was not particularly sensitive to issues of meaning« (Hämeen-Anttila, ›Gödel on Intuitionism‹, S. 146). Anders in Sue Toledos »Einleitung«, wo dargelegt wird, weshalb Gödel früh gesehen habe, dass nicht nur seine eigenen Beweise abstrakte Begriffe benötigen, sondern auch ein »Hilbertianer« wie Gentzen für seinen Beweis einen abstrakten Begriff wie den der Erreichbarkeit heranziehen muss. Anders als Hilbert angenommen hat, bedarf es also zum Beweis der Widerspruchsfreiheit der Zahlentheorie abstrakter Begriffe sowie Bedeutung tragender Sätze und Beweise: »Gödel pointed out that this result added to the evidence […] for the proposition that abstract concepts are needed for the proof of the consistency of number theory (again counter to Hilbert's view). Here abstract concepts were described as thought constructs such as meaningful assertions of proofs, in particular not combinatorial properties of concrete objects. Thus the intuitionistic number theory he had used for his 1933 consistency proof had needed to take meaningful propositions and proofs as basic objects, while to prove transfinite induction up to $\varepsilon_0$, Gentzen had had to use the abstract concept of ›accessibility‹.« Sue Toledo, »Introduction«, S. 9.

Ich möchte jetzt auf die Formalisierbarkeit intuition[ist]ischer Beweise in bestimmten formalen Systemen [...] eingehen, da hier eine <u>Meinungsverschiedenheit</u> zu bestehen scheint. Ich glaube, wofern man dieser Frage überhaupt einen präzisen Sinn zuerkennt (wegen der Undefinierbarkeit des Begriffs ›finiter Beweis‹ könnte man mit Recht daran zweifeln), [...].[39]

Diese Beurteilung wird in Toledos Einführung 40 Jahre später wiederholt und zugespitzt:

This was because there didn't exist then [...] any universally accepted precise formulation of the distinction between finitistic and intuitionistic views of truth, meaning, correct reasoning, etc. Indeed even the debates between Hilbert and Brouwer had failed to really address the issue [...].[40]

Auch über die Bedeutung von Cantors $\varepsilon_0$ können wir in ›Maximen IV‹ und in Sue Toledos Einleitung etwas lesen. Bei Cantor ist $\varepsilon_0 = \omega^{\omega^{\omega^{\cdot^{\cdot^{\cdot}}}}}$, wobei $\omega$ das Symbol für die kleinste unendliche Ordinalzahl ist, also für die erste Ordinalzahl, die größer ist als jede natürliche Zahl. Indem Gentzen zeigte, dass in der Peano-Arithmetik (also der Zahlentheorie erster Stufe) die Existenz von Wohlordnungen der Länge kleiner als $\varepsilon_0$ beweisbar ist, war klar, dass es mehr Mittel gibt als die finiten, um Sätze der klassischen Zahlentheorie zu beweisen,[41] denn die Existenz von Wohlordnungen der Länge $\varepsilon_0$ oder größer ist in der Peano-Arithmetik nicht mehr beweisbar, weshalb Induktion über $\varepsilon_0$ eine über die Peano-Arithmetik hinausgehende Beweismethode ist. Gödel bezeichnet die Zahlen kleiner als $\varepsilon_0$ in ›Maximen IV‹ unter der Annahme, dass $\omega$ überblickbar ist, als »anschaulich erfassbar«, »überblickbar«.[42]

---

39 Kurt Gödel, ›Collected Works‹, Bd. V, S. 20–24, hier S. 22.
40 Sue Toledo, »Introduction«, S. 6. Siehe zum Konzept des finitistischen Beweises bei Hilbert aber auch William W. Tait, »Gödel on Intuition and on Hilbert's Finitism«, in: ›Kurt Gödel. Essays for his Centennial‹, hrsg. v. Solomon Feferman, Charles Parsons und Stephen G. Simpson, Cambridge (Cambridge University Press) 2010, S. 88–108.
41 Sue Toledo, »Introduction«, S. 7.
42 Kurt Gödel, ›Max IV‹, Manuskriptseite 190, Bemerkung Grundlagen 2. In Toledos Einleitung heißt es zum Vergleich auf Seite 9: »For it is inconceivable that we could give a finitary proof of recursion up to $\varepsilon_0$ – already at $\omega^\omega$ some of us may be near, or beyond, the limit of what we can justify finitarily.«

Warum wir als endliche, nicht ideale Wesen abstrakte Begriffe benötigen, wird in der Einleitung Sue Toledos gleichfalls angesprochen. Während $\omega$ für den Menschen unter Umständen noch »überblickbar« oder »anschaulich erfassbar« ist, ist das für die meisten von uns bei $\omega^\omega$ nicht mehr der Fall.[43] Da dem so ist und wir, anders als der »idealisierte« Mathematiker, der auch noch finite Prozesse beliebiger Komplexität überblicken kann, diese nicht erfassen können, sind wir auf abstrakte Begriffe angewiesen:

> In this context, Gödel noted, it would be important to distinguish between the concepts of evidence intuitive <u>for us</u> and <u>idealized</u> intuitive evidence, the latter being the evidence which would be intuitive to an idealized finitary mathematician, one who could survey completely finitary processes of arbitrary complexity. <u>Our</u> need for an abstract concept might be due to our inability to understand subject matter that is too complicated combinatorially. By ignoring this, we might be able to obtain an adequate characterization of idealized intuitive evidence. This would not help with Hilbert's program, of course, where we have to use the means at our disposal, but would nevertheless be extremely interesting both mathematically and philosophically.[44]

Auf den idealisierten Mathematiker nimmt Gödel auch in ›Maximen IV‹ Bezug. Gödel geht dort auf den Zusammenhang von mathematischer Symbol»sprache« und Bedeutung ein, führt hier allerdings zudem einen Begriff an, den er an anderen Stellen von ›Maximen IV‹ einen psychologischen nennt, nämlich den des Verhaltens.

> <u>Bem</u>erkung {(*Grundlagen*)}: Man definiere: Eine Symbol-*Kombination* hat eine Bedeutung, wenn sie Teil einer Silbenfolge ist, durch deren Anhören (mit *Intention* des Verstehens) das Verhalten der Menschen geändert werden kann; und 2 Symbolkombinationen bedeuten dasselbe, wenn sie fürein-

---

43 Es gibt eine deutliche Spannung zwischen dieser Feststellung und Gödels Bemerkung Grundlagen 2 auf Manuskriptseite 190: »Bemerkung (Grundlagen): Die Zahlen $< \varepsilon_0$ sind dadurch charakterisiert, dass sie ›anschaulich erfassbar‹, das heißt ›überblickbar‹ sind (unter der Annahme, dass $\omega$ überblickbar ist). Sie sind irgendwie eine endliche Struktur von $\omega$.«

44 Sue Toledo, »Introduction«, S. 10.

ander ohne Änderung der Wirkung auf das Verhalten *substituierbar* sind. Dann bedeuten sicher nicht alle Sätze dasselbe. Beschreibungen bedeuten nicht den beschriebenen Gegenstand. Alle mathematischen Sätze bedeuten dasselbe für »idealisierte« Menschen, wenn die Mathematik *tautologisch* ist. Was eine Bedeutung hat, das steht zu etwas in der Bedeutungsrelation?[45]

Das ist in vorliegendem Zusammenhang deshalb von Belang, weil der Mensch endliche Extensionen und ihre Struktur direkt überblicken kann, nicht aber die unendlicher Extensionen. Die Konstruktivisten und Intuitionisten nehmen an, dass letztere konstruiert werden müssen, laut Gödel durch einen Begriff oder eine »Verhaltungsweise«:

> Bemerkung {(*Philosophie*)}: Die endliche *Extension* und sogar die Struktur werden unmittelbar wahrgenommen. Dagegen kann eine unendliche *Extension* nur durch einen Begriff konstruiert werden oder durch eine Verhaltungsweise.[46]

Der Begriff der Verhaltungsweise ist für Gödel ein psychologischer Begriff, daher ist es auch nicht verwunderlich, dass er unmittelbar im Anschluss an diese Bemerkung auf die psychologische Interpretation der ›Principia Mathematica‹ zu sprechen kommt:

> Bemerkung {(*Philosophie*)}: Um die *psychologische* Interpretation zu verstehen, wird vorausgesetzt:
> A.) um die einzelnen Elemente wahrzunehmen: gewisse Formen *psychologischer* Dinge [nämlich Zielsetzungen], wobei aber auch unendliche (d. h. undurchführbare) Zielsetzungen vorkommen. In den einzelnen Zielsetzungen kommen endliche *Extensionen* vor.
> B.) Um die Sachverhalte, die in den Sätzen[47] ausgedrückt werden, zu verstehen, muss man den Begriff dieser »Formen von Zielsetzungen« wahrnehmen (oder konstruiert haben). [279]
>    Jede einzelne solcher Zielsetzungsformen (und der Begriffe von ihnen allen) ist etwas ungeheuer *kompliziertes* [Ein-

---

45 ›Max IV‹, Manuskriptseite 277, Bemerkung Grundlagen 1.
46 ›Max IV‹, Manuskriptseite 278, Bemerkung Philosophie 1.
47 Wegen der *Quantoren*. [Fußnote von Gödel]

*schub*: Das Schöne ist die Einheit in der Vielheit und die Einfachheit in der Kompliziertheit], aber uns sehr vertraut, weil wir von frühester Kindheit Verhaltensweisen einüben.⁴⁸

Im Zusammenhang mit der psychologischen Interpretation der ›Principia Mathematica‹ beschäftigt sich Gödel auf Manuskriptseite 272 in einer langen Bemerkung Grundlagen nochmals mit Freges Begriff des Sinns.⁴⁹ Sie enthalten auch einen knappen weiteren Hinweis, worum Gödels Überlegungen in ›Maximen IV‹ insgesamt kreisen:

> Die *psychologische Interpretation* ist wahrscheinlich der *Frege*-sche »Sinn«. [Genauer, wenn φ(a) nicht das Resultat der Anwendung der Verhaltensweise φ auf a bedeutet, sondern die daraus sich ergebende spezielle Verhaltensweise, dann ist es der Sinn].
>
> Es gilt: Das Zeichen bestimmt die Idee, die Idee bestimmt das Verhalten, das Verhalten bestimmt die Klasse [aber nicht in umgekehrter Reihenfolge]. Daher, was Grade der »Trennung« in Verschiedenes betrifft, gilt folgende Reihe:
>
> *Wort, Idee, Verhalten, Klasse*. Das entspricht wahrscheinlich: göttlich, geistig, seelisch, materiell.
>
> Rechts von der Klasse steht noch die Struktur, welche aber irgendwie dem Wort sehr ähnlich ist (Sprachstruktur).
>
> Aus der obigen Reihe folgt, dass die Ideen nicht *extensional* sind, da [273] die Verhaltensweisen nicht *extensional* sind.

»Wort, Idee, Verhalten, Klasse. Das entspricht wahrscheinlich: göttlich, geistig, seelisch, materiell.« Diese Parallelisierung zeigt: Das Wort wird in der Sphäre des Göttlichen verortet, die Idee in der des Geistigen, das Verhalten in der des Seelischen (oder, wie wir ergänzen können, in der des Psychologischen) und die Klasse in der des Materiellen oder Extensionalen. Zum Verhältnis Wort

---

48 ›Max IV‹, Manuskriptseiten 278f., Bemerkung Philosophie 2.
49 In diesem Zusammenhang ist es relevant zu wissen, dass sich neben Exzerpten zu Gottlob Freges Aufsatz »Logische Untersuchungen. Dritter Teil: Gedankengefüge« von 1923 auch einige wenige zu dessen Aufsatz »Der Gedanke. Eine logische Untersuchung« von 1918 im Gödel-Nachlass in Behältnis 10a, Reihe V, Mappe 39, ursprüngliche Dokumentennummer 050135, befinden. Die Blätter lassen sich nicht eindeutig datieren, sind aber wohl in Princeton beschrieben worden.

und Göttliches äußert er sich in ›Maximen IV‹ nicht, zu den anderen drei Begriffspaaren hingegen schon.

Wenden wir uns noch der Frage zu, was Gödel im vorliegenden Zusammenhang mit ›extensional‹ und ›materiell‹ meint. Auf Manuskriptseite 273 setzt er Klasse und Extension gleich (»Extensionen = reine Mehrheiten; insofern sie Einheiten sind, sind sie nicht rein objektiv«) und auf Manuskriptseite 188, Bemerkung Grundlagen 2, hält er zunächst fest, dass das Wesen des Mathematischen im Extensionalen liege.[50] Nun meint er damit aber sicher nicht, dass das Wesen des Mathematischen im Materiellen liege. Zum Begriff des Materiellen heißt es auf Manuskriptseite 232, Bemerkung Grundlagen:

> Es ist erstaunlich, dass man in endlich vielen (und nicht einmal sehr vielen) Worten eine Zahl definieren kann, welche die Sandkörner [Atome] in der ganzen Welt übertrifft (und noch <u>weit</u> größere Zahlen). Das heißt: Die Idee beherrscht die materielle Welt vollkommen.

Das Extensionale und das Materielle sind also nicht dasselbe, auch wenn Gödel den Begriff der Klasse auf beide Bereiche anwendet. Eine Erläuterung dazu findet sich im Notizbuch ›Maximen V‹, wo es auf Manuskriptseite 345f. heißt:

> Die *materialistische* (*positivistische*) Weltanschauung bedeutet auf die Wirklichkeit bezogen, dass es nur Gesetz von Druck und Stoß [und sonst nur das *Chaos*] gibt und [345] nur materielle Dinge. Eine andere Form ist, dass es nur Empfindungen und Gesetze ihrer Aufeinanderfolge gibt. Eine Überschreitung ist in 2facher Richtung möglich: 1.) Was die existierenden Dinge betrifft: Seele, Begriff, Engel. 2.) Was die bestehenden Gesetzmäßigkeiten (d.h. allgemeine Sachverhalte) betrifft: Gerechtigkeit, Aberglaube *etc.*. *Positivismus* ist insofern besser, als wenigstens keine Einschränkung der Ge-

---

50 In Gödels Exzerpten zu Gottlob Freges »Logische Untersuchungen. Dritter Teil: Gedankengefüge« von 1923 (Behältnis 10a, Reihe V, Mappe 39, ursprüngliche Dokumentennummer 050135) heißt es: »Nur die Mathematik kommt mit extensionalen Satzgefügen aus, in der Logik Strict implication, in der Physik Kausalität, in der Psychologie Erkennen-Wollen (das auf Möglichkeit gerichtet ist), die mathematische Logik ist also die extensionalisierte; extensionale Gedankengefüge = mathematische Gedankengefüge.«

setze formuliert wird, aber in Wahrheit sind überhaupt keine Gesetze formulierbar.

In der Welt der Ideen [Mathematik][51] bedeuten *Materialismus* und *Positivismus*, dass es nur Gesetze für Kombinationen von Zeichen gibt, darunter natürlich auch »nützliche« Systeme[52]. Widerlegung würde darin bestehen, dass ein System alle anderen so überragt, dass es die Merkmale der Wahrheit an sich trägt (wahrscheinlich auch in *intuitionistischem*[53] Sinn)*.

* Der *Positivismus* ist die einzige Form des *Materialismus*, die in der Gegenwart noch bestehen kann.

Hier wird klar gesagt, was das Materielle in Bezug auf die Mathematik ist, nämlich eine Art reiner Formalismus. Für Gödel gehen mathematische Sätze allerdings mit Bedeutung einher. Hierfür ist es hilfreich, seine »Bemerkungen Grundlagen«[54] aus dem Nachlass hinzuzuziehen, wo es heißt:

> Es gibt vielleicht gewisse Sätze (Logik und Mengenlehre), von denen <u>nichts</u> übrig bleibt, wenn man die menschliche Denksprache weglässt (während vielleicht in der wirklichen Mathematik objektive Sachverhalte übrig bleiben). Das heißt, das erste wäre im wahren Sinn des Wortes ›*analytisch*‹. Kriterium: Zur Lösung der Probleme genügt es, sich die Begriffe klar zu machen.

Der Mathematik liegen also objektive Sachverhalte zu Grunde, auf die sich der menschliche Geist bezieht. Diese Bemerkung ist allerdings scheinbar nicht in Übereinstimmung mit einer Bemerkung in ›Max IV‹. Dort ist auf Manuskriptseite 183, Bemerkung Grundlagen 1, festgehalten, dass »die Mathematik [...] zum psychologisch Einfachsten [führt], die Logik zum objektiv Einfachsten«. Auflösen lässt sich diese Unstimmigkeit, wenn man beachtet, dass sich Gödel mit der Bemerkung, bei der Mathematik blieben objektive Sachverhalte übrig, auf der ontologischen und epistemo-

---

51 Der Passus lässt sich so lesen, als wäre die Welt der Ideen die der Mathematik, aber auch so, als gelte das Gesagte für die Welt der Ideen UND für die Mathematik.
52 Andere Lesart: darunter natürliche, auch nützliche Systeme
53 Andere Lesart: intuitivem
54 Im Gödel-Nachlass in Behältnis 12, Reihe IV, Mappe 44, ursprüngliche Dokumentennummer 060574; dort Nr. 29. Die Blätter sind nicht datiert, der Ordner mit der Überschrift »Questions and remarks on mathematics and foundations« enthält jedoch den Zusatz »alte« durch Gödel.

logischen Ebene bewegt, während er sich mit der Überlegung, die Mathematik führe zum psychologisch Einfachsten, die Logik zum objektiv Einfachsten, auf die begriffliche Ebene bezieht. Mathematik, die zu psychologisch einfachsten Begriffen führt, enthält also Sätze mit Bedeutung, Logik nicht.

Wenn mathematische Sätze Bedeutung haben, sind sie nicht mit rein syntaktischen Methoden zu erfassen, das heißt, Gesetze für Zeichenkombinationen heranzuziehen reicht am Ende nicht aus, um sie zu verstehen, und Verstehen ist für Gödel mehr als Erkennen. So heißt es in ›Max IV‹ auf Manuskriptseite 263 f.:

> Die Erkenntnis der ersten Ursache (des Urgrundes) und des letzten Sinns [264] ermöglicht es offenbar,* alle Dinge zu »erkennen« (denn, wer die Ursache genau kennt, kennt auch alle ihre Wirkungen) und alle Dinge zu »verstehen«. (Verstehen ist mehr als Erkennen insofern als, wenn ich sie verstehe, auch mein Verhalten zu ihnen festgelegt ist).
>
> Die materialistische Weltanschauung gibt auch einen letzten Grund an (das physikalische Grundgesetz), aber dieser Urgrund ist nicht zugleich ein »Ursinn«, sondern ein Unsinn.

\* Diese erste Ursache ist offenbar ein Sachverhalt und kein Ding.

Für Verstehen müssen wir andere Arten von Ursachen heranziehen als kausale und, wie zu ergänzen wäre, andere Methoden als syntaktische. Verstehen geht über Kausalität und Kombinatorik hinaus und ist erforderlich, wenn es darum geht, Neues zu erfassen. Die für Gödel damit verbundene Überschreitung des Materiellen ist für ihn letztlich etwas zutiefst Menschliches, weshalb neben der Philosophie für ihn die Psychologie eine bedeutende Rolle in der Systematik der Disziplinen spielt.

# Literatur

Bernard Bolzano, ›Wissenschaftslehre. Versuch einer ausführlichen und grösstentheils neuen Darstellung der Logik mit steter Rücksicht auf deren bisherige Bearbeiter‹, Bde. 1–4, Sulzbach (Seidel) 1837.

Luitzen Egbertus Jan Brouwer, ›Over de grondslagen der wiskunde‹, Amsterdam/Leipzig (Maas & van Suchtelen) 1907.

Luitzen Egbertus Jan Brouwer, »De onbetrouwbaarheid der logische principes«, in: ›Tijdschrift voor wijsbegeerte‹ 2 (1908), S. 152–158.

Luitzen Egbertus Jan Brouwer, »Beweis der Invarianz der Dimensionszahl«, in: ›Mathematische Annalen‹ 70 (1911), S. 161–165.

Luitzen Egbertus Jan Brouwer, »Beweis der Invarianz des $n$-dimensionalen Gebiets«, in: ›Mathematische Annalen‹ 71 (1911), S. 305–313.

Luitzen Egbertus Jan Brouwer, »Zur Invarianz des $n$-dimensionalen Gebiets«, in ›Mathematische Annalen‹ 72 (1912), S. 55–56.

Luitzen Egbertus Jan Brouwer, »Intuitionism and Formalism«, in: ›Bulletin of the American Mathematical Society‹ 20 (1913), S. 81–96.

Luitzen Egbertus Jan Brouwer, »Begründung der Mengenlehre unabhängig vom logischen Satz vom ausgeschlossenen Dritten«, in: ›Verhandelingen der Koninklijke Akademie van Wetenschappen te Amsterdam‹ 1918, 1919 (1920–1923), S. 1–43, S. 1–33.

Luitzen Egbertus Jan Brouwer, »Intuitionistische Mengenlehre«, in: ›Jahresbericht der DMV‹ 28, 1919, S. 203–208.

Luitzen Egbertus Jan Brouwer, »Über die Bedeutung des Satzes vom ausgeschlossenen Dritten in der Mathematik, insbesondere in der Funktionentheorie«, in: ›Journal für die reine und angewandte Mathematik‹ 154 (1924), S. 1–7.

Luitzen Egbertus Jan Brouwer, »Intuitionistische Zerlegung mathematischer Grundbegriffe«, Vortrag gehalten am 6. Februar 1924, abgedruckt in: ›Jahresbericht der DMV‹ 33, 1925, S. 251–256.

Luitzen Egbertus Jan Brouwer, »Zur Begründung der intuitionistischen Mathematik«, in: ›Mathematische Annalen‹ 93, 95, 96 (1925, 1926, 1927), S. 244–257, S. 453–472, S. 451–488.

Bernd Buldt, »Stories of Genius. Recent Accounts of Kurt Gödel's Life«, in: ›Europolis 5. Kurt Gödel und die mathematische Logik‹, Linz (Linzer Universitätsverlage) 2005, S. 368–400.

John W. Dawson, Jr., ›Logical Dilemmas. The Life and Work of Kurt Gödel‹, Wellesley, Mass. (Peters) 1997; dtsch.: ›Kurt Gödel. Leben und Werk‹, Wien/New York (Springer) 1999.

Gottlob Frege, ›Gottlob Freges Briefwechsel mit D. Hilbert, E. Husserl, B. Russell, sowie ausgewählte Einzelbriefe Freges‹, hrsg. v. Gottfried Gabriel, Friedrich Kambartel und Christian Thiel, Hamburg (Meiner) 1980.

Kurt Gödel, [Korrespondenz mit Hao Wang], in: Gödel-Nachlass (C0282), Behältnis 3c, Reihe I, Mappe 209, ursprüngliche Dokumentennummer 013184.

Kurt Gödel, ›Resultate Grundlagen IV‹, in: Gödel-Nachlass (C0282), Behältnis 6c, Reihe III, Mappe 86, ursprüngliche Dokumentennummer 030119.

Kurt Gödel, ›Fragen Grundlagen, »alt«‹, in: Gödel-Nachlass (C0282), Behältnis 12, Reihe IV, Mappe 44, ursprüngliche Dokumentennummer 060574.

Kurt Gödel, [Bibliographien zur Logik und Philosophie der Mathematik, »alt«], in: Gödel-Nachlass (C0282), Behältnis 9b, Reihe V, Mappe 2, ursprüngliche Dokumentennummer 050013.

Kurt Gödel, [Exzerpte zu Brouwers Dissertation], in: Gödel-Nachlass (C0282), Behältnis 10a, Reihe V, Mappe 39, ursprüngliche Dokumentennummer 050135.

Kurt Gödel, [Exzerpte zu Gottlob Freges »Der Gedanke. Eine logische Untersuchung«, in: Gödel-Nachlass (C0282), Behältnis 10a, Reihe V, Mappe 39, ursprüngliche Dokumentennummer 050135.

Kurt Gödel, [Exzerpte zu Gottlob Freges »Logische Untersuchungen. Dritter Teil: Gedankengefüge«], in: Gödel-Nachlass (C0282), Behältnis 10a, Reihe V, Mappe 39, ursprüngliche Dokumentennummer 050135.

Kurt Gödel, »Über formal unentscheidbare Sätze der ›Principia Mathematica‹ und verwandter Systeme I«, in: ›Monatshefte für Mathematik und Physik‹ 38 (1931), S. 173–198; Wiederabdruck und Übersetzung ins Englische in: ders., ›Collected Works‹, Bd. I, ›Publications 1929–1936‹, hrsg. v. Solomon Feferman, John W. Dawson, Jr., Stephen C. Kleene, Gregory H. Moore, Robert

M. Solovay, Jean van Heijenoort, Oxford (Oxford University Press) 1986, S. 144–195.

Kurt Gödel, »Eine Interpretation des intuitionistischen Aussagenkalküls«, in: ›Ergebnisse eines mathematischen Kolloquiums‹ 4 (1933), S. 39–40; mit englischer Übersetzung wiederabgedruckt in: ders., ›Collected Works‹, Bd. I, op. cit., S. 300–303.

Kurt Gödel, »The Present Situation in the Foundations of Mathematics«, 19330 abgedruckt in: ders., ›Collected Works‹, Bd. III, ›Unpublished Essays and Lectures‹, hrsg. v. Solomon Feferman, John W. Dawson, Jr., Warren Goldfarb, Charles Parsons, Robert M. Solovay, Oxford (Oxford University Press) 1995, S. 45–53.

Kurt Gödel, »Russell's Mathematical Logic«, in: ›The Philosophy of Bertrand Russell‹, hrsg. v. Paul A. Schilpp, Evanston, Ill. (Northwestern University) 1944, S. 123–153; wiederabdruck in: ders., ›Collected Works‹, Bd. II, ›Publications 1938–1974‹, hrsg. v. Solomon Feferman, John W. Dawson, Jr., Stephen C. Kleene, Gregory H. Moore, Robert M. Solovay, Jean van Heijenoort, Oxford (Oxford University Press) 1990, S. 119–141.

Kurt Gödel, »Is Mathematics Syntax of Language?«, 1953/9, in: ders., ›Collected Works‹, Bd. III, ›Unpublished Essays and Lectures‹, hrsg. v. Solomon Feferman, John W. Dawson, Jr., Warren Goldfarb, Charles Parsons, Robert M. Solovay, Oxford (Oxford University Press) 1995, S. 334–362.

Kurt Gödel, [Briefwechsel mit Jacques Herbrand], in: ders., ›Collected Works‹, Bd. V, ›Correspondence H–Z‹, hrsg. v. Solomon Feferman, John W. Dawson, Jr., Warren Goldfarb, Charles Parsons, Wilfried Sieg, Oxford (Clarendon Press) 2003, S. 14–25.

Kurt Gödel, ›Philosophische Notizbücher, Bd. 1: Philosophie I Maximen 0‹ / ›Philosophical Notebooks, vol. 1: Philosophy I Maxims 0‹, hrsg. v. Eva-Maria Engelen, übers. v. Merlin Carl, Berlin/München/Boston (De Gruyter) 2019.

Kurt Gödel, ›Philosophische Notizbücher, Bd. 2: Zeiteinteilung (Maximen) I und II‹ / ›Philosophical Notebooks, vol. 2: Time Management (Maxims) I and II‹, hrsg. v. Eva-Maria Engelen, übers. v. Merlin Carl, Berlin/München/Boston (De Gruyter) 2020.

Kurt Gödel, ›Philosophische Notizbücher, Bd. 3: Maximen III‹ / ›Philosophical Notebooks, vol. 3: Maxims III‹, hrsg. v. Eva-Maria Engelen, übers. v. Merlin Carl, Berlin/München/Boston (De Gruyter) 2021.

Heinrich Gomperz, ›Weltanschauungslehre. Ein Versuch die Hauptprobleme der allgemeinen Theoretischen Philosophie geschichtlich zu entwickeln und sachlich zu bearbeiten, Bd. 2, 1. Hälfte. Noologie‹, Jena (Eugen Diederichs) 1908.

Maria Hämeen-Anttila, ›Gödel on Intuitionism and Constructive Foundations of Mathematics‹, Ph.D. Dissertation, Faculty of Arts, University of Helsinki, 2020.

David Hilbert, »Über das Unendliche«, in: ›Mathematische Annalen‹ 95 (1926), S. 161–190.

William W. Tait, »Gödel on Intuition and on Hilbert's Finitism«, in: ›Kurt Gödel. Essays for his Centennial‹, hrsg. v. Solomon Feferman, Charles Parsons und Stephen G. Simpson, Cambridge (Cambridge University Press) 2010, S. 88–108.

Christian Tapp, ›An den Grenzen des Endlichen. Das Hilbertprogramm im Kontext von Formalismus und Finitismus‹, Berlin/Heidelberg (Springer) 2013.

Sue Toledo, ›Tableau Systems for First Order Number Theory and Certain Higher Order Theories‹, Berlin/Heidelberg/New York (Springer) 1975.

Sue Toledo, »Sue Toledo's Notes of Her Conversations with Gödel in 1972–5«, in: ›Set Theory, Arithmetic and Foundations of Mathematics. Theorems, Philosophies‹, hrsg. v. Juliette Kennedy und Roman Kossak, Cambridge (Cambridge University Press) 2011.

Marc van Atten und Juliette Kennedy, »On the Philosophical Development of Kurt Gödel«, in: Mark van Atten, ›Essays on Gödel's Reception of Leibniz, Husserl, and Brouwer‹, Cham/Heidelberg (Springer) 2015, S. 95–145.

Hao Wang, ›From Mathematics to Philosophy‹, London (Routledge and Kegan Paul) 1974.

Hao Wang, ›A Logical Journey. From Gödel to Philosophy‹, Cambridge, Mass., u. a. (MIT Press) 1996.

Alfred North Whitehead und Bertrand Russell, ›Principia Mathematica‹, 3 Bde., Cambridge (Cambridge University Press), 1910 bis 1913.

Stephan Zweig, ›Die Heilung durch den Geist‹, Leipzig (Insel) 1931.

# Anhang ›Resultate Grundlagen IV‹

›Resultate Grundlagen IV‹, Behältnis 6c, Reihe III, Mappe 86, ursprüngliche Dokumentennummer 030119, Manuskriptseiten 320ff., Datierungen im Heft: 1. Jan. 1942 auf Manuskriptseite 280; Paginierung von Gödel; Transkription von Eva-Maria Engelen.

## Der Begriff »*Definierbar*« im *absoluten Sinn*

Man nimmt an, dass die *Axiome* der Mengenlehre eine Realität beschreiben und dass der Begriff einer durch den menschlichen Verstand erfassbaren Eigenschaft von Mengen einen Sinn hat und selbst vom menschlichen Verstand erfassbar ist. ⟨Es reicht nicht aus, ihn nachträglich hinzuzufügen, weil er sich dann nur auf das ohne ihn Erfassbare beziehen würde.⟩ Dann folgt: Es gibt unabzählbar viele Mengen, die (mit Verwendung des Begriffes ›erfassbar‹) erfassbar sind,* denn andernfalls wäre die erste nicht definierbare Ordinalzahl definierbar und nicht definierbar. Andererseits scheint es doch klar zu sein, dass, weil wir nur endlich oder höchstens abzählbar viele Grundoperationen oder Grundbegriffe in unserem Verstand haben können, die Menge der erfassbaren Begriffe abzählbar ist. [Das ist eine Form, die *Antinomie Richard* so zu formulieren, dass sie wirklich eine *Antinomie* wird, andernfalls ist der Fehlschluss offensichtlich]. Dazu ist anscheinend das Ersetzungs-*Axiom* nicht notwendig, sondern es genügt, dass es unabzählbar viele *von-Neumann*-Ordinalzahlen gibt, oder dass man zu jedem Ordnungstypus eine Menge äquivalenter [Mengen] eindeutig zuordnen kann [also insbesondere, wann immer die Menge der Mengen von [321] höchstens gleichem Typus existiert]; | da man wissen muss, dass alle von einer gegebenen wohlgeordneten Menge in dieser Weise ausgezeichneten Mengen {von Mengen} kleineren Ordnungstypus {von minimalem *Niveau*} eine Menge bilden. Das ist klar, da es für jeden kleineren Ordnungstypus ein Beispiel von höchstens demselben Typus gibt.

Was nicht klar ist, ist nur, ob die Elemente der so definierten Menge wieder definierbar sind. <u>Es ist also bewiesen, dass die definierbaren Mengen tatsächlich nicht abzählbar sind [und sogar die Mächtigkeit des Absoluten haben]</u>. Das ist unverständlich, wenn sie durch »Operationen des Geistes« »entstehen«, wohl aber verständlich, wenn sie etwas Objektives sind, worauf unser Verstand sich nur »richtet«; wobei das, worauf er sich richtet, gar nicht

---

* Er hauchte ihm seinen Geist ein; dass eine Menge erfassbar ist, heißt, dass eine charakteristische Eigenschaft ihrer Elemente definierbar ist. Anmerkung E.-M. E.: Die Fußnotenzeichen im Text und am unteren Rand der Seite unterscheiden sich. Im Text steht ein kleiner Kreis, aber am Ende der Seite ein x. Die Fußnote Gödels lässt sich daher nicht eindeutig zuordnen.

2 **Man nimmt:** Andere Lesart: Man nehme an
21: | genügt nicht ohne weiteres
25: ›er‹ von der Editorin verbessert in ›es‹

durch die gegebene Situation bestimmt ist. Verschiedenen Menschen blitzen ganz verschiedene Ideen auf, obwohl sie sie einander nachher mitteilen können.*

\* Ebenso wie ein Elektron sich eindeutig in einer bestimmten Richtung unter unabzählbar vielen bewegt.

Aber so ist es tatsächlich nicht, sondern wir kombinieren immer nur wenige Grundideen, oder bestenfalls haben wir neue Ideen, die die Situation eindeutig erfordert. Also ist bewiesen, dass unser Verstand, soweit wir ihn ausüben, verstümmelt ist, nämlich in der Weise, dass wir aus gewissen evidenten Eigenschaften unseres Verstandes schließen können, dass eine Menge von Dingen in [322] ihm sein müssen, die wir unmittelbar gar nicht sehen (also nicht konstruktiver Existenzbeweis). [In diesem Sinn ist vielleicht auch ein finiter Widerspruchsfreiheitsbeweis möglich?] Ist vielleicht schon das Ersetzungsaxiom ein Beispiel für etwas, was durch die Situation nicht bestimmt ist (d. h. »Aufblitzen einer Idee?«)? *Characteristica universalis* kann also nur Anweisungen geben, in einer bestimmten Richtung zu schauen, wobei gewisse körperliche und geistige »*Exercitien*« vorhergegangen sind.

?!! Anwendung der obigen *Argumente* auf den rein *psychologischen* Begriff von »erfassbar«[55].

---

55 Vgl. ›Max IV‹, Manuskriptseite 190, Bemerkung Grundlagen 2: »Bemerkung (Grundlagen): Die Zahlen < $\varepsilon_0$ sind dadurch charakterisiert, dass sie ›anschaulich erfassbar‹, das heißt ›überblickbar‹, sind (unter der Annahme, dass ω überblickbar ist). Sie sind irgendwie eine endliche Struktur von ω.«

# Max IV

Handschriftenbeschreibung
Papier, Schreibheft, Heftgröße 20,0 cm (Höhe) x 12,5 cm (Breite). Heftumschlag: braun, auf dem Heftumschlag hat Gödel lediglich ›IV‹ auf einer zuvor radierten Stelle vermerkt. Die Ecken sind leicht abgerundet. Heftinnenseiten: beiges, vergilbtes Papier, hellblaue Linien. Spiralbindung aus Metall. Die ersten drei Seiten sind nicht paginiert, von diesen ist nur die erste Seite mit Hinweisen zur Lektüre des Heftes beschriftet, die folgenden beiden Seiten sind nicht beschriftet. Paginierung und durchgehende Heftführung durch Gödel setzen mit ›153‹ ein, ab Manuskriptseite 161 sind nur noch die ungeraden Seiten von Gödel paginiert. Nach Manuskriptseite 251 folgt eine nicht paginierte Seite, danach paginiert er von 252 an nur die geraden Seiten. Die letzten beiden Blätter des Notizbuches sind nicht paginiert. Schreibwerkzeug: Bleistift. Sprache: Deutsch; Schrift: Kurzschrift Gabelsberger, gelegentlich Langschrift.

*Entstehungszeitraum*

Entstehungszeitraum 1941–1942; konkrete Angaben von Daten: 1. Juli 1941; Ende August 1941; Ende März 1942.

[152]
*ca. 1. Mai 1941 – ca. 30. April* 1942

Maximen IV

*Maxime*: Beim Lesen dieses Heftes:
1.) immer langsam (jeden Tag nur etwas);
2.) mit einem Gesichtspunkt [Wichtigkeit, Richtigkeit, Einteilung in Praktisches, Theoretisches und die Wissenschaften].

---

26 ca. 1. Mai 1941 – ca. 30. April 1942: Dieser Eintrag stammt von Gödel. Im Notizbuch ›Maximen III‹ ist das letzte angegebene Datum auf Manuskriptseite 151 der 15. Mai 1941.

25 [152]: Paginierung nicht von Gödel
26 1: ›1‹ ist hier und im Folgenden, anders als sonst bei Gödel, in englischer Schreibweise festgehalten

p. 247 Beweisidee für Menge der Mächtigkeit $\aleph_1$ aller Wachstumstypen

| | | |
|---|---|---|
| *Mountain Ash Inn* | p. 167–190 | |
| Neuer Beginn der *Philosophie* | p. 239 | |
| März 42 | p. 243–58 | *Brouwer* Unterbrechung durch Grundlagen |
| *Philosophie der Principia* | p. 270 | |
| | Ende des Heftes | *ca. April* 1942 |

1 7: ›7‹ ist, anders als sonst, in englischer Schreibweise festgehalten
1 **der:** Mit ›der‹ ist ›von‹ überschrieben

1 **Mächtigkeit:** Die Mächtigkeit einer Menge ist die Anzahl ihrer Elemente.
1 $\aleph_1$: Aleph ist in der Mengenlehre das Symbol für unendliche Kardinalzahlen, d. h. die Mächtigkeit unendlicher Mengen.
4 **Mountain Ash Inn:** Mountain Ash Inn in Brooklin, Maine, war eine Ferienanlage bei Bar Harbor. Kurt und Adele Gödel haben dort im Juli und August 1941 ihre Ferien verbracht. Davon berichtet Gödel sowohl Oswald Veblen als auch seiner Mutter. Vgl. John Dawson Jr., ›Kurt Gödel. Leben und Werk‹, Wien/New York (Springer) 1999, S. 135, und Hao Wang, ›A Logical Journey. From Gödel to Philosophy‹, Cambridge, Mass./London (MIT Press) 1996, S. 68. (Die beiden Werke werden im Folgenden abgekürzt zitiert: ›Kurt Gödel‹ bzw. ›A Logical Journey‹.) In einem Brief Gödels an seine Mutter vom 26. 8. 1946 (Wienbibliothek im Rathaus) geht er auf einen Brief aus dem Jahr 1941 ein, den er aus dem Mountain Ash Inn an sie geschrieben hat.
7 **Brouwer:** Luitzen Egbertus Jan Brouwer. Niederländischer Mathematiker, bedeutender Topologe und Begründer des Intuitionismus.
9 **Grundlagen:** Mit ›Grundlagen‹ kann zum einen der Titel von Brouwers Doktorarbeit von 1907 gemeint sein, der ›Over de grondslagen der wiskunde‹ lautet. Gödel hat die Arbeit, die bei Maas & van Suchtelen in Amsterdam und Leipzig erschienen ist, eingehend auf Niederländisch studiert. Zum anderen kann damit aber auch darauf hingewiesen sein, dass der Neubeginn der Arbeit an den Bemerkungen zur Philosophie durch Bemerkungen zu Grundlagen unterbrochen ist. Letztere sind allerdings wiederum durch Gödels Lektüre von Brouwers Arbeiten geprägt, die jedoch nicht allein Brouwers Doktorarbeit umfasst, sondern auch andere seiner Arbeiten einschließt. Gödels Exzerpte zur Dissertation Brouwers befinden sich im Gödel-Nachlass (CO282) in Behältnis 10a, Reihe V, Mappe 39, ursprüngliche Dokumentennummer 050135. Die Blätter sind nicht datiert, auf einem Zettel in der Mappe ist jedoch festgehalten, dass die diesbezüglichen Notizen vor 1952 geschrieben worden sind. Siehe für weitere Informationen die diesbezüglichen Ausführungen in der Einleitung. Die Spezifizierung ›(CO282)‹ für den Gödel-Nachlass wird im Folgenden nicht wiederholt.
10 **Principia:** ›Principia Mathematica‹, dreibändiges Werk von Alfred North Whitehead und Bertrand Russell, das zwischen 1910 und 1913 erschienen ist.

In diesem Heft ganz durchgesehen:
*Theologie*, *Philosophie*
*Psychologie*

[153]
{Die Bedeutungsrelation bezieht sich auf die Abbildungsfunktion der Sprache, die Sinnrelation auf die Mitteilungsfunktion? (Das heißt auf die »verständliche« Abbildungsrelation.) Oder auf den *psychischen* Akt der Konstruktion der Bedeutung aus dem Symbol?}

*Bemerkung* (*Grundlagen*): Beweis, dass 2 + 2 nicht dasselbe bedeutet wie 4: Der Satz 2 + 2 > 3 kann nicht dasselbe bedeuten wie 4 > 3, weil er einen Begriff enthält (*Addition*), welcher im anderen nicht vorkommt. Daraus scheint zu folgen, dass 2 + 2 überhaupt nichts Bestimmtes bedeuten kann, und die *Russell*sche Theorie der Beschreibungen richtig ist (d.h. Funktionen sind als eindeutige Relationen zu definieren). Ein anderer Umstand, welcher darauf hinweist, ist, dass der Satz gilt: $(x)\ (x\ \varepsilon\ M \rightarrow (\exists!y)\ yRx) \rightarrow (\exists f)\ (x)\ [x\ \varepsilon\ M \rightarrow f(x)Rx]$, aber wenn $M$ eine nicht entscheidbare Spezies ist, so kann man das nicht gut als ein »Verfahren« deuten, weil das Resultat von dem Beweis, dass $x$ zu $M$ gehört, abhängen kann. Daraus folgt: Wenn die Sätze Sachverhalte bezeichnen, so

---

6 **Die Bedeutungsrelation:** Nach Gottlob Frege ist die ›Bedeutungsrelation‹ die Referenz. Vgl. zu ›Bedeutungsrelation‹ bei Gödel auch die Manuskriptseiten 177, Marginalie Gödel; 196f., Bemerkung Grundlagen 1; 223, Bemerkung Philosophie 1; 232, Bemerkung Grundlagen 2; 253, Bemerkung Philosophie 1, und Bemerkung Grundlagen 1; 257f., Bemerkung Grundlagen; 277, Bemerkung Grundlagen 1; 281f., Bemerkung Grundlagen 1; sowie Gödel, ›Zeiteinteilung (Maximen) I und II‹, S. 210, Z. 1f ; ›Maximen III‹, S. 121, Z. 3f.; S. 163, Z. 19; S. 164, Z. 1–6.
7 **Sinnrelation:** ›Sinnrelation‹ ist im Sprachgebrauch Freges die semantische Relation. Vgl. Manuskriptseite 272, Pkt. 3, zum Fregeschen Begriff des Sinns.
9 **psychischen Akt der Konstruktion der Bedeutung aus dem Symbol:** Vgl. Manuskriptseite 270; sowie Manuskriptseite 272, Pkt. 3 zum Verhältnis von Zeichen, Idee und Verhalten.
21 **Spezies:** Eine durch eine kennzeichnende Eigenschaft ihrer Elemente definierte Menge nennt L. E. J. Brouwer Spezies. Sie wird wie die Menge mit ihrer definierenden Eigenschaft identifiziert. Vgl. Arend Heyting, »Die intuitionistische Grundlegung der Mathematik«, erschienen in: ›Erkenntnis‹ 2 (1931), S. 106–115, hier S. 110f.
23 **Sachverhalte:** Vgl. zu ›Sachverhalt‹ Manuskriptseiten 169ff., Bemerkung Philosophie 1; 174, Bemerkung Philosophie 1; 176, Bemerkung Philosophie 2; 204f., Bemerkung Philosophie 1; 250ff., Bemerkung Philosophie 1, und Bemerkung Philosophie 2; 268f., Bemerkung Philosophie 1; 278, Bemerkung Philosophie 2; 281ff., Bemerkung Philosophie 1, Bemerkung Grundlagen 1 und 2.

1 **In diesem Heft ganz durchgesehen:** Steht rechts hinter einer Akkolade, die von ›Theologie‹ bis ›Psychologie‹ reicht
3 **Psychologie:** Im Anschluss an diesen Eintrag folgen zwei Seiten, die nicht beschrieben und nicht paginiert sind
6 **{:** Der ganze Satz ist am oberen Seitenrand von Manuskriptseite 153 eingefügt

hat die Bezeichnungsrelation nicht die Eigenschaft: und wenn $a$ und $b$ gleichbedeutend sind, so auch Subst$\left(\varphi \begin{smallmatrix} a \\ b \end{smallmatrix}\right)$ und $\varphi$.

[154]

<u>Bemerkung</u> (*Grundlagen*): In der *intuitionistischen* Mathematik gibt es 2 Wege, die Ordinalzahl einzuführen:
1.) Jede absteigende Folge bricht ab.
2.) Die Ordinalzahlen sind dasjenige, worauf man vollständige Induktion anwenden kann [entweder induktiver Beweis (*Brouwer*) oder *induktive Definition* (mein Versuch)], vgl. p. 219.

Es ist leicht zu zeigen, dass 2 → 1, aber das Umgekehrte gilt nicht in der *intuitionistischen Mathematik*. Die *Definition*: »Jede Teilspezies enthält ein erstes Element« erlaubt nicht einmal zu beweisen, dass ω eine Ordinalzahl ist. Und wenn verbessert durch: »Jede entscheidbare Spezies enthält ein erstes Element«, so würde sie schon beim Produkt zweier Ordinalzahlen zu Schwierigkeiten führen. Die *Definition* – es ist absurd, dass irgendeine Spezies zu jedem Element ein vorhergehendes enthält – kommt im Wesentlichen auf 1. hinaus. [Noch weitere Häufungen von Absurditäten wären »unschön« und gar nicht konstruktiv?]

<u>Bemerkung</u> (*Grundlagen*): *Imprädikative* Elemente bei *Brouwer*:
1.) Summenspezies einer beliebigen Spezies.

---

6 **Ordinalzahl:** Eine Ordinalzahl gibt den Stellenwert eines Elements in einer Reihenfolge an. Nach einem Vorschlag von John von Neumann wird jede Ordinalzahl so definiert, dass sie gerade die Menge ihrer Vorgänger ist. Dabei erklärt man die leere Menge zur Null der natürlichen Zahlenfolge und damit als die Zahl ohne Vorgänger. Gödel hat sich bereits in ›Maximen III‹ zu Ordinalzahlen geäußert. Vgl. ›Maximen III‹, S. 79, Z. 2–7 u. 15f.; 134, Z. 7–18; 141, Z. 32–34.

10 **vgl. p. 219:** Auf Manuskriptseite 219 befasst sich Gödel in der Bemerkung Grundlagen mit Brouwers Definition der Ordinalzahl.

24 **Imprädikative:** ›Imprädikativ‹ heißt ein Begriff oder Term, wenn er mittels einer Gesamtheit, zu der er selbst gehört, definiert ist. Vgl. in diesem Band die Manuskriptseiten 155, oben; 194; 201, Bemerkung Grundlagen 1; 274; sowie ›Maximen III‹, S. 161, Z. 13–16.

25 **Summenspezies:** Nach dem Summenaxiom, auch Vereinigungsaxiom genannt, ist die Vereinigung der Elemente einer Menge wiederum eine Menge. Demgemäß spricht man von der ›Vereinigungsmenge‹, oder in der alten Terminologie von der ›Summenmenge‹; hier verwendet Gödel analog zu Brouwers Terminologie ›Spezies‹ den Begriff ›Summenspezies‹.

2 φ: Andere Lesart: Ordnung

2.) Definition der Ordinalzahl (im Wesentlichen als Durchschnitt aller gegen die 2 Erzeugungsoperationen abgeschlossenen Spezies).

[155]
{→ Voraussetzung, dass die *imprädikativen Axiome* richtig sind.}

<u>Bemerkung</u> (*Grundlagen*): Es scheint unmöglich zu sein, eine Sprache zu konstruieren, in welcher je 2 verschiedene Ausdrücke einen verschiedenen Sinn haben. (Wie sich an der *Antinomie Chwisteks* zeigt). Der Grund dieses Sachverhalts ist wahrscheinlich der, dass (ähnlich wie beim Wahrheitsbegriff) die Relationen zwischen den bezeichneten Dingen unvergleichlich komplizierter sind als die kombinatorischen Zeichenrelationen, auf die sie abgebildet werden. Beispiel: *a* & *b* hat ähnlichen Sinn wie *b* & *a*, aber notwendig ein verschiedenes Zeichen.

<u>Bemerkung</u> {(*Grundlagen*)}: Es gibt wahrscheinlich auch in der Mathematik *synthetische* und analytische Sätze.

---

1 **Definition der Ordinalzahl:** Vgl. Brouwers ausführliche induktive Definition der Ordinalzahlen und der wohlgeordneten Ordinalzahlen in »Begründung der Mengenlehre unbhängig vom logischen Satz vom ausgeschlossenen Dritten. Erster Teil: Allgemeine Mengenlehre«, in: ›Verhandelingen der Koninklijke Akademie van Wetenschappen te Amsterdam‹, eerste sectie, 12, Nr. 5, S. 3–43, hier S. 13–43. Maria Hämeen-Anttila verdanke ich den Hinweis, dass Gödel den Aufsatz »Begründung der Mengenlehre unabhängig vom logischen Satz vom ausgeschlossenen Dritten« 1941 gelesen hat, weshalb es plausibel ist anzunehmen, dass Gödel hier indirekt darauf verweist. Laut Hämeen-Anttila gibt es in Gödels ›Arbeitsheft 12‹ auf den Manuskriptseiten 3–12 Bemerkungen zu diesem Aufsatz von Brouwer; Gödels ›Arbeitsheft 12‹ ist auf Manuskriptseite 46 mit dem Datum 19. September 1941 versehen. Angegeben sei auch noch eine Stelle zu Ordinalzahlen in »Intuitionism and Formalism« von 1912 auf Seite 85f., weil sich in diesem Aufsatz der in der nächsten Sacherläuterung aufgeführte Hinweis auf die zwei Erzeugungsoperationen findet. »Intuitionism and Formalism« ist abgedruckt in: ›Bulletin of the American Mathematical Society‹ 20 (1913), S. 81–96, hier S. 85f.
2 **Erzeugungsoperationen:** In »Intuitionism and Formalism« von 1912 heißt es dazu bei Brouwer: »From the present point of view of intuitionism therefore all mathematical sets of units which are entitled to that name can be developed out of the basal intuition, and this can only be done by combining a finite number of times the two operations: ›to create a finite ordinal number‹ and ›to create the infinite ordinal number ω‹; [...]«, in: ›Bulletin of the American Mathematical Society‹ 20 (1913), S. 81–96, hier S. 86.
10 **Antinomie Chwisteks:** Leon Chwistek war der Meinung, dass in einer Sprache $S$ die sogenannten syntaktischen Antinomien auftreten, wenn die Sprache $S$ selbst ihre Syntax zu formulieren gestattet.

6 →: Pfeil von ›Bemerkung Grundlagen‹ auf Manuskriptseite 155 auf diese Einfügung
10: ›Die‹ von der Editorin verbessert in ›Wie‹

*Bemerkung* (*Grundlagen*): Beispiel einer bloß symbolischen Abkürzung (durch welche kein Begriff definiert wird): *f(x y z)* abgekürzt mit *A*.

*Bemerkung* (*Grundlagen*): Ein abstrakter Begriff ist ein Begriff $2^{\text{ten}}$ Typus. Gibt es analog auch unter den psychischen Erscheinungen »körperlich psychische«?

*Bemerkung* (*Philosophie*): Ist nicht das oberste (*synthetische*) Prinzip (Sinn) der Welt *aesthetisch*? Und ergibt nicht dies die Theorie der Mathematik?

[156]
*Bemerkung* (*Theologie*): Die *filii diaboli, viri, feminae, Dei* entsprechen den Boshaften, Reichen, Armen, Heiligen (*vgl. Psalm* 10).

*Maxime* (Arbeit): Bevor ich in die Bibliothek gehe, soll auf dem Zettel Folgendes festgesetzt sein:
1.) Eine Liste von Büchern, welche auf jeden Fall nach Hause zu nehmen oder, wenn nicht vorhanden, anzufordern sind [in einer gewissen Reihenfolge, zu Hause immer mindestens 2 Bücher haben].
2.) Eine Liste von solchen Büchern, welche durchzublättern sind [d. h. Inhaltsverzeichnis und Stichprobe], um festzustellen, ob sie [ganz oder teilweise] zu lesen sind. Die Antwort auf diese Frage hat zu erfolgen auf Grund: I. des Zwecks, den ich verfolge; II. der Vernünftigkeit der Bücher. [Wenn etwas vernünftig, aber nicht für den Zweck geeignet ist, so zurückstellen und notieren.]
3.) Welche »bibliographischen Vorbereitungen« zu machen sind [d. h. Bibliographien durchlesen, beziehungsweise an den *Shelves* gewisse Gebiete durch»suchen«]. [Wie viel Zeit braucht man, um von einem Buch festzustellen, ob es geeignet ist? [157] Im Fall, dass es geeignet ist, ist es entweder ganz oder auszugsweise zu lesen.]

7 **körperlich psychische:** Andere Lesart: körperlich Psychisches
10 **Welt:** Andere Lesart: Wert
10 **Theorie:** Andere Lesart: Theologie

15 **Psalm 10:** Psalm 10 umfasst die Klage über das Treiben der Gottlosen im Volk, die Bitte, die Armen nicht zu vergessen und den Frevler zu stürzen, und schließlich die Gewissheit, dass Gott die Elenden und Armen nicht vergessen hat.
17 **Bibliothek:** Maximen zum Bibliotheksbesuch: ›Zeiteinteilung (Maximen) I und II‹, S. 61, Z. 20ff.; 63–66, ab Z. 16; Addendum XI, 1, S. 263, Z. 35ff.

*Bemerkung* (*Maxime*): Einer der Gründe, warum ich mich zu nichts entschließen kann: Ein Entschluss zu etwas Bestimmtem (z. B. *Jacques Herbrand* wirklich zu lesen) impliziert einen Verzicht auf alles (oder vieles) andere und dieser Verzicht ist entweder unangenehm (*Theologie*) oder er widerspricht dem Gewissen (eine Arbeit *publizieren* oder *Bernays* lesen). Angenommen, ich wäre in einer Lage, wo ich für lange Zeit nur irgendetwas [selbst das Schlechteste], zwischen dem ich schwanke, tun könnte, so wäre es schön [selbstverständlich nur etwas, dem ich gewachsen bin, das ich »kann«]. Daher ist es sehr wichtig zu sehen, dass dieses oder jenes nichts ist.

*Bemerkung* (*Maxime*): Man tue das, wozu man entschlossen ist (auch wenn anderes, wozu man nicht entschlossen ist, wichtiger ist). Das ist ein Spezialfall des Prinzips, dass man nur tun soll, was man kann. (Auch die *Maxime*, man tue nur, wozu man Lust hat, ist bis zu einem gewissen Grad eine Folgerung davon.)

*Bemerkung* {(*Maxime*)}: Vielleicht ist die beste Methode des Vorwärtskommens die, dass [158] man nach einiger Zeit (bis ein gewisses partielles Ziel erreicht ist) jede Sache aufgibt und dann etwas anderes macht und wieder zurückkehrt. Weil in der Zwischenzeit: 1. verdaut, 2. Anregungen aus anderen Gebieten, welche viel von selbst lösen.

*Bemerkung* (*Grundlagen*): Allgemeiner Charakter der mathematischen Invention: Indem man *successive* und systematisch (mit vielen Rechnungen) vorgeht, so ergibt sich oft von selbst eine ganz andersartige Idee, welche alles zusammenfasst und die Rech-

---

3  Herbrand: Vgl. ›Zeiteinteilung (Maximen) I und II‹, S. 104, Z. 8 und 11; 253, Z. 28.
6  **publizieren**: Zwischen 1940 und 1944 hat Gödel nichts publiziert.
6  **Bernays lesen**: Vgl. ›Zeiteinteilung (Maximen) I und II‹, S. 104, Z. 9, wo Gödel auf David Hilberts und Paul Bernays' Buch ›Grundlagen der Mathematik‹ von 1934 anspielt; sowie ebd., S. 181, Z. 10 und Fn.; 262, Z. 17.
26  **mathematischen Invention**: Vgl. die allgemeine Bemerkung zur Logica inventiva auf Manuskriptseite 174, Bemerkung Philosophie.

27 **und systematisch**: Andere Lesart: unsystematisch
29: ›welches‹ von der Editorin verbessert in ›welche‹

nungen überflüssig macht (*vgl.* <u>Kummersche</u> Reihenkriterien und *Mostowskis* Ordnungssatz).

*Bemerkung* (*Maxime*): Wenn man sich zu etwas entschließt und dann an die Ausführung geht, so nimmt die *Intensität* des Entschlusses mit der Zeit automatisch ab* [vielleicht wegen der auftauchenden Schwierigkeiten und dem Ausfallen des erwarteten Genusses]. Zumindest dann, wenn der Entschluss nicht durch [159] abstrakte Überlegungen, sondern durch das »Gefühl« zustande gekommen ist. Denn das Gefühl kann sich ja ohne Änderung der objektiven Tatsache ändern. Außerdem tendiert ein gefühlsmäßiger Entschluss in der Richtung der erwarteten (unmittelbaren) Lust.

* Daher ist von Zeit zu Zeit eine »Auffrischung« nötig.

*Maxime*: Das Wichtige ist die »sachliche« Zeiteinteilung. Das heißt, was ist in den einzelnen Gebieten als nächstes zu machen [und zwar sind nur die Dinge aufzuschreiben, für welche man auf Grund von abstrakten Erwägungen entschlossen ist]. Viel weniger wichtig ist die zeitliche Einteilung (wann es zu machen ist). <u>Zuerst sachliche und dann zeitliche Einteilung</u>!

*Bemerkung* {(*Maxime*)}: Was kann die Ursache meiner nervösen Unruhe sein?:
{I}
{B} 1. Nach *New York* fahren, und was ist zu erwarten beim deutschen Konsulat? Hier oder in Deutschland**?**

1 **Kummersche Reihenkriterien:** Vgl. Ernst Eduard Kummer, »Über die Konvergenz und Divergenz der unendlichen Reihen«, in: ›Journal für die reine und angewandte Mathematik‹ 13 (1835), S. 171–184.
2 **Mostowskis Ordnungssatz:** Andrzej Mostowski hat in seiner Arbeit »Über die Unabhängigkeit des Wohlordnungssatzes vom Ordnungsprinzip«, in: ›Fundamenta Mathematicae‹ 32 (1939), S. 201–252, gezeigt, dass es Modelle mit Urelementen gibt, für die das Auswahlaxiom nicht gilt, aber das Ordnungsprinzip erfüllt ist. In diesem Aufsatz weist Mostowski auf S. 204 darauf hin, dass er wesentliche Anregungen für seine Arbeit dem Besuch der Vorlesung Gödels über die Axiomatik der Mengenlehre an der Universität Wien im Sommersemester 1936/37 verdankt. Mostowski hat sich hier allerdings wohl verschrieben, es muss »Sommersemester 1937« heißen.

6: ›auftauchenden‹ von der Editorin verbessert in ›auftauchenden‹
24 **B:** B steht hinter einer Akkolade auf der linken Seite, die von 1. zu 1.' reicht.
25 **Hier oder in Deutschland?:** ›Hier oder in Deutschland?‹ steht hinter einer Akkolade auf der rechten Seite, die von 1. zu 1.' reicht.

19 **zeitliche Einteilung:** Mit Fragen der sachlichen und zeitlichen Einteilung befasst sich Gödel durchgehend in ›Zeiteinteilung (Maximen) I und II‹.
24 **deutschen Konsulat:** Vgl. Addendum in ›Philosophie I Maximen 0‹, S. 121, Fußnote zu vorangegangenen Besuchen Gödels beim deutschen Konsulat in New York. Siehe zudem ›Kurt Gödel. Das Album/The Album‹, hrsg. v. Karl Sigmund, John Dawson, Kurt Mühlberger, Wiesbaden (Vieweg) 2006, S. 84; sowie Dawson, ›Kurt Gödel‹, S. 132.

1.ʼ Hastige Einwanderung (Rekawinkel). Hier oder in Deutschland**?**
{E.} 2. Ungeordnete *finanzielle* Verhältnisse und {gesellschaftliche} [Adeles Verschwendung und keine sichere Stellung].
{D.} 3. Berufliche Unzulänglichkeit und mangelnde Pflichterfüllung (Publikationen**,** eigene Arbeiten**,** Zeit auf anderes verwendet).
{A.} 4. Katholisch werden (und nicht verheiratet mit einer Geschiedenen) und mangelnde Weltanschauung.
{C.} 5. Wohnungs- und Gesundheitsfrage. [160]
{II} (unmittelbar aktuell)
1. Pakete nach Wien
2. Morgen nach *New York*
3. Sommeraufenthalt planen
4. Zahnarzt aufsuchen
5. Vitamine und Belladonna und Arzt
6. Was und wie viel als nächstes arbeiten?
7. Was und wann als nächstes publizieren?
8. Vorlesung im nächsten Semester
9. Vorbereitung auf eine Professur

---

1 **Rekawinkel:** Gödel musste seinen Aufenthalt am IAS im September 1935 abbrechen und nach Europa zurückreisen, wo er sich dann eine Zeitlang im Sanatorium in Rekawinkel, Niederösterreich, aufhielt. Er befürchtet wohl, dass die erfolgte hastige Einwanderung eine ähnliche Folge haben könnte.

4 **keine sichere Stellung:** Gödel wurde erst 1946 ständiges Mitglied des IAS. Vgl. zu den Stipendien, die er zuvor am IAS für seinen Aufenthalt erhielt, Dawson, ›Kurt Gödel‹, S. 132 und 136.

7 **nicht verheiratet mit einer Geschiedenen:** Gemeint sein dürfte, dass Gödel plante, katholisch zu werden, aber mit einer geschiedenen Frau zusammenlebt, mit der er nur standesamtlich verheiratet ist, nicht aber nach katholischem Ritus.

11 **1. Pakete nach Wien:** Kurt und Adele Gödel haben ab 1940, dem Jahr ihrer Ankunft in Princeton, regelmäßig Pakete nach Wien geschickt. Diese haben bis in die späten 1940er Jahre hinein vornehmlich Lebensmittel enthalten. Siehe dazu den Briefwechsel Gödels mit seiner Mutter aus dieser Zeit.

13 **Sommeraufenthalt:** Ab Anfang Juli 1941 verbrachten Kurt und Adele Gödel zwei Monate in Brooklin, Maine, im Mountain Ash Inn. Vgl. Gödels Inhaltsverzeichnis oben.

15 **Belladonna:** Belladonna (Atropa belladonna) ist eine Heilpflanze, die einen delirant halluzinogenen Effekt haben kann. Vgl. zum Umgang mit Rauschmitteln ›Zeiteinteilung (Maximen) I und II‹, S. 60, Z. 9f; sowie 62, Z. 4 und 12.

16 **Was und wie viel als nächstes arbeiten?:** Gödel versuchte zu dieser Zeit vornehmlich die Unabhängigkeit des Auswahlaxioms und der Kontinuumshypothese zu beweisen.

18 **Vorlesung im nächsten Semester:** Vom Frühjahr 1941 bis zum Herbst 1946 hielt Gödel keine Vorlesungen. Vgl. Dawson, ›Kurt Gödel‹, S. 136.

1 **Hier oder in Deutschland?:** ›Hier oder in Deutschland?‹ steht hinter einer Akkolade auf der rechten Seite, die von 1. zu 1.ʼ reicht.

1 1: Unter der Ziffer 1 steht eine Ziffer 2, die durch die 1 überschrieben ist

10. Wie viel nicht berufliche Arbeit ist berechtigt?
11. Was in der Mathematik lesen?
12. Sprachen lernen und wählen.

*Maxime*: Wenn irgendetwas Größeres zu erledigen ist (z. B. nach New York fahren), so erledige es so rasch als möglich. Um 1.) die fortwährende Entschlusslosigkeit zu verhindern und 2.) das »Gewissen« zu beruhigen.

*Bemerkung* (*Grundlagen*): Ich sollte mehr die »philosophische« Seite der Mathematik + beachten, zum Beispiel: Wesen, Sinn und Anwendung, von: Teilrelationen, Maßfunktion, Gleichungsrelationen, Ordnungsrelationen *etc.*

[161]
*Maxime*: Ausruhen = *fun* = tun, wozu man Lust hat = Spielen und Scherzen.

*Bemerkung* {(*Maxime*)}: Bei manchen Büchern (*Thomas*, *Fries*) habe ich das Gefühl, dass ich ihnen bereits »entwachsen« bin. Das heißt, eigenes Nachdenken ist fruchtbar.

*Bemerkung* (*Grundlagen*): Das *Russell*sche *Vicious circle principle* ist ein <u>negatives</u> Kriterium für die Existenz von Begriffen und für die

---

2 **Mathematik lesen?**: Andere Lesart: Etwas Mathematik lesen
3 **und wählen**: Andere Lesart: und welche?
3 **.**: Danach sind im Manuskript zwei Zeilen frei gelassen, wohl, um die Liste ggf. fortsetzen zu können
15 **161**: Ab hier sind lediglich die ungeraden Seiten von Gödel paginiert.

12 **Maßfunktion**: Eine Maßfunktion ordnet insbesondere abzählbar vielen disjunkten messbaren Mengen die Summe der Einzelmaße zu.
13 **Ordnungsrelationen**: Ordnungsrelationen sind transitive, reflexive und antisymmetrische Relationen, die sich anschaulich als Anordnungen der Elemente einer Menge auffassen lassen. Nach ›Ordungsrelationen‹ ist etwas Platz für weitere Hinzufügungen gelassen.
16 **Spielen**: Vgl. zu Spielen ›Zeiteinteilung (Maximen) I und II‹, S. 59, Z. 15ff.; 60, Z. 13; 92, Z. 5; 125, Z. 30f.; 161, Z. 23; 173, Z. 34.
19 **Thomas**: Die Hinweise auf Thomas-von-Aquin-Lektüre bei Gödel sind zu zahlreich, um sie hier einzeln aufzuführen.
19 **Fries**: Vgl. ›Philosophie I Maximen 0‹, S. 75, Z. 6; 113, Z. 7.
23 **Vicious circle principle**: Eine Lösung zu Russells Paradox formulieren Whitehead und Russell wie folgt: »The principle which enables us to avoid illegitimate totalities may be stated as follows: ›Whatever involves <u>all</u> of a collection must not be one of the collection‹; or, conversely: ›If, provided a certain collection had a total, it would have members only definable in terms of that total, then the said collection has no total.‹ We shall call this the ›vicious-circle principle,‹ because it enables us to avoid the vicious circles involved in the assumption of illegitimate totalities« (›Principia Mathematica‹, Bd. 1, 1925, zweite Aufl., S. 37f.). In der ersten Auflage von 1910 heißt es auf S. 39 hingegen: »An analysis of the paradoxes to be avoided shows that they all result from a certain kind of

Anwendbarkeit von »alle«, aus welchem die Nicht-Existenz der Menge aller Eigenschaften natürlicher Zahlen folgt.

*Bemerkung* (*Grundlagen*): Verhältnis der *klassischen* zur modernen Logik: Nicht gebraucht werden von der klassischen Logik die Aristotelischen Schlussfiguren. Dagegen fehlen: $p, q \to p \cdot q, p \cdot q \to p$, $p \to p \vee q$ [162] und die Regel: Wenn Q aus P abgeleitet ist, so gilt $P \supset Q$ {und das Vorsetzen des Quantors} (für den Fall, dass man die Logik als Logik der Annahme aufbaut).

*Bemerkung* (*Grundlagen*): Um zu beweisen $(x)\,(A(x) \supset B(x))$, muss man A und B in genügend Unterarten zerlegen und für die einzelnen Unterarten beweisen: $(x)\,[A_i(x) \supset B_i(x)]$; oder, dass jede Unterart von A eine solche von B ist (wenn es die »kanonischen« Unterarten sind).

*Bemerkung* {(*Philosophie*)}: Das ungeheuer rasche Anwachsen der Anzahl von Kombinationen ist vielleicht ein Maß für die ungeheure Kraft des Verstandes [nämlich ungeheuer viele ungeheuer große und verborgene Kombinationen trotz unserer beschränkten Zeit, Vorstellungskraft, Gedächtnisses erfassen zu können]. Als Gott das schnelle Wachsen der Kombinationsanzahl erschuf, erschuf er die Macht des Verstandes. Verstand = Verstehen der Begriffe* + Kombinationsfähigkeit.

\* Grundbegriffe.

*Bemerkung* {(*Philosophie*)}: Philosophische Lektüre und *Diskussion*: Jeder einzelne Satz ist auf seine grammatische Struktur, Sinn und Richtigkeit zu prüfen (jeden Satz einige Minuten).

---

vicious circle. The vicious circles in question arise from supposing that a collection of objects may contain members which can only be defined by means of the collection as a whole.«

5 **Aristotelischen Schlussfiguren**: Gemeint sind die syllogistischen Schlussfiguren, von denen Aristoteles bereits drei in den ›Analytica priora‹ beschreibt; die vierte Figur wird als solche erst später eingeführt. Vgl. ›Zeiteinteilung (Maximen) I und II‹, S. 105, Z. 5; 116, Z. 11. Vgl. zum Vergleich zwischen traditioneller und moderner Logik auch die Mitschrift der Vorlesung Schlicks in ›Philosophie I Maximen 0‹, S. 47, Z. 7f.; 48–49, Z. 12ff.; 51, Z. 10ff.; 56–57, Z. 14ff.

6 $p, q \to p \cdot q, p \cdot q \to p$, $p \to p \vee q$: Der Punkt . steht in dieser Notation für das logische ›und‹

28 **jeden Satz einige Minuten**: Andere Lesart: jeden Satz, einige minutiös

[163]

*Bemerkung* (*Grundlagen*): Idee zur systematischen Lösung aller Probleme: Jeder Begriff ist in seine wahren »Elemente« aufzuspalten, dann bedeutet $(x)\,(\varphi(x) \supset \psi(x))$ bloß, dass jedes Element von $\psi$ auch in $\varphi$ vorkommt. Das bedeutet: Jeder Beweis* ist durch hinreichende Fallunterscheidungen zu führen. Die gewöhnlichen Beweise fassen immer viele dieser Fallunterscheidungen zusammen. Das Kennzeichen eines »Begriffselementes« ist, dass es eine »vollständige« Kenntnis der darunter fallenden Objekte vermittelt. (*Leibniz*, *Hilbert*)

*Bemerkung* (*Grundlagen*): Andere Idee zur systematischen Lösung aller Probleme: Ausgehen von *Extrem*fällen (einfachen Fällen), die man vollkommen übersieht, und dann die komplizierten daraus |nicht durch Kombination, (das wäre die Idee der [164] vorigen Bemerkung) sondern durch »richtige Verallgemeinerung« gewinnen. Der einfache Fall enthält *in nuce* den ganzen komplizierten Fall, wenn er richtig »aufgefasst« wird und die richtige Entsprechung der einzelnen Elemente des einfachen und des komplizierten Falls hergestellt wird. Vielleicht gibt es ein allgemeines Gesetz (ähnlich dem der *Analyticität* der Funktion), welches die Verallgemeinerungen eindeutig macht (hinsichtlich der entsprechenden Begriffe und der Sätze, welche gelten). Das Komplizierte »entfaltet« sich aus dem Einfachen. Beispiel: Analogisierungen zwischen $e^x$, $\sin x$ einerseits und den elliptischen Funktionen andererseits.

*Bemerkung* {(*Philosophie*)}: Wesentliche Philosophen, die zu studieren sind: *Plato*, *Aristoteles*, *Thomas*, *Descartes*, *Leibniz*, *Locke*, *Kant*, *Hegel*, *Plotin* (*Literatur* siehe Vorlesung *Gomperz*).

* In Normalform (= systematischer Beweis). [Anmerkung E.-M. E.: Andere Lesart: normale Form]

15: ›(‹ von der Editorin gelöscht

2 **Idee zur systematischen Lösung aller Probleme:** In ›Maximen IV‹ finden sich mehrere Bemerkungen Grundlagen zu diesem Thema der Heuristik, so etwa die folgende Bemerkung, aber auch auf den Manuskriptseiten 221f. sowie 236ff.
21 **Analyticität der Funktion:** Bei einer analytischen Funktion ist die Funktion durch die Angabe ihrer Werte in »wenigen« (wenn auch unendlich vielen) Punkten bereits festgelegt; das lokale Verhalten bestimmt bereits weitgehend das globale Verhalten.
27 **Wesentliche Philosophen:** Vgl. die entsprechenden Listen in ›Philosophie I Maximen 0‹, S. 44f., Z. 14ff.; 72f., Z. 8ff.
29 **Vorlesung Gomperz:** Gemeint ist Gödels Mitschrift der Vorlesung »Übersicht über die Geschichte der europäischen Philosophie« von Heinrich Gomperz im Wintersemester 1925/26 und im Sommersemester 1926 an der Universität Wien. Die Mitschrift befindet sich im Gödel-Nachlass in Behältnis 6b, Reihe III,

[165]
*Bemerkung* (*Philosophie*): Die *Schopenhauersche* Analogisierung von Schwerkraft und menschlichem Wollen führt dazu, jedem Lebewesen ein Kraftgesetz zuzuordnen (welches aber nicht wie die physikalischen und chemischen Gesetze nur von der Beschaffenheit der betroffenen Partikel abhängt), sondern in welches Raumkoordinaten {oder individuelle Körper} eingehen (*iniquitas* der individuellen Existenz), also eine Art »Kraftfeld«, welches die Seele wäre und welches sich beim Tode vom Körper trennen könnte.
[Dieses Gesetz verbindet die Wahrnehmungen ausdrückenden Hirnzustände mit den Absicht ausdrückenden durch ein »einheitliches« Gesetz, den »Charakter«.]

*Bemerkung* (Grundlagen): Analogie zwischen analytischer Zahlentheorie und Physik:
1.) *Successive Approximation* (bei der Lösung von Problemen).
2.) Bei einem gewissen Grad der *Approximation* wird ein exaktes Resultat erhalten.
3.) Was nicht durch notwendige Gesetze verboten ist, das verhält sich »statistisch«.
5.) Die *Existenz* von (einfachen) analytischen Funktionen und von »Naturkonstanten«, welche die Gesetze ausdrücken.
6.) Die Möglichkeit, mit sehr roher *Approximation* überraschend viel zu erreichen. [166]
7.) Zurückführung des Qualitativen (z. B. Primzahl, Teilbarkeit) auf das »Quantitative« [ein sehr gutes Beispiel dafür ist das *Gausssche Lemma* hinsichtlich der quadratischen Reste].

Die *Analysis* ist also das Werkzeug, die natürliche Zahl das »Objekt«.

---

Mappe 72,5 und 72,6, ursprüngliche Dokumentennummer 030100.4 und 030100.5.
2 **Schopenhauersche Analogisierung:** Zur Analogie zwischen Schwerkraft und Wollen äußert sich Arthur Schopenhauer ausführlich im Kapitel »Physische Astronomie« seines Werkes ›Über den Willen in der Natur‹ von 1836.
7 **iniquitas:** ›Iniquitas‹ ist oft mit ›Ungerechtigkeit‹ oder ›Unrecht‹ zu übersetzen, stellenweise aber auch mit ›Gesetzlosigkeit‹. Vgl. auch die Manuskriptseiten 272 und 276 im Folgenden; sowie ›Zeiteinteilung (Maximen) I und II‹, S. 210, Z. 16–19; ›Max V‹, Manuskriptseite 342, Bemerkung Theologie; ebd., Manuskriptseite 343, Bemerkung Philosophie.
21 **analytischen Funktionen:** Vgl. Erläuterung oben.
27 **Gausssche Lemma:** Das Gaußsche Lemma in der Zahlentheorie ermöglicht es in einer Vielzahl der Fälle zu entscheiden, ob eine Zahl modulo einer gegebenen Primzahl ein quadratischer Rest ist oder nicht.

21 5.): Punkt 4.) fehlt in der Liste

*Bemerkung* (Grundlagen): Die mathematische *Intuition* (welche die Vermutungen bestimmt) ergibt, wenn formalisiert, eine »Theorie« der Mathematik (ohne Beweise). Es gibt 2 Arten von *Intuitionen*, die eine gibt zugleich die *Intuition* des Beweises (diese besteht vielleicht in einem undeutlichen Sehen des Beweises); Beispiel: die meisten mengentheoretischen Intuitionen. Die andere ist die Intuition ohne Intuition des Beweises; Beispiel: Primzahlsatz.

Die Grundlagen der *Intuitionen* sind:
1.) Geometrische Anschauung (*Jordan*scher Kurvensatz).
2.) Verallgemeinerung (d. h. *Analogisierung*), zum Beispiel Setzen auf Funktionen mit mehreren Variablen (es handelt sich um *Homomorphismus*).
3.) Vernünftigkeitsannahme (im Sinn der *Differenzierbarkeit* oder der *statistischen* Gleichverteilung oder der Existenz einer einfachen Lösung). [167] Beispiel: *Primzahl*satz.
{*Mountain Ash Inn*, Beginn: ca. 1./VII 1941}

*Bemerkung* (*Philosophie*): Das (richtige) Symbol ist gewissermaßen der Leib des Begriffes, das heißt, der Begriff »von außen gesehen«, oder ein *Aspekt* des Begriffes (die wirklichen Sprachen geben den Begriffen falsche Leiber, ebenso wie die Seelen nicht passende Leiber (= Begehrungsvermögen) erhalten).

*Bemerkung* (*Philosophie*): Ein Begriff, insofern er an Funktionsstelle steht (d. h. Prädikat ist), ist in gewissem Sinn ein anderes Ding als derselbe Begriff, insofern er an Argumentstelle steht (d. h. *Subjekt* ist). Vielleicht ebenso verschieden als Zeichen und Bezeichnetes. Das Vorkommen an Funktionsstelle ist gewissermaßen die »beherrschende« Stellung, das andere die »unterworfene«. Sind das 2 *Aspekte* derselben Sache [168] oder 2 Teile desselben Dings?

---

10 **Jordanscher Kurvensatz:** Der Jordansche Kurvensatz besagt, dass jeder einfach geschlossene Weg die Ebene in zwei Gebiete zerlegt. Für diesen Satz hat Camille Jordan 1887 einen ersten, allerdings noch inkorrekten, Beweisversuch vorgelegt.

11 **Analogisierung:** Vgl. ›Zeiteinteilung (Maximen) I und II‹, S. 119, Z. 21–24; Addendum IIIb, 2v', S. 245, Z. 18; ›Maximen III‹, S. 74, Z. 7–11; 81, Z. 8–11 und Z. 18–21.

13 **Homomorphismus:** Ein Homomorphismus ist in der Mathematik eine strukturverträgliche Abbildung.

17 **Mountain Ash Inn:** Siehe oben die entsprechende Erläuterung zu Gödels Inhaltsverzeichnis.

(D. h. besteht der Unterschied in einer Relation zwischen etwas anderem, nämlich zwischen einem »Erkennenden« und einem Erkannten?)* Wahrscheinlich 2 Eigenschaften, die sich ausdrücken in 2 verschiedenen Relationen zu verschiedenen Dingen [jedes Ding ist zugleich Herrscher und Beherrschtes].

* Individuen und Sachverhalte{?} sind die einzigen, welche nur an Argumentstelle vorkommen.

_Bemerkung_ (Philosophie): Der Körper und die Seele sind 2 _Aspekte_ desselben Dings (von außen und von innen, d. h. durch den äußeren Sinn beziehungsweise durch den inneren Sinn, die Selbstwahrnehmung ist tatsächlich eine sinnliche [nicht rein begriffliche] Wahrnehmung, denn man nimmt sich selbst als wirklich und als wirklich erlebend wahr, im Unterschied zur bloß abstrakten Erkenntnis, auch wenn dabei die Wirklichkeit erkannt wird, denn bei Selbstwahrnehmung wird sie nicht aus Begriffen gefolgert, sondern »empfunden«). Das diesen beiden _Aspekten_ zu Grunde liegende Ding an sich ist die »Form«, das heißt, der Begriff, welcher zur eindeutigen Charakterisierung hinreicht. Anderseits ist aber diese Form der _Aspekt_ des Dings, insofern es durch den Verstand wahrgenommen wird.

[169]
_Bemerkung_ (Philosophie): Sind Seele und Leib 2 Teile oder zwei 2 _Aspekte_ desselben Dinges? _Aristoteles_ lehrt scheinbar das erste, aber auch folgende Auffassung ist möglich: Die _vegetative_, _sensitive_ und _rationale_ Seele sind Teile der Seele, der Leib ist der äußere _Aspekt_ der _vegetativen_ Seele, das Nervensystem der _sensitiven_. Das Ding an sich, welches hinter der _vegetativen_ beziehungsweise _sensitiven_ Seele steht, ist also die Form des Leibes {und des Nervensystems} (welches zugleich die Form der {_vegetativen_ und _sensitiven_} Seele ist). Die vernünftige Seele dagegen ist vielleicht die Form der ganzen Welt (welche mit dem Leib zwar _homomorph_, aber viel reicher ist). [Die 3 _Aspekte_ der vernünftigen Seele wären: die Welt, das innere Licht und die Vernunft.]

_Bemerkung_ (Philosophie): Das Ding (_Substanz_) ist nicht bloß der Träger seiner Qualitäten [denn sonst wären alle Dinge, insofern sie

9 **inneren Sinn:** Siehe Erläuterung zu Manuskriptseite 268, Bemerkung Philosophie 1.
23 **vegetative, sensitive und rationale Seele:** Vgl. ›Maximen III‹, S. 130, Z. 22–28. In der scholastischen Philosophie wird in anima rationalis (Geist- oder Vernunftseele) als Vernunftvermögen, anima sensitiva (Sinnenseele) als Vermögen zur Sinneswahrnehmung und anima vegetativa (Pflanzen- oder Nährseele) als Vermögen zu Fortpflanzung, Wachstum und Stoffwechsel unterschieden.

Dinge sind, gleich. Das heißt, es würde gelten: Für jedes Ding {*a*} und jede (widerspruchsfreie) Eigenschaft φ gilt, dass φ(*a*) möglich ist]. Sondern das Ding ist der Träger + seine [170] wesentlichen (*substanz*iellen) → {(= *analyt*ischen)} Qualitäten → {oder ist die *Substanz* sogar bloß die Gesamtheit der entsprechenden analytischen Sachverhalte**?** + dem entsprechenden *Existenz*satz**?**}. Es gibt also gewisse Eigenschaften, die ein Ding nicht verlieren kann, ohne aufzuhören, dies*es* Ding zu sein**.** Alle anderen heißen *accidentiell* → {*synthet*isch}. Der Unterschied zwischen *Substanz* und *Accidenz* ist also nicht genau der von Ding und Sachverhalt, sondern von Ding und *synthet*ischem Sachverhalt. Die analytischen Sachverhalte sind gewissermaßen gar nichts {(oder Teile von *Substanz***?**}). Das heißt, sie sind etwas in unserem Erkenntnisvermögen, denen nichts in der Wirklichkeit entspricht**.** «*Sokrates* ist ein Mensch» ist also *analyt*isch, aber «Dies ist *Sokrates*» ist nicht analytisch, denn es bedeutet analysiert: «Zu jener bestimmten Zeit befindet sich *Sokrates* in einem bestimmten Verhältnis zu mir», wobei vorkommende Dinge [Zeitpunkt, *Sokrates*, ich] durch ihre *substanz*iellen *Definitionen* einzuführen sind. {Oder anderer Standpunkt:} Die Wirkung der Sinnlichkeit besteht darin, dass viele [171] Dinge dir »gegeben« {d. h. wahrgenommen werden} sind, bevor du sie »verstehst«, das heißt, ihre *substanzielle Definition* kenn*st*. Diejenigen Erkenntnisse, durch welche die sinnliche Gegebenheit mit der verstandesmäßigen identifiziert wird, haben dann kein *Korrelat* in der Wirklichkeit. Sie sind aber auch nicht analytisch, weil sie sich überhaupt nicht in der objektiven {d. h. keine *Definitionen* durch Hinweis enthaltenden} Sprache ausdrücken lassen. → {Oder = der Sachverhalt: das *int*ensionale Objekt (Vorstellung) *A* ist ein Bild des *Sokrates*.} | vgl. *p*. 321 Mitte.

4 →: Pfeil von ›substanziellen‹ auf ›(= analytischen)‹
4 →: Pfeil von ›Qualitäten‹ auf ›oder die Substanz …‹
9 →: Pfeil von ›accidentiell‹ auf ›synthetisch‹
27 →: Pfeil von ›lassen‹ auf ›Oder = der …‹
28 **intensionale**: Andere Lesart: intentionale
29: | Sie sind vielleicht Teile objektiver, wirklicher Sachverhalte

6 **Sachverhalte**: Vgl. zu ›Sachverhalt‹ die Angaben zu Manuskriptseite 153, Bemerkung Grundlagen 1.
28 **intensionale**: Vgl. zu ›intensionales Objekt‹ ›Philosophie I Maximen 0‹, S. 81, Z. 7–10; 84, Z. 28 bis S. 85, Z. 7; S. 102, Z. 11–16, 18–20, 22–24, 28f.; S. 110, Z. 7–8; S. 115, Z. 15–20; S. 116, Z. 10–21; und ebd., S. 119, Z. 5–8; ›Maximen III‹, S. 115, Z. 21ff.; 116, Z. 3–19; 124, Z. 16–23; sowie in diesem Band Manuskriptseite 173, Bemerkung Philosophie 1. ›Intensional‹ wird meist rein negativ als nicht-extensional charakterisiert, Gödel bestimmt es als »das innerhalb des Ich Liegende« und als das, was »mit dem Verstand wahrgenommen« wird. Er verwendet sowohl den Begriff des intensionalen als auch den des intentionalen Objektes. Vgl. zu Letzterem die Manuskriptseiten 279f. in diesem Band.
29 **p. 321 Mitte**: ›Max V‹, Manuskriptseite 321: »<u>Bemerkung</u> (*Phil*osophie): Was man zunächst wahrnimmt, wenn man sieht, ›dies ist Sokrates‹, das ist: Man hat mich gelehrt, das vor mir Stehende mit *Socrates* zu benennen. Dieser Sachver-

*Bemerkung* (*Philosophie*): Die Hauptworte in der Umgangssprache haben eine doppelte Bedeutung: 1.) in mehrdeutiger Weise die Einzeldinge, 2.) den Begriff (aber im Sinn des »Typus«, d. h. auf einer logischen Stufe). Zum Beispiel: »Der Franzose ist leichtlebiger als der Deutsche« (der entsprechende Allsatz wäre falsch) oder »Wasser ist leichter als Quecksilber« [bei Stoffnamen kein Artikel, weil jedes Wasser teilbar ist]. Andere {nämlich die 1.} Bedeutung von »Wasser« in: »Dies ist Wasser«.

*Bemerkung* (*Philosophie*): Das »Rot« dieses Blattes ist etwas anderes als die Tatsache, dass dieses Blatt rot ist. Diese enthält das Blatt als Teil, [172] jenes nicht.

*Bemerkung* (*Philosophie*): Die Zeitwörter bedeuten einen *actus* + dem Behauptungszeichen [Eigenschaftswörter den *Habitus*, Hauptwörter die *Substanz*]. Das Wort »ist« bedeutet mitnichten nur das Behauptungszeichen.

*Bemerkung* (*Philosophie*): Das Wort, welches allen anderen Wörtern »Leben« verleiht, ist das Wort »ist« [oder »wahr« oder »wirklich«]. Es ist einerseits nichts, indem es hinzugefügt den objektiven Sinn nicht ändert. Andererseits aber macht es erst den Sinn des Satzes aus {das heißt spricht ihn *explizit* aus}. Die anderen Zeitwörter sind gewissermaßen »Abbilder«* dieses »Urlebens«.

* Und Spezialisierungen.

*Bemerkung* (*Philosophie*): Die Aussage verhält sich zur Behauptung wie das Tote zum Lebendigen oder wie das bloß Mögliche zum Wirklichen.

*Bemerkung* (*Philosophie*): Von den 4 logischen Grundbegriffen: [173] ε, ∃, ⊃, ~ bedeuten die ersten 3 ein »Sein«, $p \supset q$ heißt nämlich »$q$ ist in $p$ enthalten«, der 4$^{te}$ ein Nicht-Sein.

halt ist in gewissem Sinn ein Ersatz des objektiven Sachverhaltes: An den raumzeitlichen Koordinaten .. befindet sich das der *substanziellen Definition* von Sokrates genügende Objekt. Den letzteren Sachverhalt kann nur der wahrnehmen, welcher die *substanzielle Definition* etc. kennt. Er erschließt ihn dann aus dem ersteren. Die beiden Sachverhalte verhalten sich zueinander wie Symbol und Bedeutung. Sie sollten in einer vollkommenen Welt formal äquivalent sein [d. h. allgemein und gesetzlich äquivalent].«

15 +: Zu lesen als ›plus‹

*Bemerkung* (*Philosophie*): Kann überhaupt dasselbe Objekt auf verschiedene Weisen [d. h. als verschiedene *intensionale Objekte*] wahrgenommen werden? Ein Beispiel ist, wenn etwas mit Rücksicht auf etwas anderes (den Erkenntnisgrund) wahrgenommen wird (z. B. der Schluss auf Grund der *Prämissen* oder die Wahrnehmung auf Grund der Empfindungen). Dann kann der Erkenntnisgrund ein verschiedener und das Objekt gleich sein.* Demnach wären die Empfindungen das »*subjektive*« an der Wahrnehmung im Gegensatz zu Kant.

*Frage* (*Philosophie*): Was sind die Empfindungselemente, auf Grund deren wir die zeitliche Anordnung vornehmen? Könnten diese auch so sein, dass eine Anordnung unmöglich wäre? Wir haben Theorien in uns, deren *Axiome* uns evident sind, und auch ein fertiges Begriffsschema (*vgl. p.* 322 unten).

*Bemerkung* (*Philosophie*): Das ε der Logistik wäre besser mit »*hat*« wiederzugeben.

[174]
*Bemerkung* (*Philosophie*): Der wesentliche Punkt der *Logica inventiva* (= Methodenlehre im Gegensatz zur »Elementarlehre« = *Logica analytica*) ist die Einteilung. Die Teilung des *Genus* in die *Species*

---

* Was nur auf Grund von etwas anderem wahrgenommen wird, das wird überhaupt nicht wahrgenommen, sondern angenommen?

12 **Anordnung:** Andere Lesart: Einordnung
13 **Anordnung:** Andere Lesart: Einordnung

---

4 **Erkenntnisgrund:** Ratio cognoscendi.
8 **Wahrnehmung im Gegensatz zu Kant:** Nach Kant ist Empfindung die Materie der Wahrnehmung (KrV B 209).
15 **p. 322 unten:** ›Max V‹, Manuskriptseiten 322–323: »*Bemerkung* (*Philosophie*): Die Kantische Erklärung dafür, dass die *a priori* gefällten Urteile über Raum und Zeit sich empirisch immer bestätigen, beinhaltet (unter anderem), dass das, was als fertige Wahrnehmung (oder sogar Empfindung) ins Bewusstsein tritt, bereits Resultat einer theoretischen (unbewusst gebliebenen) Bearbeitung von etwas noch *primitiverem* ist, wobei dies so beschaffen ist, dass es die *apriorischen* Urteile nicht mehr widerlegen kann. Das heißt, das Gegebene, zusammen mit den angeborenen Theorien, enthält keine [323] Überbestimmung mehr. Aber das Wesen der Erkenntnis scheint gerade in dem Erkennen von Überbestimmungen zu liegen.«
21 **Logica inventiva:** Bei Leibniz dient die Logica inventiva dazu, (1) bei gegebenen Unterteilungsprinzipien die Arten (species) der Komplexionen zu finden; (2) bei mehreren Einteilungen einer Gattung (genus) die gemischten Arten zu finden; (3) zu den gegebenen Arten die untergeordneten Gattungen zu finden. G. W. Leibniz, ›De arte combinatoria‹, § 11.
22 **Elementarlehre:** Elementarlehre bei den Mathematikern nennt Leibniz laut Kuno Fischer diejenige Lehre, bei der ein Satz aus dem anderen folgt. Vgl. Kuno Fischer, ›Gottfried Wilhelm Leibnitz. Leben, Werke und Lehre‹, 5. Aufl., Heidelberg (Carl Winters Universitätsbuchhandlung) 1920, S. 33. Dieser Band befindet sich in Gödels Privatbibliothek.

muss an der »richtigen« Stelle erfolgen, das heißt, dort, wo die »feste Furche« in der Struktur des Begriffsraumes ist. (Die Frage ist also, welche Unterschiede sind »wesentlich«; welche *Species* stehen »gleichberechtigt« nebeneinander → {welches ist ein *prinzipieller* Unterschied im Gegensatz zum graduellen}?) Beispiel:

| Ding | *synthetischer* Sachverhalt | analytischer Sachverhalt |
| 0 | 1 | 2 | 3 |

Die wesentliche Trennungslinie liegt bei 2. und nicht bei 1. [Dieses Schema kehrt oft wieder.] {*vgl.* nächste *Bemerkung*}

*Bemerkung* (*Grundlagen*): Wenn 2 durch bestimmte Worte definierte Begriffe gegeben sind, so ist zu unterscheiden, das was objektiv, und das, was bloß *subjektiv** an ihnen verschieden ist.

* Das heißt, hinsichtlich der Art des Gegebenseins.

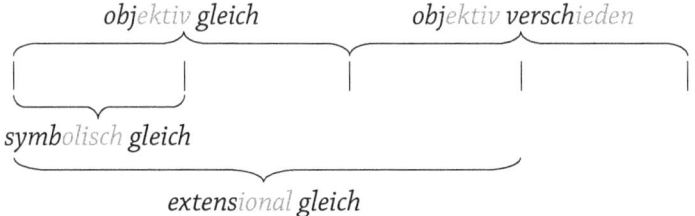

[175] Der wahre Begriff der objektiven Gleichheit [welcher also die wirklichen Begriffe definiert] wird also von 2 Seiten *approximiert*, durch die Begriffe ›*symbolisch* gleich‹ und ›*extensional* gleich‹.

*Bemerkung* (*Philosophie*): Vielleicht sind alle Wirklichkeitsbegriffe (der Umgangssprache) ebenso *präzise* wie die mathematischen Begriffe, bloß ist es nicht immer feststellbar, ob etwas unter ihren Begriff fällt oder nicht. (Das bezieht sich auch z. B. auf den Begriff der »Glatze«, vorausgesetzt, dass man die richtige [nicht trivial {zu findende}] *Definition* hat). {*vgl.* p. 178 unten}

*Bemerkung* (*Grundlagen*): In welchem Sinn ist die Negation eines mathematischen Theorems »möglich«? Wir erfassen nicht den Sinn des Theorems, sondern das folgende: Für die Begriffe, welche ich mit den Worten *A, B* verwenden gelernt habe, gilt ... Und das ist ein empirisch möglicher Satz. Kann man nicht aus der *psycho*-

4 →: Pfeil von ›nebeneinander‹ auf ›welches ist ...‹
15*: ›der‹ von der Editorin verbessert in ›des‹
29 ihren: Andere Lesart: einen

8 **Sachverhalt**: Vgl. zu ›Sachverhalt‹ die Angaben zu Manuskriptseite 153, Bemerkung Grundlagen 1.

*logischen* Theorie eines Wesens, welches den Sinn der mathematischen Sätze selbst versteht, ein Entscheidungsverfahren gewinnen? Es müsste aus dieser Theorie folgen, dass jedes solche Wesen alle Fragen entscheiden kann, die es versteht. [176] {Ebenso⁽ˀ⁾, durch die »richtige« Sprache sind alle Fragen zu entscheiden.}

*Bemerkung* (*Philosophie*): Jemand kann glauben, dass die von Einstein gelehrte Theorie richtig ist, ohne diese Theorie zu verstehen. Er glaubt dann einen mit der Einsteinschen Theorie empirisch äquivalenten Satz, aber glaubt (oder versteht) die Äquivalenz nicht.

*Bemerkung* (*Philosophie*): Die Möglichkeit des Sprechens und Denkens (d. h. also des »Verstehens« der Welt) beruht darauf, dass es ein systematisches Bezeichnungssystem der Dinge [mit einigen wenigen Grundzeichen] gibt. Das wieder beruht drauf, dass die Dinge eine [auf wenige Prinzipien zurückgehende] gemeinsame »Entstehung« haben. Zum Beispiel sind die Sachverhalte das Resultat einer Ehe zwischen Ding und Begriff oder mehreren Begriffen, von denen einige als »Dinge« auftreten. Andererseits sind die wahren Sätze durch die Relation »Seinsgrund« verknüpft. Die Welt ist nicht ein Haufen, sondern ein System, und der Kitt der Bestandteile [177] ist die Relation »Seinsgrund« (Verursachung) {Baustein in der objektiven und subjektiven Sprache, Grundlage des Rechts}, aber vielleicht in noch höherem Grad die Relation der »Analogie«.* Diese erzeugt aus gegebenen Dingen neue, aber in einer ins Transfinite gehenden Weise [z. B. verhält sich ω zu allen vorhergehenden Zahlen wie 2 zu 1]; vgl. p. 320 Mitte.

*Bemerkung* (*Philosophie*): Die Eigenschaften (im weitesten Sinn) eines Dings zerfallen in »äußere« [d. h. durch Relationen zu anderen

---

\* Das heißt die »metaphysische« Proportion $A : B = c : d$ oder Isomorphismus oder »Gleichnis« oder »Bedeutungsrelation«
Anmerkung E.-M. E.: Vgl. zu ›Bedeutungsrelation‹ die Erläuterung zu Manuskriptseite 153, Einfügung am oberen Rand.

4 Ebenso⁽ˀ⁾, durch die »richtige« Sprache sind alle Fragen zu entscheiden.: Andere Lesart: Ebenso⁽ˀ⁾ [sind] durch die ... Der Satz ist am oberen Seitenrand eingefügt
24 **Baustein in der objektiven:** Der gesamte Satz ist am oberen Seitenrand eingefügt

7 **von Einstein gelehrte Theorie:** Gemeint ist die Relativitätstheorie von Einstein.
18 **Sachverhalte:** Vgl. zu ›Sachverhalt‹ die Angaben zu Manuskriptseite 153, Bemerkung Grundlagen 1.
21 **Seinsgrund:** Ratio essendi.
28 **p. 320 Mitte:** Die entsprechende Stelle in ›Max V‹ lautet: »*Bemerkung* {(*Philosophie*)}: Die Tatsache, dass es nicht nur Dinge, sondern auch Sachverhalte gibt, ist dasselbe, wie die Tatsache, dass die Welt ein Gewebe [eine Struktur] und nicht eine zusammenhanglose Menge von Dingen ist.° Das ist zugleich ein Beispiel einer *Identität* zwischen Sachverhalten, die durch verschiedene Worte beschrieben sind. °≡ damit, dass alle Dinge einen gemeinsamen Ursprung haben.

bestimmt] und »innere«. Ist die »Größe« eine äußere oder innere Eigenschaft? Die Wissenschaft hat die Tendenz, alles zu »veräußerlichen«, das heißt, neue Relationsglieder hinzuzufügen (Relativierung der Zeit und des Raums und vielleicht der »Veränderung« in der Quantenmechanik und Hinzufügung des beobachtenden Subjekts als | Glied) {+ *vgl. p.* 178 oben}). In vielen Fällen ist das Verfahren aufklärend, aber es gibt fast immer auch einen Sinn für den entsprechenden Eigenschaftsbegriff, [178] etwa durch ∃ oder ähnliches. {+ Die Beispiele beziehen sich sämtlich auf Einführung des *Subjekts* als Relationsglied [d. h. Relativierung und *Subject*ivierung].}

*Bemerkung* (*Philosophie*): Der Gehörsinn ist der einzige Sinn, dessen Objekte nicht unmittelbar (sondern erst durch abstrakte Überlegungen*) in den Raum lokalisiert werden. Das Musikinstrument »macht« die Musik, während die Dinge Gerüche und Geschmack »an sich haben«. Die Objekte des Gehörsinns bilden also eine Mannigfaltigkeit für sich in einem »übersinnlichen« Raum, und ihre Erzeugung durch Körper ist bloß zufällig und möglicherweise nicht durchgängig (*vgl. spiritistische* Gehörerscheinungen, welche von allen Medien in derselben Weise wahrgenommen werden, aber nicht von anderen, die keine Medien sind). Eine Analogie ist bloß das »Licht« als solches (inneres Licht). Aber hier sind <u>nicht mehrere nebeneinander</u> möglich.

* Nicht bewusst, aber nicht einfach auf Grund von Lokalzeichen, sondern Verursachung etc. Anmerkung E.-M. E.: ›Lokalzeichen‹ ist ein von Lotze und von Wundt benutzter Begriff für Wahrnehmungen, die mithelfen, die räumliche Ordnung aufzubauen.

*Bemerkung* (*Philosophie*): Vielleicht gibt es in demselben Sinn eine objektiv richtige und vollkommen exakte lateinische Sprache, wie es eine objektiv richtige Mathematik gibt. Und ebenso wie die Mittelschulbücher über Mathematik sind auch die Lehrbücher und *Texte* im Lateinischen teilweise falsch (oder noch viel mehr).

[179]
*Bemerkung* (*Philosophie*): Das Zeitwort ist die Seele des Satzes, indem es eine Relation + Behauptungszeichen bedeutet [daher »*verbum*«]. Die *Substantiva* sind die einzigen Worte, welche alleinstehend etwas bedeuten. Die andern Wortarten sind »leere Hüllen« (Leerstellen-Ausdrücke), insbesondere auch das *Adjektiv* und die *Präposition*, obwohl jede solche Hülle mit einem bestimmten Be-

---

34 **verbum:** ›Verbum‹ ist die Abkürzung für ›verbum temporale‹, also ›Zeitwort‹.

6: | als
9 **Die Beispiele beziehen sich sämtlich auf:** Der gesamte Satz ist am oberen Seitenrand von Seite 178 eingefügt

griff (*respektive* einer Relation) in Beziehung steht, ohne sie aber zu bedeuten. Insbesondere drücken *Präpositionen* Beziehungen zwischen Tätigkeiten (Sachverhalten) und Dingen aus, und *aRb* (wo *a* ein mehrdeutiger Name ist und *R* eine Relation) ist ein mehrdeutiger Name für die Elemente der Klasse *â* (*aRb*) [»Muße am Meer«*].

[* Aber auch: »reitend auf einem Pferd«.]

*Bemerkung* (*Grundlagen*): Unterschied zwischen Begriff des Raumes und wirklichem Raum: Der Letztere ist etwas ähnliches (oder dasselbe) wie die *materia prima*, und als *intensionales* Objekt ist er die Anschauung eines Relationsgefüges mit unmittelbarer [180] Evidenz der Verhältnisse [*vgl.* z. B. Evidenz des Satzes, dass die Kurven *AB*, *CD* sich irgendwo schneiden müssen

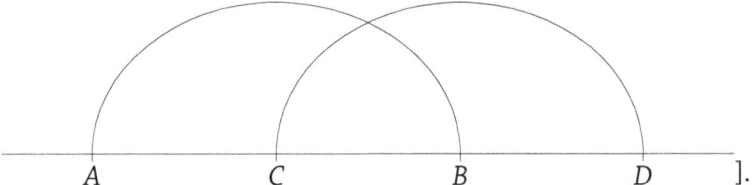

].

Es gibt keinen entsprechenden Anschauungsraum der Verwandtschaftsbeziehungen oder der Zahlbeziehungen (aber vielleicht einen objektiven**?**). Die Fruchtbarkeit der geometrischen Interpretation kommt vielleicht daher, dass sie eine Abbildung eines Beziehungsgefüges auf einen Teil des (übersehbaren) Raumgefüges ist.**

[** Auch, dass alles Denken irgendwie »räumlich« ist, kommt daher.]

*Bemerkung* (*Grundlagen*): Vielleicht sind die idealen Elemente, die man in der Zahlentheorie einführen sollte, »Formeln« [*Substitutionen* z. B. wären dann gleich *x*].

*Bemerkung* (*Grundlagen*): Die einzigen Begriffe, welche in der *Russell*schen Antinomie vorkommen, sind »ist« und »nicht« – ›alle‹

---

10 **materia prima:** In aristotelischer Tradition ist die erste oder unterste Materie diejenige, die sich auf nichts reduzieren lässt und daher gewissermaßen den Grundstoff der Elemente bildet.
10 **intensionales Objekt:** Vgl. Manuskriptseite 171 oben für weitere Angaben.
31 **Russellschen Antinomie:** Bertrand Russell hat die Antinomie 1903 in seinem Buch ›The Principles of Mathematics‹, Bd. 1, Cambridge (Cambridge University Press), in Kapitel 10, § 100, S. 101, wie folgt ausgedrückt: »Thus (δ) if *u* be any class-concept whatever, there is a class-concept contained in *u* which is not a member of *u*, and is also one of those class-concepts that are not predicable of themselves. So far, our deductions seem scarcely open to question. But if we

10 **intensionales Objekt:** Andere Lesart: intentionales Objekt

kommt nicht vor, sondern ist in der *Kaufmann*schen Weise durch
»Sinngleichung« [181] eliminierbar. {und Sinn nicht erfassbar}
Obwohl diese beiden Begriffe widerspruchsvoll sind, ist doch ihr
klares Erfassen die Grundlage allen Denkens und das »ist« der Ty-
penstufe nur durch das allgemeine »ist« verständlich. Der Beweis,
dass dieser Begriff nicht existiert, ist ähnlich wie der *Zenon*sche
Beweis, dass es keine Bewegung geben kann oder dass es nur ein
Ding geben kann (diese Welt ist durch einen »Missgriff« entstan-
den).

Andere Auffassung: Das »Ist« ist nicht Eines, sondern Vieles
und kann nicht als »Eines«, das heißt nicht als »Ding«, »Gegenstand«, aufgefasst werden. Ähnlich wie ein Allsatz, durch eine
freie Variable ausgedrückt, nicht Eines ist und daher nicht zum
Objekt gemacht werden kann (das ist der Fehler des *Church*schen
Systems, nämlich in dem Satz $p \supset_p . q \supset_q p.q$).

<u>Bemerkung</u> (Grundlagen): ε ist *intuitionistisch* kein Grundbegriff,
weil nicht entscheidbar. Ebenso wenig die geometrischen Grund-

---

now take the last of them, and admit the class of those class-concepts that cannot be asserted of themselves, we find that this class must contain a class-concept not a member of itself and yet not belonging to the class in question.« Vgl.
zur Antinomie der Mengenlehre ›Zeiteinteilung (Maximen) I und II‹, S. 146,
Z. 2f.; Addendum IIIb, 1v, S. 238, Z. 6–8; ›Maximen III‹, S. 94, Z. 33ff.; sowie
in diesem Band die Manuskriptseiten 231–232, Bemerkung Grundlagen 1; und
245, Bemerkung Grundlagen 1 in diesem Band.

1 **Kaufmannschen Weise:** Vgl. Felix Kaufmann, »Bemerkungen zum Grundlagen-
streit in Logik und Mathematik«, in: ›Erkenntnis‹ 2 (1931), S. 262–290, hier
S. 273–275. Kaufmann führt das Beispiel »Alle Farben haben eine bestimmte
Helligkeit und einen bestimmten Sättigungsgrad« an, dort ist bei ›alle Farben‹
Helligkeit und Sättigung bereits mitgemeint.

6 **Zenonsche Beweis:** Das bekannteste der Zenonschen Paradoxa ist das von
Achilles und der Schildkröte. Es handelt von einem Wettrennen zwischen
Achilles und einer Schildkröte, die beide zu demselben Zeitpunkt starten, aber
die Schildkröte erhält am Anfang einen Vorsprung. Obwohl Achilles schneller
ist, meint Zenon darlegen zu können, dass Achilles die Schildkröte nie einholen
kann, weil Achilles erst zu dem Punkt gelangen muss, an dem die Schildkröte
gestartet ist, derweil die Schildkröte bereits weiter gelaufen ist, usw. Die Frage,
ob Zenon damit zeigen wollte, dass es keine Bewegung gibt oder dass es nur ein
unveränderliches Ganzes gibt, wird unterschiedlich beantwortet.

15 **Systems:** Hier ist Alonzo Churchs Lambda-Kalkül gemeint, den er von Beginn
der 1930er Jahre an entwickelt hat.

15 $p \supset_p . q \supset_q p.q$): Punkte, die direkt vor und nach ≡, ⊃, ∨ oder anderen zweistelligen Ausdrücken gesetzt sind, stehen in den ›Principia Mathematica‹, aber auch
bei Peano, für Klammersetzung; bei ».≡.« also etwa für (...) ≡ (...). Ansonsten ist
der Punkt hier in den Formeln allerdings das Symbol für das logische ›und‹.

17 **ε-Relation:** Die Notation ε für die sogenannte Elementrelation geht auf Giuseppe Peano zurück. ε ist ein mathematisches Zeichen, mit dem angegeben

2 **und Sinn nicht erfassbar:**
Am oberen Rand der Seite
über der Paginierung ein-
gefügt. Andere Lesart: Unsinn
nicht erfassbar

begriffe. An ihrer Stelle *Approximation*, zum Beispiel $F_n(a\ b) = $ *Distanz* zwischen *a* und *b* mit der *Approximation* $\frac{1}{n}$.

[182]
<u>Maxime</u>: Die ungangbaren Wege hinreichend rasch aufgeben ist das Um und Auf der Arbeit. Indem man nur das macht, was man kann, kommen einem die richtigen Ideen hinsichtlich dessen, was man nicht kann.

<u>Bemerkung</u> (*Grundlagen*): Der *Intuitionismus* ist irgendwie mit der Wortsprache verwandter als die klassische Mathematik: *vgl. z. B.* Quantoren durch 2 verschiedene Variablen. Unterschied »alle« und »jedes«. Es drängen sich deutsche Worte auf: vollständige Argumentreihe, Niveau, mehr *Informationen* geben *etc*. Die Entwicklung der *intuitionistischen* Mathematik führt dazu, dass gewisse Worte der deutschen Sprache zu präzisieren sind.

<u>Bemerkung</u> (*Grundlagen*): Ist *Beweis* (im absoluten Sinn) eine ebenso widerspruchsvolle Idee wie *Wahr*?\* – Beispiel einer widerspruchsvollen und doch fruchtbaren Idee!

\* Ja, sobald sie rückbezüglich ist; vgl. Resümee Heft I. Anmerkung E.-M. E.: Ein solches Notizbuch ist nicht auffindbar.

wird, dass ein Objekt ein Element einer Menge ist. Das Zeichen ε (Abkürzung für ›ἐστί‹, ›esti‹ im Griechischen) bedeutet ›ist ein‹ oder ›ist ein Element von‹. Verbreitung fand diese Verwendung über Ernst Zermelos Arbeit sowie über die ›Principia Mathematica‹ von Whitehead und Russell.

6 **das Um und Auf**: Österreichisch für ›Hauptsache‹, ›das Wesentliche‹.
11 **Wortsprache**: Vgl. ›Maximen III‹, S. 161, Z. 30f.
12 **Unterschied »alle« und »jedes«**: Vgl. ›Maximen III‹, S. 119, Z. 1f. Brouwer schreibt in seiner Dissertation in der englischen Übersetzung auf S. 76: »Wheresoever in logic the word *all* or *every* is used, this word, in order to make sense, tacitly involves the restriction: *insofar as belonging to a mathematical structure which is supposed to be constructed beforehand*.« Im Original: »[...] waar de logica het woord *alle* or *elke* gebruikt, deze woorden, om zin te hebben, de beperking van *voor zoover behoorend tot een als vooraf opgebouwd gedacht wiskundig systeem* stilzwijgend insluiten« (›Over de grondslagen‹, S. 135). Auf den Unterschied zwischen ›all‹, ›every‹ etc. geht auch Bertrand Russell im Kapitel »The Indefinables of Mathematics«, in: ›Principles of Mathematics‹, Bd. 1, Cambridge (Cambridge University Press) 1903, auf den Seiten 61f. in Nr. 62 ein.
15 **intuitionistischen Mathematik**: Vgl. ›Maximen III‹, S. 87, Z. 1f; 156f., Z. 34ff.; 160, Z. 11–16. Es handelt sich um die von L. E. J. Brouwer begründete Richtung der mathematischen Logik, die sich gegen die traditionelle Akzeptanz der Regel vom ausgeschlossenen Dritten richtet, des Begriffs des Unendlichen und des Kontinuums in den Grundlagendiskussionen der Mathematik. Nach dieser Ansicht können die Objekte der Mathematik nicht vorausgesetzt werden, sondern werden von den Mathematikern hervorgebracht.
18 **Beweis (im absoluten Sinn)**: Hier haben wir es mit einer Vorwegnahme des sogenannten Wissensparadox (paradox of the knower) zu tun, wie es David Kaplan und Richard Montague 1960 in ihrem Aufsatz »A Paradox Regained«

19\* sobald: Andere Lesarten: sowie

*Maxime*: Mit Resultaten ist es ebenso wie mit Vorlesungen und Lernen: Irgendetwas genau † zu machen ist das, was Befriedigung schafft.

[183]
*Bemerkung* (*Philosophie*): Das Zerfallen des Gegebenen in Subjekt und *Prädikat* entspricht vielleicht den 2 Wahrnehmungsmöglichkeiten: durch Sinne und durch den Verstand. → {Durch den Verstand nimmt man Bilder der Objekte in uns wahr, durch die Sinne die Objekte selbst**?**}.

*Bemerkung* (*Grundlagen*): Mathematik und Logik unterscheiden sich nicht im Grad, sondern in der Richtung der *Abstraktion* (die Mathematik führt zum *psychologisch* Einfachsten, die Logik zum objektiv Einfachsten).

*Bemerkung* (*Theologie*): Die *Akte* der Seele zerfallen in 2 Klassen: 1. Erkenntnisakte (Glaube, Annahme) und 2. Handlungen. Mit den Akten erster Art »baut« man sein Weltbild; mit denen der 2$^{ten}$ Art baut man »Häuser«. Beides kann richtig und falsch geschehen. Die Richtigkeit der Akte erster Art ist *transzendental* definiert (durch Übereinstimmung mit etwas anderem). Die Richtigkeit der Akte der zweiten Art ist *immanent* definiert (sie führt zum Guten). Aber es ist auch umgekehrt möglich: *pragmatischer* Wahrheitsbegriff und Übereinstimmung mit dem Willen Gottes. Bei den Akten erster Art ist es klar, dass die »Richtigkeit« im Sinne der Transzendenz das Anzu- [184] strebende ist, bei denen 2ter Art, dass die Richtigkeit im Sinne der *Immanenz* das Anzustrebende ist. Gibt es vielleicht irgendeinen Akt 3$^{ter}$ Art, sodass: 3 : 2 = 2 : 1**?** Wodurch dann klar wird, dass auch die falschen Akte 2$^{ter}$ Art nichts sind

---

formuliert haben. Erschienen ist deren Beitrag im ›Notre Dame Journal of Formal Logic‹ 1 (1960), S. 79–90. Diesen Hinweis verdanke ich Leon Horsten.
8 **Verstand:** Vgl. ›Philosophie I Maximen 0‹, S. 88, Z. 13f; S. 97, Z. 26-28; 101, Z. 22-27; ›Maximen III‹, S. 71, Z. 8-11; 78, Z. 7; 129, Z. 9-11, zu Verstand als Wahrnehmungsorgan für Begriffe.
12 **Mathematik und Logik:** Vgl. Manuskriptseite 232, Bemerkung Grundlagen 2.
14 **Mathematik führt zum psychologisch Einfachsten:** Vgl. Manuskriptseite 188, Bemerkung Grundlagen 1; Manuskriptseite 198, Bemerkung Grundlagen 1; sowie Manuskriptseiten 215f, Bemerkung Grundlagen 1.
24 **pragmatischer Wahrheitsbegriff:** In William James' Pragmatismus ist nicht die Übereinstimmung zwischen Vorstellungen und präexistierenden Sachverhalten das gültige Kriterium der Wahrheit, sondern die Bewährung wahrer Vorstellungen in der Praxis.

2 **Lernen:** Andere Lesart: Lehren
8 **Durch den:** Der eingefügte Satz steht am oberen Seitenrand

und dem Sinn des Handelns zuwiderlaufen? – Unter den *Passiones* entsprechen den Erkenntnisakten die Wahrnehmungen und den Handlungen die Triebe. Dazu gibt es die »Gefühle«. Diesen entsprechen auf der Seite der Akte die »Werturteile«. Der obigen 2-Teilung entspricht die Teilung in *vita contemplativa* und *vita activa*, das heißt, »Wissenschaft« und »Tat«, dazu legt die »Kunst«, entsprechend »wahr«, »gut« und »schön«. [Was ist das Höchste?] Entsprechend: »Ideen«, »Materie« und »Psyche«. Das »Außer-sich-Sein« der Idee entspricht dem Moment, wo die *vita contemplativa* zur Erkenntnis führt, dass irgendetwas (nicht Erkenntnismäßiges) zu tun ist.

[185]

*Bemerkung* (*Theologie*): Die Sünde des Menschen besteht darin, dass der Wille nicht auf das Beste, sondern auf etwas Gutes (mit mehr oder weniger »Abweichung«\*) gerichtet ist. Der Wille der Dämonen ist auf das Schlechte gerichtet. <u>Gibt es auch eine Sünde der unbelebten Materie?</u> Die Welt ist so eingerichtet, dass, wenn der Wille immer auf etwas Gutes gerichtet ist, er schließlich zum Besten führt.

\* Unvollkommenheit.

---

1 **Passiones:** Siehe zu diesem Begriff ›Philosophie I Maximen 0‹, S. 77f., Zeilen 31ff. sowie die dazugehörigen Erläuterungen, und ›Maximen III‹, S. 113, Z. 5.
3 **Triebe:** Vgl. zu ›Trieb‹ ›Philosophie I Maximen 0‹, S. 84, Z. 16; S. 87, Z. 25; sowie ›Maximen III‹, S. 61, Z. 9–19; 80, Z. 24f.; 99, Z. 1–18; 144, Z. 1–18; 147, Z. 24f., Pkt. 1; 149f., Z. 31–17; sowie 151, Z. 18–21.
4 **Werturteile:** Vgl. zu ›Werturteil‹ ›Philosophie I Maximen 0‹, S. 104, Z. 25; S. 110, Z. 14; S. 113, Z. 5; S. 117, Z. 7f.; ›Maximen III‹, S. 55, Z. 8–15; S. 158, Z. 7–13 (Gödels Definition von ›Werturteil‹).
5 **vita contemplativa:** ›Vita contemplativa‹ bezeichnet ein betrachtendes, theoretisch reflektierendes Leben.
5 **vita activa:** ›Vita activa‹ bezeichnet ein tätiges, praktisch-politisches Leben. Es handelt sich um idealtypische Lebensformen der antiken griechischen und der mittelalterlichen Philosophie.
14 **Sünde des Menschen:** Der Begriff der Sünde kommt in ›Maximen III‹ an zahlreichen Stellen vor; dort wird auch in der Einleitung ausführlicher darauf eingegangen. Siehe ebd., S. 63, Z. 19–22; 73, Z. 6–10; 80, Z. 17–20; 99, Z. 1–8; 109, Z. 30–35; 114, Z. 14–17; 115, Z. 4–8; 119, Z. 18–24; 124, Z. 25–30; 126f., Z. 21–19; 129, Z. 1–3; 129, Z. 17–22; 129, Z. 31–37; 130, Z. 12–20; 132, Z. 1–19; 145, Z. 1–18; 167, Z. 1–6; 167f., Z. 24–1; 168, Z. 20–23.
17 **Dämonen:** Vgl. zu Dämonen und Dämonologie ›Zeiteinteilung (Maximen) I und II‹, S. 110, Z. 18; ›Maximen III‹, S. 139, Z. 15–18, und S. 269, Z. 3.

*Bemerkung* (*Theologie*): Man nehme folgende *Definition* der Farben: Weiß = Licht, Schwarz = Nicht-Licht, Blau = unvollkommenes Schwarz, Gelb = unvollkommenes Licht, Grün = Gelb + Blau.* Farben erscheinen, wenn Licht oder Finsternis durch Unvollkommenes, Durchsichtiges betrachtet werden (Grenze, Unschärfe = Unvollkommenheit). Erklärung des Himmelblaus: Himmel = Ort der Engel, Engel = unvollkommene Götter. Farbe Gottes = Schwarz (da er [186] nichts in dieser Welt ist). Diese Theorie würde viel mehr »Verständnis« liefern als die gegenwärtige physikalische.

\* Rot = was Licht zu sein vorgibt und nicht ist, Braun = unvollkommenes Rot.

*Bemerkung* {(*Philosophie*)}: Die Erkenntnis einer Sache besteht aus: 1.) Tatsachenerkenntnis, 2.) Verständnis, 3.) Beherrschung. Die Wissenschaft gibt eine vollkommene Beherrschung, aber unvollkommenes Verständnis. Sie reduziert alles auf einige wenige »Unverständliche«. Verständlich ist bloß die Reduktion [vollkommene Tatsachenerkenntnis $\equiv$ Beherrschung, aber in *praxi* nur möglich durch Verständnis**].

\*\* Vielleicht auch durch ein falsches Verständnis?

*Bemerkung* (*Grundlagen*): Damit ein Bereich im <u>intensionalen</u> Sinn gegeben ist, muss feststehen:
1.) Was muss gegeben sein, damit ein Ding gegeben ist?
2.) Wann bestimmen 2 Gegebenheiten dasselbe Ding?
Das ist nicht erfüllt für den *intensionalen* Funktionsbegriff (dieser ist mathematisch unbrauchbar).

Die Gleichungs*Definition* ist insbesondere für *Definition* von »Zuordnungen«, das heißt, mathematisches Arbeiten, nötig. Die Festsetzungen von 1. und 2. in jedem einzelnen Fall liefern ein Beispiel des »Rausschälens« von Dingen aus dem *Chaos*; vgl. p. 188 Mitte.

[187]
*Bemerkung* (*Psychologie*): Für das Lernen ist es sehr wichtig, dass man die »richtigen« Symbole*** wählt und diese dann festhält (zur Erzeugung sinnlicher *Associationen*) und nicht zu viele Symbole wählt. Im mathematischen und *positivistischen* Arbeiten gilt das

\*\*\* Mit Begründung und Überzeugung ihrer Richtigkeit (sonst ist das Festhalten unmöglich).

---

1 **Farben:** Vgl. zu Farbe: ›Philosophie I Maximen 0‹, S. 108, Z. 1f.; S. 109, Z. 19ff.; S. 114, Z. 13 und 18ff.; S. 115, Z. 8ff.; ›Maximen III‹, S. 91, Z. 9–15; 100, Z. 20; 129, Z. 6–8.
23 **intensionalen:** Mengen werden zumeist nicht extensional, d.h. durch Angabe ihrer Elemente, beschrieben, sondern intensional, d.h. durch Angabe einer für ihre Elemente charakteristischen Eigenschaft.

5 **Grenze, Unschärfe:** Andere Lesarten: Grenze und Schärfe; Grenze Unschärfe
16 $\equiv$: Das Symbol für materiale Äquivalenz ist hier einfach als ›ist äquivalent‹ zu lesen

Gegenteil: falsche, wechselnde und eine Unmenge Symbole werden gewählt. Ein einziges richtiges Symbol bedeutet ungeheuer viel.

*Bemerkung* (*Grundlagen*): Die Anschauung, dass die in der Mathematik erkannten Objekte nicht existieren, führt zur Wahrheits*Definition* (Wahrheit = vollkommen klare Evidenz). Ein Irrtum besteht entweder darin, dass man etwas ohne vollkommene Evidenz behauptet, oder, dass man glaubt, etwas vollkommen klar zu sehen, ohne es zu sehen.

*Bemerkung* (*Grundlagen*): Viele Dinge gelten in der *intuitionistischen* Mathematik (obwohl nicht in der klassischen), weil die Voraussetzung bedeutet, dass die Beweisbarkeit der Voraussetzung angenommen wird, zum Beispiel: [188]
1.) Auswahlaxiom $(x) (\exists y) R(xy) \supset (\exists f) (x) R(x\, f(x))$
2.) $(a)\, Bew\, F(a) . \rightarrow Bew\, (x)\, F(x)$
?3.) Wenn jede absteigende Folge (in einem Verzweigungsschema) abbricht |, so gilt der Beweis durch transfinite Induktion [hier muss auf den Beweis sogar *intensional* Bezug genommen werden].

*Bemerkung* (*Grundlagen*): Das Ding wird erst präzisiert durch die Identitätsrelation [diese bestimmt das hinter dem »Gegebenen«

---

6 **Evidenz:** Hier sei an Franz Brentanos Begriff der Evidenz erinnert. Tatsachenwahrnehmung besteht für Brentano nicht nur in Außenwahrnehmung, sondern auch in sogenannter introspektiver Evidenz, das ist die innere Wahrnehmung als Vollzug der Urteile.

11 **Grundlagen:** Vgl. ›Maximen III‹, S. 160, Z. 11–16.

11 **intuitionistischen Mathematik:** Im von L. E. J. Brouwer begründeten mathematischen Intuitionismus wird alle mathematische Erkenntnis auf Konstruktion zurückgeführt.

15 **Auswahlaxiom:** Nach dem Auswahlaxiom gibt es zu jeder Menge $M$ von nichtleeren Mengen eine sogenannte Auswahlfunktion, die jeder Menge $N$ aus $M$ ein einzelnes Element von $N$ zuordnet. Intuitionisten äußern sich kritisch zum Auswahlaxiom in seiner klassischen Interpretation, aber nicht in der intuitionistischen.

16 Punkte, die direkt vor und nach ≡, ⊃, ∨ oder anderen zweistelligen Ausdrücken gesetzt sind, stehen in den ›Principia Mathematica‹, aber auch bei Peano, für Klammersetzung; bei ».≡.« also etwa für (...) ≡ (...).

18 **transfinite Induktion:** Wird das Beweisprinzip der vollständigen Induktion von den natürlichen Zahlen auf beliebige wohlgeordnete Klassen wie zum Beispiel auf die der Ordinalzahlen verallgemeinert, spricht man von transfiniter Induktion. L. E. J. Brouwer verwendet das Bar-Theorem, bei dem es einen Zusammenhang mit der transfiniten Induktion gibt. Das Bar-Theorem lässt sich grob als Induktionsprinzip für fundierte Mengen endlicher Folgen verstehen.

18: ›)‹ von der Editorin gelöscht

liegende »Ding«]. In dieser drückt sich das Wesen des Dinges aus. Daher ist das Wesen des Mathematischen = *Extension*, daher ist es auch, um das Wesen eines Dinges zu verstehen, fruchtbar, Operationen zu definieren.

*Bemerkung* (*Grundlagen*): 1.) Gibt es 2 verschiedene Arten finiter Beweise? Solche, in denen höhere Zahlen konstruiert werden, und solche, wo das nicht der Fall ist? 2.) Gibt es Formeln des Aussagenkalküls, die man nicht entscheiden kann und wo die Entscheidung vielleicht ungeheuer lang ist?

[189]
*Bemerkung* (*Psychologie*): Verstehen = {→ oder ≡?} Erkenntnis, dass es sich entweder so verhält oder nicht so verhält [Verstehen eines Satzes im Sinn einer Zeichenkombination]. {→ Es genügt aber, die Existenz des bezeichneten Sachverhaltes zu sehen.}

---

2  **Wesen des Mathematischen = Extension:** Vgl. hingegen Manuskriptseite 215f., Bemerkung Grundlagen.
6  **finiter Beweise:** Dazu, welche mathematischen Operationen und Beweisverfahren ›finit‹ zu nennen sind, hat sich schon David Hilbert nicht klar geäußert. Gödel schreibt daher auch in einem Brief an Jacques Herbrand vom 25. Juli 1931: »Ich möchte jetzt auf die Formalisierbarkeit intuition[ist]ischer Beweise in bestimmten formalen Systemen [...] eingehen, da hier eine Meinungsverschiedenheit zu bestehen scheint. Ich glaube, sofern man dieser Frage überhaupt einen präzisen Sinn zuerkennt (wegen der Undefinierbarkeit des Begriffs ›finiter Beweis‹ könnte man mit Recht daran zweifeln), [...].« In: Gödel, ›Collected Works‹, Bd. V, S. 20–24, hier S. 22. In »On an extension of finitary mathematics which has not yet been used« äußert er sich dann sehr viel später wie folgt dazu: »At any rate Bernays' observations in his 1935, footnote 1, teach us to distinguish two component parts in the concept of finitary mathematics, namely: first, the constructivistic element, which consists in admitting reference to mathematical objects or facts only in the sense that they can be exhibited, or obtained by construction or proof; second, the specifically finitistic element, which requires in addition that the objects and facts considered should be given in concrete mathematical intuition. This, as far as the objects are concerned, means that they must be finite space-time configurations of elements whose nature is irrelevant except for equality or difference.« In: ›Collected Works‹, Bd. II, S. 271–280, hier S. 274. Vor diesem Hintergrund ist auch Joseph R. Shoenfields Versuch, anzugeben, was ein finiter Beweis ist, zu lesen: »Proofs which deal with concrete objects in a constructive manner are said to be finitary. Another description, suggested by Kreisel, is this: a proof is finitary if we can visualize the proof. Of course, neither description is very precise; but we can apply them in many cases to decide whether or not a particular proof is finitary.« In: ders., ›Mathematical Logic‹, Reading, Mass., Menlo Park, Cal., London (Addison-Wesley) 1967, S. 3.

13  →: Pfeil von ›=‹ auf ›oder ≡?‹
15  **Es genügt aber, die Existenz des bezeichneten Sachverhaltes zu sehen:** Am oberen Rand der Seite eingefügt

*Bemerkung* (*Grundlagen*): Ein Ding, »insofern« (*inquantum*) es eine gewisse Eigenschaft hat | (z. B. Mensch ist), ist *intensional* verschieden von demselben Ding, insofern es eine andere Eigenschaft hat (z. B. weiß ist). Nach *Brouwer* bilden vielleicht die Mengenelemente eine eigene *Kategorie* von Dingen [nämlich *Entität* + Beweis, dass sie zu einer Menge gehören]. Daher, wenn jedem Element einer Menge etwas zugeordnet wird, könnte das Zuordnungsgesetz das zugeordnete Element von dem Beweis abhängig machen. Auch in der klassischen Logik können 2 Zahlenpaare verschieden sein, *inquantum* Zahlenpaare ungleich *inquantum* rationale Zahlen.

*Bemerkung* (*Psychologie*): Anscheinend ist es, um »auf eine gewisse Idee zu kommen«, meistens nötig, durch irgendwelche ganz unwesentliche Momente geführt zu werden (auf die* die Aufmerksamkeit hauptsächlich gerichtet ist, welche aber nachträglich wieder vollkommen »herausfallen«). Vielleicht ist es auch so bei *physio-*

* [190] unwillkürlich (d. h. wir nähern uns dem Ziel in Spiralen; an jeder Stelle wird die Überflüssigkeit der letzten Windung angesichts des Radius erkannt).

2: ›ist‹ von der Editorin gelöscht
2 **intensional**: Andere Lesart: intentional, intuitionistisch
10 **ungleich**: Andere Lesart: und gleich
14*: ›des‹ von der Editorin in ›der‹ verbessert

1 **inquantum:** ›Inquantum‹ wird mit ›inwieweit‹, ›sofern‹, ›soweit als‹ übersetzt und von Gödel auch an anderen Stellen für ›insofern‹ verwendet.
4 **Mengenelemente:** In Brouwers handgeschriebenen Korrekturen von 1929 zu seinem Aufsatz »Zur Begründung der intuitionistischen Mathematik I« heißt es: »Zwei Mengenelemente heissen gleich oder identisch, wenn man sicher ist, dass für jedes *n* die *n*-te Wahl für beide Elemente dasselbe Zeichen erzeugt, und verschieden, wenn die Unmöglichkeit ihrer Gleichheit feststeht, d. h. wenn man Sicherheit hat, dass sich im Laufe ihrer Erzeugung nie ihre Gleichheit wird beweisen lassen. Die Identität mit einem beliebigen Elemente der Menge *M* werden wir als Mengenspezies *M* oder auch als die Menge *M* bezeichnen.« In: L. E. J. Brouwer, ›Collected Works‹, Band 1, ›Philosophy and Foundations of Mathematics‹, hrsg. v. Arend Heyting, Amsterdam/Oxford (North-Holland) 1975, S. 590. In dem 1925 veröffentlichten Aufsatz »Zur Begründung der intuitionistischen Mathematik I« heißt es auf Seite 245 lediglich: »Zwei Mengenelemente heißen gleich oder identisch, wenn man sicher ist, dass für jedes *n* die *n*-te Wahl für beide Elemente dasselbe Zeichen erzeugt. Zwei Mengen heißen gleich oder identisch, wenn zu jedem Element der einen Menge ein gleiches Element der anderen Menge angegeben werden kann.« Erstdruck in ›Mathematische Annalen‹ 93 (1925), S. 244–257; wiederabgedruckt in op. cit., Band 1, S. 295–314, hier S. 302. In einer zu Gödels Zeit unveröffentlichten Berliner Gastvorlesung heißt es: »Zwei Mengenelemente heissen gleich oder identisch, wenn man sicher ist, dass für jedes *n* die *n*-te Wahl für beide Elemente dasselbe Zeichen erzeugt, und verschieden, wenn die Unmöglichkeit ihrer Gleichheit feststeht, d. h. wenn man Sicherheit hat, dass sich im Laufe ihrer Erzeugung nie ihre Gleichheit wird beweisen lassen. Die Identität mit einem beliebigen Elemente der Menge *M*, bzw. mit dem Mengenelement *e*, werden wir als die Mengenspezies, oder kurz als die Menge, *M*, bzw. als die Elementspezies oder kurz als das Element *e* bezeichnen.« In: L. E. J. Brouwer, ›Intuitionismus‹, hrsg. v. Dirk van Dalen und David E. Row, Berlin (Springer) 2020, S. 17.
16 **physiologischer Psychologie:** Heute veralteter Begriff für biologische Psychologie oder Biopsychologie und damit für das Teilgebiet der Psychologie, das sich

*logischer Psychologie* und dem νους ποιητικος. Wir lieben die Materie, und nicht die Ideen. Daher führt wahrscheinlich auch nur die Physik zur Mathematik. (Es fehlt uns das Interesse für das [190] rein Abstrakte, was unsere Schuld ist.)

*Bemerkung* (*Grundlagen*): Die analytischen Funktionen sind die komplexen |+ monotonen Funktionen. *vgl.* insbesondere, dass sich die Eindeutigkeit der Umkehrung vom Rand aus überträgt.

{*Mountain Ash Inn* Ende Ende August 1941}

*Bemerkung* (*Grundlagen*): Die Zahlen $< \varepsilon_0$ sind dadurch charakterisiert, dass sie »anschaulich erfassbar«, das heißt »überblickbar«, sind (unter der Annahme, dass ω überblickbar ist). Sie sind irgendwie eine endliche Struktur von ω. Die Charakterisierung durch Selbstanwendung von transfiniten Rekursionsschemata früher definierter Ordnungen erfasst nicht das Richtige. *Frage*: Ist innerhalb des ganzen *praedikativen Intuitionismus* überhaupt beweisbar, dass der Schluss durch vollständige Induktion für $\varepsilon_0$ gilt? (Das Abbrechen jeder absteigenden Folge ist beweisbar.)

[191]
*Bemerkung*: *Gutmann Deutsche Volksapotheke*
*1571, 1 Avenue; 82$^{te}$ Strasse, Bu 8 1711*
*Gutmann Altflorn Reinigungstee*
*Möbelhaus Rex, Jersey City*

---

    mit biologischen Prozessen und Strukturen befasst, die auf Verhalten, Denken und Emotionen Einfluss haben.
2 Der nous poiêtikos (νούς ποιητικός) ist der aktive Intellekt, der aus dem nous pathêtikos (νούς παθητικός), dem »Denkmaterial«, die Gedanken hervorbringt. Diese aristotelische Konzeption soll erläutern, wie der Intellekt oder Verstand arbeitet. Unter anderem haben sich sowohl Thomas von Aquin in seinem Werk ›De unitate intellectus contra Averroistas‹ um eine Deutung bemüht als auch Franz Brentano in seiner 1867 erschienenen Habilitationsschrift ›Die Psychologie des Aristoteles, insbesondere seine Lehre vom Nous Poietikos‹. In welchem Verhältnis die beiden Vermögensteile genau stehen, ist bis heute umstritten.
13 $< \varepsilon_0$: $\varepsilon_0$ nannte Cantor die Zahl ω mit unendlich vielen Exponenten ω. Hier ist ω das Symbol für die kleinste Ordinalzahl, die größer ist als jede natürliche Zahl; sie ist somit die kleinste oder erste unendliche Ordinalzahl.
25 **1 Avenue:** In der New Yorker Emigrantenzeitung ›Aufbau‹ wird am 27. Dezember 1946 J. Goodman's Volksapotheke in der First Avenue, New York, erwähnt.     7: | Streb

*Bemerkung* (*Hygiene*): Magenschmerzen kommen wahrscheinlich vom Nicht-Fasten. Zumindest, wenn man im Auswählen und der Menge des Essens nicht fehlerlos ist. Wenn schon welche da sind, dann ist wahrscheinlich lange fasten das Heilmittel (Rekawinkel). Überhaupt ist vielleicht jede Art eines sich absichtlich Wehtuns (gleichgültig wie) gut, um seine früheren Fehler gutzumachen.

*Bemerkung* (*Grundlagen*): Verschiedene Möglichkeiten, ıx zu definieren (insbesondere mit Bezug auf *Peano-Formalismus*):
I. {(*Russell*)} Im Fall, dass kein $x$ existiert, bedeutet es nichts, und
*a*.) jeder Ausdruck, in dem es vorkommt, ist sinnlos; im Fall, dass kein $x$ existiert, bedeutet es nichts, und *b*.) jeder Term, in dem es vorkommt, ist sinnlos und jeder Atomsatz falsch.
II. (*Peano***?**) ıx bedeutet auf jeden Fall ein bestimmtes Ding:
*a*.) Es wird nichts darüber festgesetzt, welches Ding. Dann kann die Voraus- [192] setzung E! (ıx) durch einen eigenen, mit der *Definition* der Funktion ||-gehenden Begriff [z. B.: Konvergenz, Riemannsch *integrierbar* etc.] ausgedrückt werden.*
*b*.) Es wird festgesetzt, dass im Fall ~E! (ıx) (ıx) immer ein gewisses Ding $u$ [Unsinn] bedeutet, wobei $u$ zu keiner der sonst verwende-

\* Nicht durch (ıx) φ(x) ε N oder Eı [(ıx) φ(x)] wie bei Peano.

9 **Formalismus:** Andere Lesart: Peano-Formalisierung
18*: ›‹ von der Editorin verbessert in ›‹
19 ~: Andere Lesart: ein

1 **Hygiene:** Siehe zum Begriff der Hygiene die Einleitung zu ›Zeiteinteilung (Max) I und II‹ sowie die ausführliche Erläuterung zur Heftumschlaginnenseite von ›Zeiteinteilung (Max) I‹.
4 **Rekawinkel:** Nach seinem zweiten Aufenthalt am Institute for Advanced Study in Princeton, den Gödel Ende 1935 abbrechen musste, besuchte er das Sanatorium in Rekawinkel, wo Adele ihn mit Essen versorgt haben soll. Vgl. Sigmund, Dawson und Mühlberger, ›Kurt Gödel. Das Album/The Album‹, S. 59.
8 **ıx:** Der von Giuseppe Peano eingeführte umgedrehte Jota-Operator, der von Alfred North Whitehead und Bertrand Russell in den ›Principia Mathematica‹ rezipiert worden ist, ist die formal-semantische Repräsentation für eine definite Kennzeichnung und ist zu lesen als ›dasjenige Individuum, für welches gilt: ...‹.
9 **Peano-Formalismus:** In der Metamathematik ist der Peano-Formalismus ein System von Regeln, das der Herleitung arithmetischer und logischer Implikationen dient, aber, wie Gödel gezeigt hat, unvollständig ist.
13 **Atomsatz:** Ein Atomsatz, auch Elementarsatz genannt, ist eine Aussage, die nicht wieder andere Aussagen oder logische Partikeln als Teil enthält und logisch einfach ist.
16 **E! (ıx):** E! steht in den ›Principia Mathematica‹ von Whitehead und Russell für die Existenz einer Klasse, wenn sie genau ein Element hat. E!(ıx)φ(x) bedeutet, dass es genau ein $x$ gibt, auf das φ zutrifft.
17 **||:** Zu lesen als ›parallel‹.
17 **Riemannsch integrierbar:** Treppenfunktionen und stetige Funktionen sind Beispiele auf [a, b] Riemann-integrierbarer Funktionen. Treppenfunktionen sind spezielle Funktionen, die jeweils nur endlich viele Funktionswerte annehmen und stückweise konstant sind.

ten Klassen von Dingen gehört; $u \sim\varepsilon N_0$ etc. Dann kann der Satz E! (ιx) ausgedrückt werden durch (ιx) φ(x) ε $N_0$ oder Ähnliches.

III. {*Peano*} Es wird für jedes φ(x) die Existenz eines Etwas* $a$ postuliert, sodass (x) [φ(x) .≡. x = a] (*bzw.* φ(a) . (x) [φ(x) ⊃ x = a]), wobei aber für manche Dinge y ≠ y ist und = auch nicht immer transitiv ist (*bzw.* die Sätze des Aussagenkalküls nicht für alle Dinge gelten). Dann kann E! (ιx) ausgedrückt werden durch (ιx) ε N und wahrscheinlich auch durch E! (ιx φ(x)), weil nämlich aus $a ≠ a$ folgt $a \sim\varepsilon$ (ιa), das heißt, ιa = Λ. [193] Diese Auffassung macht es nötig, die Sätze über die *Identität* und eventuell auch die *Axiome* des Aussagenkalküls mit Voraussetzung x = x oder Ähnlichem zu formulieren. Die so eingeführten *Pseudodinge* sind wahrscheinlich zu verstehen als »Mehrheiten« oder die »0-heit«. ιa für eine Mehrheit wäre die Klasse, die aus den Elementen dieser Mehrheit besteht. Eine Mehrheit ist nicht mit sich identisch und es gilt nicht das Transitivitätsgesetz für Gleichheit {*vgl.* p. 213, 211}.

* Pseudoding.

<u>Bemerkung</u> (Grundlagen): *Konstruktivismus* in dem Sinn, dass die Mathematik die Objekte, welche sie behandelt, annimmt, = das Annehmen der Existenz von einem Objekt, welches irgendeine Bedingung φ(x) erfüllt, entweder unter der Voraussetzung der Widerspruchsfreiheit von φ(x) [oder eventuell immer, wobei nicht für alle Objekte die gewöhnliche Logik gilt. <u>Bemerkung</u>: **<u>Die Geltung des Satzes x = x oder die Identitäten des Aussagekalküls definieren »Objekte« (Dinge) im gewöhnlichen Sinn</u>**]. Das ist immer möglich, weil zugleich mit dem neu angenommenen Ding x auch die in φ vorkommenden Begriffe und Funktionen für diese Dinge neu definiert werden (bloß die Annahme, dass x einer gewissen vorher eingeführten Kategorie (z. B. den Zahlen) angehört, kann widerspruchsvoll sein). Das Festhalten an x = x und [194] *Identität*

---

4 **(x) [φ(x) .≡. x = a]**: Punkte, die direkt vor und nach ≡, ⊃, v oder anderen zweistelligen Ausdrücken gesetzt sind, stehen in den ›Principia Mathematica‹, aber auch bei Peano, für Klammersetzung; bei ».≡.« also etwa für (...) ≡ (...).
9 **ιa = Λ**: Hier ist Λ ein Name (Term): Λ = ∅. Gelegentlich steht ›Λ‹ auch für das Falsum.
18 **Konstruktivismus**: ›Konstruktivismus‹ ist hier eine Neuausrichtung in der Logik und Mathematik als Reaktion auf die Grundlagenkrise der Mathematik zu Beginn des 20. Jahrhunderts. Gemeinsam ist diesen Neuausrichtungen, dass eine konstruktive Logik die klassische Logik ersetzen soll. Unter anderem werden das Tertium non datur, das Stabilitätsprinzip und Schlussweisen wie die Reductio ad absurdum abgelehnt.

18 **Bemerkung**: Zweimal fett unterstrichen
19 =: Zu lesen als ›ist gleich‹ oder als ›gleichsetzt mit‹, dann entfällt die Ergänzung durch ›annimmt‹

des Aussagenkalküls für alle Objekte ist ähnlich dem Festhalten der gewöhnlichen Rechengesetze für unendliche Zahlen und Ablehnung Cantors aus diesem Grund. Dies »Erschaffen« von neuen Dingen geschieht entweder »aus dem Nichts« (wenn ~(∃x) φ(x)) oder aus einer Mehrheit. Das Letztere wäre das Konstruieren einer neuen Einheit (*System*, Organismus). Das einfachste Beispiel ist die *Definition* durch Abstraktion, wobei Identität auch mit Bezug auf vorher eingeführte Dinge definiert werden muss.* Die *imprädikativ* verwendeten Klassen können nicht auf diese Weise [durch Abstraktion aus den Aussagefunktionen] eingeführt werden. Ein φ(x) ist gewissermaßen ein Pfeil, welcher auf ein Ding hinweist (indem es es beschreibt). Aber dieses ganze konstruktive Vorgehen ist (auch abgesehen von Widerspruchsfreiheit) nicht willkürlich. [195] Es ist entweder eine Erkenntnistätigkeit (welche ein Objekt hat) oder es ist ein Handeln, welches aber ebenfalls Gesetzen der »Richtigkeit« unterliegt. Der mengentheoretische Aufbau der Mathematik (*Russell*) führt jede Konstruktion auf die Konstruktion einer Einheit aus einer Mehrheit zurück. ε ist die Identitätsrelation, wenn rechts eine Mehrheit und links eine Einheit steht.

{<u>Bemerkung</u> (*Grundlagen*)}: Das Wesentliche der Verstandestätigkeit scheint also zu sein, Mehrheiten als neue Einheiten zu betrachten und das Nichts als Einheit zu betrachten. Die Sinngebung von anfangs Sinnlosem (ιx) geht immer weiter, aber kann prinzipiell nie vollständig zu Ende geführt werden (auch die im *Lebesgue*schen Sinn messbaren Mengen können noch erweitert

* vgl. Peano's Einführung der reellen Zahlen durch sup(M) M ⊆ R.

---

1 **Aussagenkalküls:** Ein Aussagenkalkül ist ein Kalkül für die Aussagenlogik, der es erlaubt, aus einer gegebenen Menge von Aussagen neue Aussagen herzuleiten. Die klassische zweiwertige Aussagenlogik lässt sich durch verschiedene Aussagenkalküle beschreiben. Da in allen diesen Kalkülen die Tautologien übereinstimmen, können die Kalküle als äquivalent betrachtet werden. Daher ist es zulässig, von dem Aussagenkalkül der zweiwertigen Aussagenlogik zu sprechen.

8 **imprädikativ:** Gewöhnlich spricht man von imprädikativ verwendeten Begriffen oder Termen. Imprädikativ definiert bzw. definierbar heißt ein Begriff, wenn er nur mittels einer Gesamtheit, zu der er selbst gehört, definierbar ist. Seit der Entdeckung der Antinomien um 1900 spielt der Begriff der imprädikativen Definition eine wichtige Rolle in den Grundlagendiskussionen der modernen Logik. Vgl. ›Maximen III‹, S. 161, Z. 13–16.

18 ε ist ein mathematisches Zeichen, mit dem angegeben wird, dass ein Objekt ein Element einer Menge ist. Das Zeichen ε (Abkürzung für ›esti‹ im Griechischen) bedeutet ›ist ein‹ oder ›ist ein Element von‹. Verbreitung fand diese Verwendung über Ernst Zermelos Arbeit sowie über die ›Principia Mathematica‹ von Whitehead und Russell.

werden) oder es kann durchgeführt werden bis (im Wesentlichen) auf einen einzigen Fall (*vgl. Division*).

*Bemerkung* {(*Philosophie*)}: Die Mehrheit {→ genauer, die Mehrheit, deren sämtliche Teile wieder Mehrheiten sind (d. h., welche nicht aus Einheiten bestehen)} ist das *Chaos* (unbestimmt, unbegrenzt), aus dem [196] allmählich die Dinge »herausgeschält« werden.

*Bemerkung* (*Grundlagen*): Eine *Definition* ist eine neue als wahr aufgestellte (oder erkannte) Aussage, und zwar 1.) eine Real*Definition*, eine Aussage der Form φ(*a*), welche nur für *a* gilt. Diese heißt dann eine *Definition* für das Ding *a*;\* 2.) eine Nominal*Definition* ist eine semantische Aussage der Form »das Zeichen *a* bedeutet dasselbe wie . .« oder »gewisse Kombinationen des Zeichens *a* bedeuten dasselbe wie . . .«. Der Charakter als semantische Aussage wird im einfachsten Fall: *a* = . . verhüllt, tritt aber in komplizierteren Fällen (z. B. (1*x*)) hervor, weil dann die Semantik nötig ist. (Im ersten Fall ist die Semantik nur nötig, um die Evidenz der Richtigkeit zu erzeugen.) <u>Man sollte die Logik mit der Semantik gleichzeitig aufbauen.</u> Bedeutungsrelation und 𝒲 als Grundbegriffe mit einem Axiom. Das ergibt [197] insbesondere eine Formalisierung der abgeleiteten Schlussregel, wobei sich die Verwendung anschaulicher Evidenz über konkrete (einzelne) semantische Sachverhalte zeigen würde. Die Nominal*Definition* weist im Vergleich zu den Beweisschritten 1.) eine viel größere Freiheit auf (gewissermaßen nur durch Widerspruchsfreiheit eingeschränkt), 2.) ist in puncto Richtigkeit nicht absolut, sondern von vorhergehenden *Definitionen* abhängig. Ihr Wesen besteht darin, dass sie etwas an der Bedeutungsrelation und dem Wahrheitsbegriff ändert. Eine Real*Definition* (oder besser etwas, was zugleich Real- und Nominal*Definition* ist) kann auch definiert werden als Einführung eines Wortes für ein Ding, welches durch eine Beschreibung φ(*x*) gegeben ist, zusammen mit der Behauptung, dass dieses Ding existiert.

*Bemerkung* (*Grundlagen*): Gewisse »höhere« *Theorien* werden aus anderen | (oder einer Folge von anderen) dadurch [198] erhalten, dass irgendetwas »umgekehrt« wird, zum Beispiel: $x^n$, die nächst-

\* vgl. auch das Ende dieser Bemerkung.

4 (Philosophie): Einfügung unter der Zeile, nicht wie sonst über der Zeile
4 →: Der Pfeil zeigt von ›Mehrheit‹ auf die umrandete Einfügung am unteren Rand der Seite
22 Verwendung: Andere Lesart: Verbindung
22 anschaulicher Evidenz: Andere Lesart: anschaulich evident. Dann wäre das im Manuskript sichtbare ›s‹ bei in Gabelsberger geschriebener ›Evidents‹ zu streichen
36: | *Theorien* werden aus konstruktiv

20 **Bedeutungsrelation**: Vgl. zu ›Bedeutungsrelation‹ die Angaben zu Manuskriptseite 153, Einfügung am oberen Rand der Seite.

höheren $e^x$ ; $α^ω$ .. $ω^α$; das *Lebesguesche Integral* aus dem *Riemannschen* und auch das *Lebesguesche Maß* aus dem *Peanoschen* [es wird zuerst eine unendliche Folge von *Polynomen* gebildet und dann erst mit dieser überdeckt]. Das ist eine Art *Diagonalverfahren*. Oft wird dieses Diagonalverfahren auf eine transfinite Folge von *Theorien* angewendet, bevor man einen »Überblick« über diese hat. Das führt dann zu »unlösbaren« *Problemen* [oder finit unlösbaren *Problemen*]. Der Überblick wäre nur zu erreichen durch Berücksichtigung des *intensionalen*, und dies wird in der Diagonaltheorie nicht verwendet. Sie werden nur so weit aufgebaut, als das *extensional* geht. {*vgl. p.* 200 und *p.* 230 unten}

*Bemerkung* (*Grundlagen*): Vielleicht kommt man in der Mathematik deswegen nicht weiter (und gibt es so viele ungelöste *Probleme*), weil man sich auf *extensionales* beschränkt. Daher auch das Gefühl der Enttäuschung bei [199] mancher Theorie, zum Beispiel dem Aussagenkalkül und der Formalisierung überhaupt. {*vgl. p.* 215}

*Bemerkung* (*Psychologie*): Das Wesen des Komischen liegt darin, dass irgendetwas aussieht, als wäre es völliger Unsinn, aber in Wirklichkeit hat es einen (tiefen) Sinn. Je klarer und abstruser der Unsinn, je deutlicher der Sinn, je *konziser* der Ausdruck, desto besser der Witz. Das Verhältnis scheinbarer Unsinn wirklicher Sinn kann auch umgekehrt sein: scheinbarer Sinn wirklicher Un-

---

17 vgl. p. 215: Andere Lesart: Überhaupt, vgl. p. 215
22: ›.‹ von der Editorin verbessert in ›,‹

1 **Lebesguesche Integral aus dem Riemannschen:** Das Lebesgue-Integral ist eine Verallgemeinerung des Riemann-Integrals durch Henri Lebesgue. Es erweitert das Integral auf eine umfangreichere Klasse von Funktionen und erlaubt auch die Integration solcher Funktionen, die auf beliebigen Maßräumen definiert sind.
2 **Lebesguesche Maß:** Das Lebesgue-Maß ist ein Verfahren, um Teilmengen des euklidischen Raums ein Maß zuzuordnen, insbesondere Länge, Flächeninhalt und Volumen. Mit ihm wird das Lebesgue-Integral definiert. Begriffe wie Flächeninhalt und Volumen lassen sich so mathematisch exakt definieren.
2 **Peanoschen:** Peano war einer der Mathematiker, die Lösungsvorschläge für die Frage nach dem Volumen beliebiger Teilmengen von $\mathbb{R}^n$ machten.
3 **Polynomen:** Ein Polynom ist eine endliche Summe von Vielfachen von Potenzen einer Variablen.
4 **Diagonalverfahren:** Hier ist Diagonalverfahren als Typ eines Verfahrens gemeint. Das Cantorsche Diagonalverfahren ist eine bestimmte Instanz dieses Typs. Mittels dieser hat Cantor gezeigt, dass es unendliche Mengen gibt, die nicht eins zu eins mit der unendlichen Menge der natürlichen Zahlen korrespondieren. Als allgemeingültiges Verfahren wurde das Diagonalverfahren von Gödel für seinen ersten Unvollständigkeitssatz verwendet.
15 **weil man sich auf extensionales beschränkt:** Vgl. Manuskriptseite 188, Bemerkung Grundlagen 1; sowie 215f., Bemerkung Grundlagen 1.

sinn, und es kann in dieser Weise gleich von verschiedener Seite betrachtet gelten. (Dann umso besser.)

Diese Theorie des Witzes folgt auch aus dem Wort ›Scherz‹ = ›nicht ernst‹, das heißt ›nicht wirklich‹, obwohl in mancher Hinsicht dem Wirklichen ähnlich. Der Genuss eines Witzes ist etwas Ähnliches, es sieht aus wie ein Genuss, ist aber keiner. (Beispiele: Ein Medium ist ein wandelndes Spukhaus, oder *Definition* der *Philosophie*.) Manche Dinge kann man anscheinend am besten ausdrücken, indem man sie in paradoxer Form ausdrückt. Man lacht beim Witz darüber, dass es nichts ist und nur scheinbar etwas ist (ähnlich wie man beim Hohn über das Leid eines [200] anderen lacht, dass scheinbar etwas gut ist oder war). Die Übertreibung ist ein einfacher, spezieller Fall des Komischen.

<u>Bemerkung</u> {(*Philosophie*)}: Verständnis der *Anatomie* = *Embryologie*.

<u>Bemerkung</u> (*Grundlagen*): *Fortsetzung von p.* 198. Im Aussagenkalkül wird der Sprung dadurch vollzogen, dass man die Regel der *Importierung* annimmt. Wodurch aber in der rekursiven Zahlentheorie?

<u>Bemerkung</u> (*Grundlagen*): Vielleicht sind gerade nur so viele analytische Probleme entscheidbar, als man braucht, um alle zahlentheoretischen [oder physikalischen?] zu entscheiden. Und vielleicht ist die Entscheidung der zahlentheoretischen Sätze, auch wenn »richtig« (*lege artis*) durchgeführt, immer durch Deutung der Zahlen als Formelnummern zu erzielen. Das heißt dadurch, dass man die »Bedeutung« der Zahlen sieht (und der Zahlrelationen), vgl. [201] z. B. Deutung als Koeffizient von einer *Potenz*reihe. Das ist letzten Endes auch eine *intensionale* Bedeutung. <u>Insbesondere wäre die Bedeutung der zahlentheoretischen Sätze (deren Kennt-</u>

---

15 **Embryologie:** Die Embryologie ist eine morphologische Teildisziplin der Anatomie. Sie beschreibt in der Humanmedizin die Entwicklung des Menschen und die Entstehung der anatomischen Strukturen während der Embryonalentwicklung von der Zeugung bis zur Geburt. Um eine Bemerkung zur Philosophie könnte es sich handeln, da Aristoteles als der Begründer der Embryologie gilt. Aber auch beispielsweise René Descartes und Gottfried Wilhelm Leibniz haben sich zur Embryologie geäußert.

30 **Koeffizient von einer Potenzreihe:** Eine Potenzreihe ist eine unendliche Reihe, deren Summanden aus Potenzfunktionen bestehen, die mit geeigneten Vorfaktoren (Koeffizienten) multipliziert werden.

12 **dass scheinbar etwas gut ist oder war:** Andere Lesart: das scheinbar etwas Gutes ist oder war

nis zu ihrer Entscheidung führt) eine metamathematische (d.h. begriffsstrukturelle).

*Bemerkung* (*Grundlagen*): Das Auswahlaxiom ist auch ein Beispiel für ein *Axiom*, welches dann evident ist, wenn man überhaupt nur gewisse Begriffe als sinnvoll anerkennt. In diesem Fall: unendliche gesetzlose *Extensionen*; dieselbe *Intuition* auch schon bei *imprädikativen Definitionen* (oder sind da gesetzmäßige hinreichend?).

*Bemerkung* (*Grundlagen*): Beispiele für anschaulich evidente Sätze (aber nicht topologische): 1.) jede Menge der Geraden, welche einen Verdichtungspunkt in jedem Punkt der Gerade hat, lässt sich zerlegen in kontinuierlich viele fremde dichte Mengen. [202] {bicompact und Zusammenhang} 2.) Wenn jedem Punkt des *Baire*schen 0-Raumes eine dichte abzählbare Menge zugeordnet ist, gibt es nicht immer eine stetige Auswahlfunktion (aber wenn die *Produkt*menge ein $G_\delta$ ist, ist das der Fall). Auf der Gerade ist der Beweis trivial mittels zusammenhängender Mengen, für den *Baire*schen 0-Raum muss man abstrakt eine Formklasse konstruieren, welche die Eigenschaften der zusammenhängenden Mengen (in diesem Fall) hat. Das sind die analytischen.

---

10 **Bemerkung:** Mehrmals fett unterstrichen

4 **Auswahlaxiom:** Nach dem Auswahlaxiom gibt es zu jeder Menge $M$ von nichtleeren Mengen eine sogenannte Auswahlfunktion, die jeder Menge $N$ aus $M$ ein Element aus $N$ zuordnet.
7 **imprädikativer:** Siehe Erläuterung zu Manuskriptseite 194.
11 **topologische:** In der mathematischen Topologie befasst man sich mit einem verallgemeinerten Raumbegriff. Die Topologie ist aus Konzepten der Geometrie und der Mengenlehre hervorgegangen.
12 **Verdichtungspunkt:** In der Analysis spricht man heute von einem Häufungspunkt einer Menge, das ist ein Punkt, dem die Elemente der Menge »beliebig nahe« kommen.
13 **dichte Mengen:** Eine Teilmenge $A$ eines topologischen (z. B. metrischen) Raumes $M$ heißt dicht in $M$, wenn ihre abgeschlossene Hülle mit $M$ zusammenfällt.
14 **bicompact:** Bikompakt heißen Mengen, wenn jede ihrer offenen Überdeckungen eine endliche Teilüberdeckung besitzt. Bikompakte Mengen werden heute als kompakte Mengen bezeichnet.
14 **und Zusammenhang:** Ein topologischer Raum heißt zusammenhängend, falls es nicht möglich ist, ihn in zwei disjunkte nichtleere offene Teilmengen aufzuteilen.
14 **Baireschen 0-Raumes:** In der Mathematik ist ein Baire-Raum ein topologischer Raum, bei dem jeder Durchschnitt abzählbar offener dichter Mengen im Raum dicht ist.
17 $G_\delta$: Vgl. Erläuterung auf Manuskriptseite 209, Bemerkung Grundlagen 2.
21 **analytischen:** Aus den Borelschen Mengen (siehe unten) ergeben sich durch $^\omega\omega$-Projektion die analytischen Mengen.

*Bemerkung* (*Grundlagen*): Ein gutes Beispiel, wie ein Objekt »erkannt« wird (d. h. seine richtige *Definition* gefunden und daraus seine Eigenschaften abgeleitet werden), sind die analytischen Mengen, wenn als *Projectionen Borel*scher Mengen definiert. Die *Definition* durch das *Souslin*sche Schema gibt erst alle Sätze: Trennungssatz, eineindeutige Abbildung = *Borel*sch, Messbarkeit *etc.* Was ist [203] die richtige *Definition* für höhere *projektive* Mengen?

*Bemerkung* (*Grundlagen*): Wenn man $p \cdot q \cdot r \to t \lor s \lor v$ als Grundbegriffe nimmt, so ist $\to$ für beliebig viele (auch 0 und 1) *Argumente* definiert | und kann daher als einziger Grundbegriff genommen werden. Auch + auf Mengen angewendet (im *Peano*schen Sinn) ist als einstellige und 2-stellige Operation definiert.

*Bemerkung* (*Grundlagen*): Die *intuitionistische* Analysis (allgemeine Sätze über Wahlfolgen) ist eine Art mehrdeutige Zahlentheorie [die Wahl wird unbestimmt gelassen, aber es handelt sich um einen Allquantor, der sich auf abzählbar viele Fälle bezieht].

*Bemerkung* (*Grundlagen*): Merkmal = allgemeinster und doch noch etwas aussagender Begriff. In der Arithmetik sind es nur die Begriffe [204] $x \neq n$, wo $n$ eine spezielle Zahl ist. In der Geometrie* sind es solche Begriffe wie: $\neq$, lineare Abhängigkeit und Unabhängigkeit *etc.* Die Merkmale sind die Punkte des Begriffsraumes (welcher dual ist zum Raum der Dinge) und sie werden ähnlich durch *Approximation* erreicht wie die Punkte des *Brouwer*schen Kontinuums.

* Oder in der Wirklichkeit.

---

4 **Borelscher Mengen:** Bei den nach Émile Borel benannten Borel-Mengen handelt es sich um spezielle Teilmengen von $\mathbb{R}$.

5 **Souslinsche Schema:** Das Suslin-Schema ist eine Familie von Teilmengen einer gegebenen Menge, die mit endlichen Folgen natürlicher Zahlen indiziert sind. Es wird benutzt, um analytische Mengen (also stetige Bilder vollständig metrisierbarer separabler topologischer Räume) auf einem Raum zu repräsentieren und zu definieren.

5 **Trennungssatz:** Der Trennungssatz für analytische Mengen stammt von Nikolai N. Lusin.

7 **höhere projektive Mengen:** Vgl. zu ›höhere projektive Menge‹ den Briefwechsel zwischen John von Neumann und Gödel in: ›Collected Works‹, Bd. V, S. 362–365.

15 **intuitionistische Analysis:** Anderer Ausdruck für konstruktivistische Analysis.

26 **Punkte des Brouwerschen Kontinuums:** In Brouwers Dissertation ›Over de grondslagen der wiskunde‹ heißt es dazu in englischer Übersetzung (›On the Foundations of Mathematics‹, in: ›Collected Works I‹) auf S. 44f.: »Moreover, we have considered the intuitive continuum as a measurable continuum, and we

11: ›‹ von der Editorin gelöscht

*Bemerkung* (*Philosophie*): Der Sachverhalt ist aus seinen Bestandteilen (Ding und Begriff) in ganz anderer Weise zusammengesetzt als etwa das Paar. Er ist in viel höherem Grad etwas mehr als die Summe seiner Bestandteile (ein ganz neues Ding). Es gibt also 2 wesentlich verschiedene Arten, nach denen der Geist neue Dinge konstruiert: 1.) die [205] »gleichgeschlechtliche« Art (das Paar*) und die »verschiedengeschlechtliche«, wo immer 2 Dinge entgegengesetzter Art (Ding und Begriff) miteinander verbunden werden müssen [wie *Empedocles* sagt, durch Hass oder Liebe, und das Resultat wäre das Kind, man kann aber die Sachverhalte auch durch »Trennung« konstruieren, *a* ist nicht *b,* das heißt durch Hass]. In der *Hierarchie* der Typen ist also in gewissem Sinn jeder höhere Typus »männlich« im Verhältnis zum vorhergehenden.

* Bezieht sich auch auf die Konstruktion von Begriffen aus ihren Merkmalen.

*Bemerkung* (*Philosophie*): Das Verhältnis Ding Begriff ist dasselbe wie Gegenstand und Funktion, Weib und Mann, Geschöpf und Schöpfer, Vater und Kind, Herrscher und Beherrschtes, Erkanntes und Erkennendes, Objekt und Subjekt, Wirkendes [206] und Bewirktes, Tuendes und Leidendes, Form und Materie, Wirklichkeit und Möglichkeit, Sein und Nicht-Sein, {Gut und Böse, Symbol und Symbolisiertes, Leben und Tod → aber es scheinen 2 verschiedene Gegensätzlichkeiten hier hineinzukommen.}

20 **Gut und Böse, Symbol und Symbolisiertes, Leben und Tod:** Über der oberen Seitenlinie eingefügt. ›Gut und Böse‹ steht über ›und Bewirktes‹; ›Symbol und Symbolisiertes‹ über ›Tuendes und Leidendes‹, und ›Leben und Tod‹ über ›Sein und Nicht-Sein‹

21 →: Pfeil zeigt von ›Gut und Böse‹ auf ›aber es scheinen ...‹ am oberen Rand der Seite

have seen that every point on it admits an approximation by a dual scale. However, the continuum as a whole was given to us by intuition; a construction for it, an action which would create from the mathematical intuition ›all‹ its points as individuals, is inconceivable and impossible. The mathematical intuition is unable to create other than denumerable sets of individuals. But it is able, after having created a scale of ordertype η, to superimpose upon it a continuum as a whole, which afterwards can be taken conversely as a measurable continuum, which is the matrix of the points on the scale.« Im Original lautet der Text auf S. 62: »Daarnaast hebben we het intuitief continuum beschouwd als meetbaar continuum, en gezien, dat zich elk punt daarop laat benaderen door een duale schaal. Het *continuum als geheel* was ons echter intuitief gegeven; een opbouw er van, een handeling die ›alle‹ punten er van geïndividualiseerd door de mathematische intuitie zou scheppen, is ondenkbaar en onmogelijk. De mathematische intuitie is niet in staat anders dan aftelbare hoeveelheden geïndividualiseerd te scheppen. Maar wel kan zij, eenmaal een schaal van het ordetype η, opgebouwd hebbend, er een *continuum als geheel* overheen plaatsen, welk continuum dan achteraf weer omgekeerd als meetbaar continuum als matrix van de punten der schaal kan worden genomen.«

1 **Sachverhalt:** Vgl. zu ›Sachverhalt‹ die Angaben zu Manuskriptseite 153, Bemerkung Grundlagen 1.

9 **Liebe:** Bei Empedokles ist die Liebe (φιλότης, philótēs) die vereinigende Kraft.

_Bemerkung_ (_Philosophie_): Nach _Aristoteles_ ist das _spezielle_ Objekt des Verstandes (ebenso wie Farbe das des Auges) die Erkenntnis der _essentiellen Definition_ (_substantielle Definition_). Das heißt, richtige _Definition_ eines vorher gekannten Objekts. Frage: Wieso kennt man es ohne die _Definition_? Entweder durch die Sinne oder es ist die richtige _Definition_ unklar erkannt worden.* (Ist nicht das Erkennen durch die Sinne ein spezieller Fall einer undeutlichen Erkenntnis?) Und ist nicht die Erkenntnis der richtigen _Definition_ eines sinnlich gegebenen Objektes bloß eine Fortsetzung der Erkenntnis »es ist ein Mensch«, »es ist Herr _A._« etc.?

* Oder man kennt eine andere, äquivalente Definition (aber nicht die »richtige«).

_Bemerkung_ (_Philosophie_): Ist nicht jedes Problem und seine Lösung einfach [207] ein Fortschreiten von einer undeutlichen zu einer deutlichen Erkenntnis? {→ das heißt, von einer unvollständigen zu vollständiger Erkenntnis} Das Verstehen des Problems ist die Erkenntnis, dass es entweder so oder nicht so ist. {Also eine nicht ausführbare Lösung, außerdem »Evidenz« nach einer bestimmten Seite.}

---

_Bemerkung_ (_Philosophie_): Wahrscheinlichkeitssätze, negative Sätze, _Disjunktionen_ und überhaupt Sätze mit nicht _maximaler Information_ sind etwas _spezifisch_ Menschliches. Was sind diese Sätze? ↑

_Bemerkung_ (_Philosophie_): Das <u>Handeln ist Erkenntnis von außen gesehen</u>, aber nur eine spezielle Art von Erkenntnis. Roh charakterisiert als: eine solche über das eigene Wollen und die Möglichkeit, es jetzt zu realisieren. (Stimmt nicht.)

_Maxime_: Das genaue Verständnis selbst einer Kleinigkeit in einer Arbeit ebnet rapide den Weg zum Verständnis der ganzen Arbeit. Das Hinweggehen über sie (auch unwichtige Punkte), ohne sie verstanden zu haben und ohne sich klar gemacht zu haben, ob [208] man sie verstanden hat, macht das Verständnis der ganzen Arbeit unmöglich.

---

1 **Objekt des Verstandes:** In ›De anima‹ III, 4, 429b 12ff., ist der Erkenntnisgegenstand des Verstandes das, was es heißt, ein _x_ zu sein, also das Wesen, die Essenz (τὸ τί ἦν εἶναι) eines Begriffs oder einer Sache. Die Funktionsweise des Verstandes wird von Aristoteles mit der der Wahrnehmung verglichen.

14 →: Pfeil zeigt von ›einer undeutlichen‹ auf ›das heißt …‹
23 ↑: Pfeil zeigt auf ›nicht maximaler Information‹

_Bemerkung_ (_Grundlagen_): Der Übergang von Menge und Relationen zu »Struktur« [z. B. abstrakte Gruppe] ist ein ähnlicher Schritt wie der von Begriff zu Menge (_Extensionen_).

_Bemerkung_ (_Grundlagen_): Beispiel, wo eine _Definitions_-Gleichung (obwohl korrekt als _Definition_) nicht als Behauptung aufgestellt werden kann: Wenn $A(x) =_{Df} \varphi(x)$, aber $\varphi$ nicht für alle $x$ einen Sinn hat [in einer Behauptung muss alles Sinn haben, aber die _Definitions_-Gleichung besagt die _Substituierbarkeit_ auch für den Fall, dass kein Sinn gegeben ist].

_Bemerkung_ (_Psychologie_): Nach _Aristoteles_ ist die [209] Phantasie ein Vermögen des Urteilens auf niederer Stufe. (Das einzige Urteilsvermögen bei Tieren, insofern sie sich nur das vorstellen können, was sie erwarten?)*

* Dasselbe, was bei Menschen für mathematische Sätze der Fall ist (aber auch hier ist symbolisch ein Vorstellen des Gegenteils möglich).

_Maxime_: Beim Lesen einer mathematischen Arbeit erst das _Skelett_ des Beweises erfassen (ohne Beweise der Hilfssätze und ohne genaue _Definition_ der Begriffe).

_Bemerkung_ (Grundlagen): $\subset$ ist eine _transitive_ Verschiedenheitsrelation.

_Bemerkung_ (_Grundlagen_): Beispiel, an dem sich die mathematische Methode deutlich zeigt: Äquivalenz von $F_\sigma$ . $G_\delta$ und den »entwi-

---

12 **Phantasie**: Bei Aristoteles ist die Phantasie beziehungsweise Vorstellungskraft das Vermögen, Bilder von sinnlichen Wahrnehmungen und nicht sinnlichen Vorstellungen zu erzeugen. Als sinnliche Fähigkeit kommt sie auf unterster Stufe auch Tieren zu, über die sogenannte logische Vorstellung verfügen hingegen nur Menschen. Vgl. Aristoteles, ›De anima‹ III, 3, 428a 1ff. und 433b 29.

15 **erwarten**: Andere Lesart: erwartet. Was mit ›Erwarten‹ hier gemeint sein könnte, ergibt sich aus Fußnote 228 auf Seite 151 von: Aristoteles, ›Drei Bücher über die Seele‹, hrsg. und übers. von Julius Hermann von Kirchmann, Berlin (Heimann) 1871. Kirchmann weist dort darauf hin, dass der Hund vor dem bloß erhobenen Prügel flieht. Daher müsse mit πίστις / pistis (›De anima‹ III, 3, 428a 20ff.) etwas gemeint sein, das sich nicht auf dieses tatsächlich beobachtbare Verhalten von Tieren beziehen, da Aristoteles Tieren πίστις abspricht. In modernen Wörterbüchern wird ἡ πίστις mit Treue, Zuversicht, Glaube, Vertrauen (faithfulness, confidence, belief, trust) wiedergegeben.

21 $\subset$: Mathematisches Symbol für die Enthaltensein-Relation bzw. Teilmengenbeziehung, wie es auch beispielsweise in den ›Principia Mathematica‹ verwendet wird; dort steht $\subset$ für ›echte Teilmenge‹.

25 $F_\sigma$ . $G_\delta$: Als $F_\sigma$-Mengen und $G_\delta$-Mengen bezeichnet man spezielle Mengen in topologischen Räumen. In einem topologischen Raum $(X, O)$ ist eine Menge $F \subset X$ eine $F_\sigma$-Menge, wenn sie eine Vereinigung abzählbar vieler abgeschlosse-

ckelbaren« Mengen. Es wird die Konstruktion für eine durch »Eigenschaften« definierte Klasse von Dingen gegeben und dadurch diese Klasse »erkannt« [ähnlich: Konstruktion aller möglichen *Archimedisch* geordneten Körper oder *Stone*sches [210] Theorem über *Boole*sche Algebren]. Dabei sind aber die »Eigenschaften« selbst wieder durch Konstruktionen gegeben [wie überhaupt zum Beispiel die Eigenschaft *Borel*sche Menge, *Baire*sche Funktion, *analytische Menge etc.*], aber nicht durch eine einfache Konstruktion, sondern durch Kombination mehrerer [durch das . in $F_\sigma$ . $G_\delta$ ausgedrückt]. Auch Mengen I. *Kategorie* sind durch eine einfache *Konstruktion* bestimmt. Beispiel der Fruchtbarkeit einer »unbekümmerten« konstruktiven *Definition*: mein Beweis für Entscheidbarkeit aller algebraischen Sätze oder *Definition* des Restsymbols.

  ner Mengen in $X$ ist. Eine $G_\delta$-Menge ist ein Durchschnitt von abzählbar vielen offenen Mengen in $X$.
4 **Archimedisch geordneten Körper:** Ein geordneter Körper ist ein Körper $K$ zusammen mit einer linearen Ordnungsrelation $\leq$ auf $K$, die mit Addition und Multiplikation verträglich ist. Ein geordneter Körper ist genau dann archimedisch, wenn das archimedische Axiom (für alle $x > 0$ und $y > 0$ gibt es ein $n \in \mathbb{N}$ mit $x < ny$) gilt. Die reellen Zahlen $\mathbb{R}$ zum Beispiel bilden einen archimedisch geordneten Körper.
4 **Stonesches Theorem über Boolesche Algebren:** Nach dem Stoneschen Darstellungssatz für Boolesche Algebren ist jede abstrakte Boolesche Algebra einer Mengenalgebra isomorph.
7 **Borelsche Menge, Bairesche Funktion, analytische Menge:** Henri Léon Lebesgue hat gezeigt, dass die Menge der Baireschen Funktionen mit der der Borel-messbaren Funktionen zusammenfällt und diese mit der der analytisch repräsentierbaren Funktionen.
10 **Mengen I. Kategorie:** Eine Vereinigung von abzählbar vielen nirgends dichten Mengen wird nach Baire als Menge erster Kategorie bezeichnet. Dabei heißt eine Menge nirgends dicht, wenn ihr Abschluss ein leeres Inneres hat.
12 **mein Beweis für Entscheidbarkeit aller algebraischen Sätze:** Gödel äußert sich zum Begriff der Entscheidbarkeit im Vorwort zu seiner Dissertation »Über die Vollständigkeit des Logikkalküls« wie folgt: »Denn was bewiesen werden soll, kann ja als eine Art Entscheidbarkeit aufgefaßt werden (jeder Ausdruck des engeren Funktionenkalküls kann entweder durch endlich viele Schlüsse als allgemein giltig erkannt oder seine Allgemeingiltigkeit durch ein Gegenbeispiel widerlegt werden).« In: »Über die Vollständigkeit des Logikkalküls«, wiederabgedruckt in: ›Collected Works‹, Bd. I, S. 60–100, hier S. 62. Gödel selbst äußerte sich Hao Wang gegenüber 1967 dahingehend, dass sein Vollständigkeitssatz mathematisch gesehen lediglich eine fast triviale Konsequenz der Arbeit von Thoralf Skolem »Einige Bemerkungen zur axiomatischen Begründung der Mengenlehre« von 1923 gewesen sei. Vgl. Burton Dreben und Jean van Heijenoort, »Introductory note to 1929, 1930 and 1930a«, in: Gödel, ›Collected Works‹, Bd. I, S. 52.
13 **Restsymbols:** Mit dem Begriff des Restsymbols werden in der Zahlentheorie das Legendre-Symbol oder seine Verallgemeinerung, das Jacobi-Symbol, bezeichnet. Das Legendre-Symbol gibt an, ob die Zahl $a$ quadratischer Rest

*Bemerkung* (*Grundlagen*): Eine charakteristische Art von Beweis ist:
1.) Jede Aussage lässt sich auf die Form (φ) (∃$y$) φ(φ$y$) bringen [mit φ ≠ 0, $y$ ≠ 0]
2.) Jede $F_σ$-Menge A, in der M überall unabzählbar ist, lässt [211] sich als Summe abgeschlossener Mengen darstellen, in denen jedes M überall unabzählbar ist.
3.) *Herbrand*scher Beweis: $P ∨ P ∨ ... ∨ P → P$.
Dieser Beweis führt das Einfache auf etwas Kompliziertes zurück und ist daher nicht »elegant« und ich habe eine Hemmung ebenso wie bei den »unbekümmerten« *konstruktiven Definitionen* (*vgl.* vorige *Bemerkung* Schluss).

*Bemerkung* (*Grundlagen*): *Peanos Definition* von ɿx (und im Allgemeinen von beliebigen *Operatoren*):
Für jede Aussagefunktion φ(x) kann folgendes *Axiom* angenommen werden:
$(y)[φ(y) .≡. y = a] .≡. a = (ɿx) φ(x)$*
oder im Falle: bewiesen ist, dass es höchstens ein x φ(x) gibt
$φ(a) .≡. a = (ɿx) φ(x)$** [212]
[Der Übergang von ** zu * hat zur Folge: jedes φ ist in ein solches mit höchstens einer Lösung zu verwandeln.]
Falls es keine oder mehrere Lösungen gibt, so ist beweisbar:
$(ɿx) φ(x) ≠ (ɿx) φ(x)$, also, dass $x = x$ nicht als *Axiom* genommen wird, sondern für jede *Kategorie* von Objekten ein eigenes *Axiom* dieser Art. Dagegen $x = y ⊃ φ(x) ≡ φ(y)$. Allgemein: Auch die Einsetzungsregel gilt allgemein für beliebige Formeln (auch sinnlose *Terme* können eingesetzt werden). Es kann jetzt ein *ExistenzOperator* für Dinge eingeführt werden: $E! a .≡. a = a$.

---

5 **unabzählbar**: Andere Lesart: und abzählbar
7 **unabzählbar**: Andere Lesart: und abzählbar

modulo p oder quadratischer Nichtrest modulo p ist. Dabei muss a eine ganze Zahl und p eine Primzahl sein.
5 $F_σ$-Menge: Vgl. Erläuterung auf Manuskriptseite 209, Bemerkung Grundlagen 2.
8 **Herbrandscher Beweis**: Der Satz von Jacques Herbrand besagt das Folgende: Sei φ eine geschlossene prädikatenlogische Formel ohne Gleichheit, dann gibt es eine quantorenfreie Formel ψ, die aus φ berechenbar ist, sodass φ eine Tautologie ist genau dann, wenn es variablenfreie Substitutionsinstanzen von ψ gibt, sodass deren Disjunktion eine aussagenlogische Tautologie ist.
14 ɿ: Der von Giuseppe Peano eingeführte umgedrehte Jota-Operator ist die formal-semantische Repräsentation für eine definite Kennzeichnung und ist zu lesen als ›dasjenige Individuum, welches‹.

*Frage*: Ist diese ganze *Theorie* widerspruchsfrei? [213] Es ist in ihr jeder Unsinn von jedem Unsinn, sogar von sich selbst, verschieden.

*Bemerkung* (*Grundlagen*): Die »richtige« *Definition* von (ιx) ist wahrscheinlich im Fall, dass kein x existiert, *non-sense* (im Sinn von *Peano*; vgl. vorige *Bemerkung*). Falls aber mehrere Dinge existieren, ist es der »Typus« dieser Dinge [man vergleiche den Gebrauch des bestimmten Artikels in »der Franzose ist leidenschaftlicher als der Deutsche«]. Jede Aussage, die für ein einzelnes Ding des Typus sinnvoll ist, ist auch für den Typus sinnvoll und hat dann die Bedeutung: Gilt | für ein Ding, insofern (*inquantum*) es diesem Typus angehört. Das heißt, falls ein Ding keine andere »*positive*« Eigenschaft hat. Zum Beispiel: Eine Zahl > 10 ist ungerade (insofern [214] sie größer als 10 ist) [weil »gerade« die *positive* Eigenschaft ist*] und sie ist > 1000 [weil < 1000 die *positive* Eigenschaft ist].

*Frage*: Ist für jede Eigenschaft φ entweder φ oder ~φ eine *positive* Eigenschaft? – Diese Behandlungsweise des Typus wird auch in der Juris*prudenz* angewendet: Mord ist verboten im Prinzip (d. h. insofern er Mord ist; d. h. wenn nicht besondere Umstände dazutreten), und auch in der *Struktur* der Naturgesetze: Ein Stein fällt zur Erde, wenn nicht ein Wunder vorliegt [oder höhere Eingriffe vorliegen]. Auch in der Mathematik ist zunächst festzustellen, was »im Allgemeinen« gilt [d. h., wenn nicht besondere Umstände vorliegen]. *Extensional* wären die Aussagen über Typen als Aussagen über den Durchschnitt aufzufassen.

* Die ungeraden Zahlen sind dem Chaos näher.

[215]
*Bemerkung* (*Grundlagen*): Fälle, wo in der Mathematik vielleicht ein Rückgriff auf *intensionales* nötig ist:
1. *Kontinuums-Problem* und Auswahl*Axiom*.

---

12 **inquantum:** Siehe Erläuterung oben.
31 **Kontinuums-Problem:** Die von Georg Cantor aufgestellte Kontinuumshypothese besagt, dass es keine Menge gibt, deren Mächtigkeit zwischen der Mächtigkeit der natürlichen Zahlen und der (größeren) Mächtigkeit der reellen Zahlen liegt.
31 **AuswahlAxiom:** Nach dem Auswahlaxiom gibt es zu jeder Menge *M* von nichtleeren Mengen eine sogenannte Auswahlfunktion, die jeder Menge *N* aus *M* ein Element aus *N* zuordnet.

12: ›das‹ von der Editorin gelöscht

2. Eindeutige Kennzeichnung einer *analytischen* Funktion, welche an den ganzzahligen Punkten gegeben ist [z. B. $\Gamma(x)$].

3. Die »richtigen« *Repräsentanten* der Wachstumsordnungen (im selben Sinn wie $x^n$, $e^x$) [der $\omega^{\text{te}}$ *DifferentialQuotient* definiert durch *Approximation* mit der Funktion $e^{-\frac{1}{x^2}}$]. Das sind wahrscheinlich auch die in der *Analysis* nötigen Funktionen. Vielleicht ist die nächste die $\Theta$-Funktion?

4. Allgemein die *Definition* einer Funktion auf $\omega_1$, wenn man ein Verfahren hat, auf den Abschnitten zu definieren und immer weiter zu gehen (*Souslinsches Problem*, »richtige« Darstellungen der Ordinalzahlen < $\omega_1$ [216] als Summen kleinerer), vielleicht dadurch, dass sie invariant gegen »analytische« Ordinalzahlfunktionen ist oder dass sie sich analytisch in der Form $f^n$ darstellen lässt.

*Bemerkung* (*Grundlagen*): Der Aufbau der Mathematik mit Benutzung meiner *Hypothese A* ist der *extensionale* (von unten rauf),* der gewöhnliche Aufbau der Mathematik ist der *intensionale* (von oben runter), beginnend mit dem »*Chaos*«.

* Beginnend mit Nichts.

*Bemerkung* (*Psychologie*): Es gibt 3 Arten, nach denen ein Entschluss erzeugt werden kann:

1 **einer analytischen Funktion:** Eine Funktion, die lokal durch eine konvergente Potenzreihe gegeben ist, wird analytische Funktion genannt.
4 **Wachstumsordnungen:** Wachstumsordnungen charakterisieren Funktionen gemäß ihrer Wachstumsrate.
8 **$\Theta$-Funktion:** Carl Gustav Jacob Jacobi hat die unendlichen Produkte, durch deren Quotienten die elliptischen Funktionen dargestellt wurden, als selbstständige Transzendenten in die Analysis eingeführt. Er stellte diese Produkte in Reihenform dar. Die unendlichen Reihen, zu denen er dadurch gelangte, sind als ›Theta-Reihen‹ ($\Theta$-Reihen) oder ›Theta-Funktionen‹ ($\Theta$-Funktionen) einer Veränderlichen bekannt. Vgl. ›Maximen III‹, S. 97, Z. 9.
9 **$\omega_1$:** $\omega_1$ ist die kleinste überabzählbare Ordinalzahl.
11 **Souslinsches Problem:** Das Suslin-Problem oder die Suslin-Hypothese befasst sich mit der Charakterisierung der reellen Zahlen auf Grund ihrer Eigenschaften als geordnete Menge. Nach der Suslin-Hypothese ist jede linear geordnete, unbeschränkte Menge, die zudem vollständig und dicht ist und die Suslin-Bedingung erfüllt, isomorph zu den reellen Zahlen mit der üblichen Ordnung. Heute weiß man, dass diese Hypothese im System der Zermelo-Fraenkel-Mengenlehre weder beweisbar noch widerlegbar ist.
12 **Ordinalzahlen:** Vgl. Manuskriptseite 154 oben.
14 **Ordinalzahlfunktionen:** Für jede Klasse $K$ von Ordinalzahlen gibt es genau eine Ordnungsfunktion, d. h. eine streng monotone Abbildung von einem Ordinalzahlenabschnitt auf $K$.

3: | [dagegen vielleicht nicht für die *Definition* der Wachstumsordnungen?]
15 **darstellen lässt.:** Im Anschluss daran wurde Platz gelassen, wahrscheinlich, um die Liste ggf. fortsetzen zu können

1.) Abscheu und Lust hinsichtlich des unmittelbar zu Tuenden, [217]
2.) Evidenz der Richtigkeit,
3.) abstrakte (sprachliche) Überlegung; *

und 2 Arten der *psychischen* Verursachung:
1.) mit Dazutreten** der Reaktion (des Aktes),
2.) ohne solche: zum Beispiel, wenn ich etwas gesehen habe, so erinnere ich mich daran, gleichgültig, ob ich die Aufmerksamkeit bewusst darauf gerichtet habe oder nicht (nämlich während der Wahrnehmung).

\* Bei 3. stammt die Kraft »aus mir«, bei 1. und 2. von außen und zwar 1. beruhend auf Annahme, 2. beruhend auf Handlung.
\*\* Das heißt durch Vermutung.

<u>Bemerkung</u> (*Grundlagen*): Wesen der variablenbindenden Operationen: Es sind unendliche Operationen $\varphi(a_1) \cdot \varphi(a_2) .. \varphi(a_n)$; also Teil der Sprache mit unendlichen *Intensionen*.

<u>Bemerkung</u> (*Grundlagen*): <u>1.)</u> Gibt es unreduzierbare Combinationen? Zum Beispiel: $a + b$; aber vielleicht $= a (+ b)$ oder $= + (a, b)$.
<u>2.)</u> Ist $a + b$ eine Kombination von [218] 3 oder von 4 Dingen? (Das 4$^{\text{te}}$ »Ding« wäre die Anwendung, das führt nicht zu einem unendlichen Regress der Elemente, sondern höchstens zu einem unendlichen Regress der Aufbaustruktur aus teilweise miteinander identischen Elementen).

<u>Bemerkung</u> (*Grundlagen*): Die Äquivalenz: $x \,\varepsilon\, afb \equiv (u) [u \,\varepsilon\, b \rightarrow xu \,\varepsilon\, a]$ gilt nur, falls Nebeneinanderschreiben\*\*\* = Anwendung; aber häufig nicht, zum Beispiel: $\underline{a} \pm \underline{b}$ (hier hat das Nebeneinanderschreiben keinen Sinn) oder $a \times b = a\,b$.

\*\*\* Das heißt »Kombinieren«.

<u>Bemerkung</u> (*Grundlagen*): Vielleicht ist die Identifizierung der *positiven* Zahlen mit absoluten und der ganzen Zahlen mit natürlichen *etc.* ein Mittel, das »Wesen« der absoluten (natürlichen) Zahlen zu erkennen. Es sind Operationen, [219] die auch auf sich angewendet werden können. Das heißt, es wird die Operation der Anwendung für sie definiert oder sie werden im philosophischen Sinn mit etwas anderem als identisch erkannt (wobei das andere aber sie selbst enthalten kann).

1 und Lust: Andere Lesart: Unlust
16: ›Contrinationen‹ von der Editorin verbessert in ›Combinationen‹
34 **werden**: Andere Lesart: wird
35: ›Sinn‹ von der Editorin verbessert in ›sie‹

*Bemerkung* (*Grundlagen*): *Brouwersche Definition* der Ordinalzahl:
1.) 0 und 1 sind Ordinalzahlen.
2.) Wenn $f_i$ eine Folge von Ordinalzahlen ist, so auch
$f_1 + f_2 + .. + f_i + ..$ [Dabei kann als *Kategorie*, zu welcher die Ordinalzahl gehört, entweder das unendliche Verzweigungsschema genommen werden oder eine Funktion ganzer Zahlen beliebigen Typus; das heißt, $f(i_1) .. (i_n) \varepsilon N$ für den Anfangsabschnitt jeder Folge $i_1 .. i_n$.]
3.) Nur das, was auf diese Art erhalten werden kann, ist eine Ordinalzahl.

3 kann nur bedeuten: Wenn man das Symbol *Ord* einführt, [220] so ist {ein Objekt $a$} eine Ordinalzahl {dann und nur dann, wenn} man auf Grund der Axiome 1, 2 für *Ord* rein formal (aber *intuitionistisch* formal) beweisen kann $a \varepsilon Ord$, das heißt auf Grund der *intuitionistischen Bedingungen* der formalen *Implikation*: $x \varepsilon Ord \equiv 0, 1 \varepsilon K . (f) [(i) [f_i \varepsilon K] \supset f \varepsilon K]: \supset_K x \varepsilon K$.

*Bemerkung* (*Philosophie*): Behauptungszeichen:
1. *Objektiver* Sinn:
⊢$A$ bedeutet einen wirklichen Sachverhalt oder nichts.
$A$ bedeutet einen möglichen Sachverhalt.
2. *Psychologischer* Sinn:
Der Zweck von ⊢$A$ (als solches, im Prinzip, *inquantum* behauptet) ist, Glauben zu erwecken. Sowie nicht tatsächlich etwas behauptet wird, so ist sein Sinn die Möglichkeit, Glauben zu erwecken. Dagegen ist es der Zweck von $A$, Verständnis zu erwecken.

---

1 **Brouwersche Definition der Ordinalzahl:** Brouwer lehnt Cantors transfinite Ordinalzahlen ab, da sie sich nicht konstruieren lassen. Vgl. Brouwers ausführliche induktive Definition der Ordinalzahlen und der wohlgeordneten Ordinalzahlen in: »Begründung der Mengenlehre unabhängig vom logischen Satz vom ausgeschlossenen Dritten. Erster Teil: Allgemeine Mengenlehre«, in: ›Verhandelingen der Koninklijke Akademie van Wetenschappen te Amsterdam‹, eerste sectie, 12, Nr. 5, S. 3–43, hier S. 13–43. Maria Hämeen-Anttila verdanke ich den Hinweis, dass Gödel den Aufsatz »Begründung der Mengenlehre unabhängig vom logischen Satz vom ausgeschlossenen Dritten« 1941 gelesen hat. Vgl. dazu die entsprechende Erläuterung oben zu Manuskriptseite 154.
11 **Ord:** ›Ord‹ ist das Symbol für die Gesamtheit der Ordinalzahlen, die keine Menge, sondern eine echte Klasse ist, weil die Annahme einer Menge aller Ordinalzahlen zu Widersprüchen führt. In der intuitionistischen Logik muss die Gesamtheit der Ordinalzahlen ein finites Konstrukt sein.
20 ⊢$A$: ⊢ Der performative Akt der Behauptung wird in Freges formaler Notation durch diesen Urteilsstrich oder Performator wiedergegeben.

[221]

*Bemerkung* (*Grundlagen*): Methode zur Lösung jedes *Problems* (*Fortsetzung von p.* 163f.). Das Problem wird *approximiert* durch Abschwächungen und Beweisideen (eine Beweisidee ist eine Verstärkung, nämlich die Konjunktion einer endlichen Menge von nötigen *Hilfssätzen*). Die Widerlegung einer Beweisidee soll eine schwächere ans Licht bringen, ebenso soll das der Beweis einer Abschwächung tun. Nach endlich vielen Schritten (auf einzelne Beweisideen und Abschwächungen selbst angewendet) erfolgt entweder Widerlegung einer Abschwächung oder Gelingen einer Beweisidee, vorausgesetzt, dass immer die nächste »vernünftige« Abschwächung (Beweisidee) genommen wird. Die vernünftige (d. h. naheliegendste) Beweisidee wird wahrscheinlich insofern durch Aufsteigen zum nächsten Typus gewonnen, [222] als man den Satz unter eine Klasse von Sätzen subsumiert und dadurch *simplifiziert* (z. B. im Falle, dass ein einzelnes *Polynom* gegeben ist) und dann alle Sätze der Klasse simultan zu beweisen sucht.* Die einzelnen Schritte müssen einfach sein [das lässt sich nicht mechanisieren, sondern nur verstehen]. Dieses Verfahren kann wahrscheinlich durch Anwendung auf sich selbst beschleunigt werden.

Ein als unlösbar geltendes Problem ist ein solches, wo man das Verfahren viele Schritte erfolglos angewendet hat. Aus diesem Grund liefert meist auch eine als falsch sich erweisende Beweisidee Resultate und schließlich eventuell die Lösung des *Problems*. {*Fortsetzung p.* 236}

* Wenn also $P(x) \supset Q(x)$ zu beweisen ist, so sind die Beweisideen $P_i(x) \supset Q(x)$; wobei $P(x) \supset P_i(x)$. Die $P_i$ werden systematisch durch »natürliche Einteilung« ...; vgl. p. 228, dort Fortsetzung des Satzes.

[223]

*Maxime*: Wo mehrere Beweisideen möglich sind, nicht die eine auf Kosten der anderen vernachlässigen, ebenso wie nicht den Beweis von $P$ gegenüber $\sim P$.

*Bemerkung* (*Philosophie*): Es gibt 2 einfache Beziehungen zwischen Begriffen und Gegenständen: 1.) ε, 2.) die natürliche Bedeutungsrelation. Vielleicht fallen diese in irgendeinem Sinn zusammen** (sicher bei der Bilderschrift). Das Verständnis irgendeines Gebietes besteht darin, die Begriffe zu finden, unter denen die Erscheinungen subsumiert werden (Geschichte). Vielleicht auch die

** Das ist der Fall für einzelne Tatsachen und entsprechend allgemeine Gesetzmäßigkeiten.

33 ε: Vgl. die Erläuterung zu Manuskriptseite 195 oben.
33 **Bedeutungsrelation:** Vgl. zu ›Bedeutungsrelation‹ auch die Angaben zu Manuskriptseite 153, Einfügung am oberen Rand der Seite.

6 **nötigen:** Andere Lesart: einigen
28 **Maxime:** Mehrmals fett unterstrichen

Begriffe, welche die Erscheinungen »symbolisieren«? Vielleicht ist das ein besserer Zugang. Vielleicht sind alle historischen Erscheinungen bloß ein* System von theologischen (moralischen) Sätzen. Auch in der Mathematik fallen die Begriffe niederen Typus unter die Begriffe [224] höheren Typus und symbolisieren sie andererseits. Es gibt gewisse Dinge, unter welche nichts mehr fällt (welche nur Gegenstand und nicht mehr Begriff sind): die ungeformte Materie, und solche, welche nur Begriff sind und nicht zu Gegenständen gemacht werden können (die Allmenge).

* »Fleisch gewordenes«.

<u>Maxime</u> {(*Philosophie*)}: Vielleicht ist die richtige Frage, die zum Verständnis eines Gebiets führt: Was bedeutet das? Was ist der Sinn der Sache? *vgl. p. 226*.

<u>Bemerkung</u> (*Grundlagen*): Vielleicht gibt es für jede ganze Zahl eine »natürliche« *Definition*, welche es zum Beispiel erlaubt, sofort die natürliche *Definition* des Produkts aus denen der Faktoren zu finden, und außerdem die *n*te Ziffer der betreffenden Zahl sofort zu bestimmen gestattet. Vielleicht ist das Verfahren der Rechenkünstler, sich beliebig lange Zahlenfolgen zu merken, das, dass sie sich die natürliche *Definition* [225] der Folge merken (welche z. B. auch das Hersagen in verkehrter Reihenfolge gestattet). Die natürliche *Definition* in Worten ausgedrückt kann selbstverständlich nicht wesentlich kürzer sein als die Zahl selbst, aber sie ist »verständlicher« (vielleicht sogar die spezielle *Definition*, um die es sich handelt, aus der Situation, in der sie auftritt). Es ist derselbe Unterschied, als wenn man ein Gedicht in einer fremden Sprache oder in der Muttersprache auswendig lernt. Oder wenn man die wahren Sätze einer fremden Sprache sich als Lautkombinationen »mechanisch« merken sollte. Dasselbe ist der Grund, warum man sich den »richtigen« Beweis leicht merkt, und überhaupt ist das wahrscheinlich das Geheimnis des Gedächtnisses und der Vorstellungskraft. Auch das Blindspiel im Schach geschieht wahrscheinlich durch Erfassen der Idee der Stellung. Ebenso bei historischen [226] Ereignissen.

8: ›.‹ von der Editorin verbessert in ›,‹
11 **Maxime:** Mehrmals fett unterstrichen
17 **aus:** Andere Lesart: von

9 **Allmenge:** Bereits die zweite Cantorsche Antinomie zeigt, dass es keine Menge aller Mengen gibt, sondern ihre Annahme zu Widersprüchen führt.
33 **Blindspiel:** Beim Blindschach spielt mindestens einer der Spieler ohne Ansicht des Schachbrettes und muss sich die Stellung aller Schachfiguren der Partie merken. Die Spielzüge werden mittels der Schachnotation mitgeteilt.

<u>Bemerkung</u> {(*Philosophie*)}: Die Bedeutung (Sinn)\* der historischen Ereignisse sind moralische Wahrheiten. Was aber ist der Sinn zum Beispiel der mathematischen Sachverhalte (was lehren sie)? Vielleicht:

\* Das heißt: Was lehrt die Geschichte (die Mathematik)?

1. Der Verstand herrscht in seinem Gebiet vollkommen (kann jedes Problem kurz und elegant lösen, vorausgesetzt, dass man es richtig anpackt).
2. Das {eigentliche} Gebiet des menschlichen Verstandes sind die natürlichen Zahlen und nur diese.

? [3. Die höheren Ideen beherrschen die niederen vollkommen.]

4. Nur durch sachliche und unvoreingenommene Einstellung zu einer Sache ist ein Erfolg zu erzielen, dann aber ein vollkommener Erfolg.
5. Der hat, dem wird gegeben. Der kleinste {wirkliche} Erfolg führt bereits zur Lösung des Problems.
6. Wie ungeschickt man auch etwas anpackt, wenn man nur weitergeht, ohne sich beirren zu lassen, kommt man schließlich ans Ziel. [227]
7. Bescheidenheit trägt zum Erfolg bei.
8. (= 1′) Es gibt immer zu viele Beziehungen, um alles durchblicken zu können.

*obj*ektiv

9. Es ist alles in vollkommen *aesthetischer* Weise angeordnet.
10. (= 2′) Auch in den Gebieten, welche den menschlichen Verstand übersteigen, kann man genug beweisen, um | klar zu sehen, was wahr ist (ohne es beweisen zu können).
11. Nur das Verständnis {das heißt der Geist Gottes} einer Sache eröffnet den Weg zum Wissen. Dann aber auch vollkommen. → [228]

*obj*ektiv

12. Es gibt alles entweder vollkommen oder gar nicht (alles ist entweder vollkommen wahr oder vollkommen falsch).
13. Der Mensch ist durch sich selbst (d. h. ohne fremde Unterweisung) nichts.

Nur 9. und 12. drücken etwas die mathematischen Sachverhalte selbst Betreffendes aus, dagegen alle übrigen Punkte ihr Verhält-

20: ›so‹ von der Editorin verbessert in ›zu‹
22: ›objektiv‹ steht im Manuskript vor ›9.‹
25: | die Wahrheit
29 →: Der Pfeil zeigt auf die Fortsetzung der Liste auf der folgenden Seite
30: ›objektiv‹ steht im Manuskript vor ›12.‹

3 **mathematischen Sachverhalte:** Vgl. zu ›mathematischer Sachverhalt‹ Manuskriptseiten 248, Bemerkung Grundlagen 1; 250f., Bemerkung Philosophie 1; 262f., Bemerkung Grundlagen 1.

nis zum Verstand. Und zwar drücken diese aus: Man hat alle Kraft bekommen, die man braucht. Um zum Ziel zu kommen, ist es notwendig und hinreichend, sie richtig anzuwenden, und dazu ist nicht viel erforderlich (aber etwas ist wirklich erforderlich). Und dass es so ist, ist nicht eine »natürliche«, sondern eine »übernatürliche« Sache [d. h. nur durch Gottes Hilfe möglich].

[227]
<u>Bemerkung</u> (*Grundlagen*): Wahrscheinlich kann man innerhalb des Gebietes der natürlichen Zahlen nicht nur alle Sätze entscheiden, sondern auch alle Begriffe definieren. Das heißt, die Quantoren reichen aus [denn nur diese sind es, durch welche Begriffe über das Unendliche definiert werden]. In den höheren Theorien reichen die Quantoren wahrscheinlich nicht mehr aus [andere Logik der Engel].

[228]
*Fortsetzung p. 220*

Die $P_i$ werden systematisch durch »natürliche Einteilung« der Kategorie der $P(x)$ und *Approximation* des Begriffs $P$ gewonnen [z. B. $P(x) = x$ ist eine ganze Zahl, $P_1(x) = x$ ist eine reelle Zahl, $P_3(x) = x$ ist eine reelle Zahl $|x| \geq 1 \vee x = 0$]. Eine andere Beweisidee entsteht durch richtige »Einteilung« der Kategorie $P$, das heißt:
$P(x) \supset . Q_1(x) \vee Q_2(x)$
$Q_1(x) \supset Q(x) . Q_2(x) \supset Q(x)$

[229]
<u>Bemerkung</u> (*Grundlagen*): Fälle, in denen es fraglich ist, welches die | Reihenfolge der Symbole in der richtigen Bezeichnung ist:
1. $xRy$ oder $(x\,y) \, \varepsilon \, R$
2. $fx$ oder $xf$
3. $a^b$ oder $b[a]$
4. Ist das Tripel zu definieren: $\langle\langle x\,y\rangle\,z\rangle$ oder $\langle x\,\langle y\,z\rangle\rangle$?
5. Ist $R'x = \imath y\,yRx$ oder $= \imath y\,xRy$?

6 **Gottes Hilfe:** Andere Lesart: göttliche Hilfe
6 [d. h. nur durch Gottes Hilfe möglich].: Anschließend ist Platz für weitere Eintragungen gelassen
30: | richtige

1 **Man hat alle Kraft bekommen, die man braucht:** Vgl. ›Maximen III‹, S. 54, Z. 1–3.
35 $R'x = \imath y\,yRx$: Das inverse Iota ist der Iota- oder auch Kennzeichnungsoperator. Er wird für definite Kennzeichnungen verwendet und ist zu lesen als »dasjenige«. Verbreitung fand diese Verwendung über die ›Principia Mathematica‹ von Whitehead und Russell.

6. Für geordnete Menge: Ist $a \times b$ die *lexikographisch* oder *anti-lexikographisch* geordnete Menge?
[5.' Es soll sein $xRy \equiv x = R'y$ oder $xy \,\varepsilon\, R \equiv x = yR$]
Vielleicht gibt es 2 in sich konsistente Systeme, das »rechtshändige« und das »linkshändige«.

*Bemerkung* (*Grundlagen*): $a \times b$ hat 2 Bedeutungen:
1. $b$ $a$-mal genommen. [230]
2. $a$ $b$-mal genommen (Unterschied des »bekannten« unbekannten Faktors und Unterschied bei geordneten Mengen).
Im ersten Fall ist $b$ das Argument und $a$ die Funktion, im $2^{ten}$ Fall umgekehrt. In $a^b$ ist offenbar $b$ die Funktion und $a$ das Argument (in der *Definition* von $a^b$). Andererseits muss man zur *Definition* der | Operation nächster Stufe die Funktion $a^x$ iterieren (die Funktion $x^a$, iteriert, gibt $x^{(a^n)}$, lässt sich also durch die vorhergehende Funktion ausdrücken, anders als bei *Multiplikation* und *Addition*, wo beide Iterationen nicht durch niedrigere ausdrückbar sind). Um etwas Neues zu erreichen, muss man also das Verhältnis *Argument* – Funktion, wie es in der *Definition* vorkommt, umkehren [die Funktion zum Argument machen, das ist *Diagonal*-Verfahren und nächsthöherer Typus].

[231]
*Bemerkung* (*Grundlagen*): Dass man eine »Anschauung« vom Kontinuum und eine »Evidenz« der diesbezüglichen Sätze hat, bedeutet, dass hier eine Idee (die beliebige Menge ganzer Zahlen) durch ein anderes Organ als den abstrakten Verstand wahrgenommen wird [sie ist gewissermaßen »Fleisch« geworden und das anschauliche Kontinuum ist in gewissem Sinn das »richtige« Symbol dieser Idee, ebenso wie ein Löwe das der Stärke]. Insbesondere erscheint die Tatsache, dass das Kontinuum ein Gegenstand höheren Typus

---

1 **geordnete Menge:** Eine geordnete Menge ist eine Menge zusammen mit einer reflexiven, antisymmetrischen und transitiven Relation auf dieser Menge.
1 **lexikographisch:** Ein Beispiel für eine lexikographisch geordnete Menge sind Wörter im Wörterbuch. Es ist eine geordnete Menge mit der Relation »kommt vor« bzw. »kommt vorher«. Bei einer lexikographisch geordneten Menge geht man von einer Ordnung auf den einzelnen Zeichen zu einer Ordnung der daraus gebildeten Zeichenreihen über, indem man sie nach dem ersten Zeichen ordnet, an dem sie sich unterscheiden.
20 **Diagonal-Verfahren:** Vgl. Bemerkung Grundlagen auf Manuskriptseiten 197f.
27 **abstrakten Verstand:** Der Verstand ist das Wahrnehmungsorgan für die Begriffe. Vgl. ›Philosophie I Maximen 0‹, S. 88, Z. 13; dort auch S. 101, Z. 22–26; 117, Z. 26f.

9 **unbekannten:** Andere Lesart: und bekannten
12: ›Ist‹ von der Editorin verbessert in ›In‹
14: ›nach‹ von der Editorin gelöscht

ist, anschaulich darin, dass es nicht die »Summe« seiner Punkte ist. Der Unterschied zwischen $p$ und $\{p\}$ ist der zwischen Punkt als »Stelle im Raum« und Punkt als Raumteil.

*Bemerkung* (*Grundlagen*): Die Antinomien der | Mengen- [232] lehre sind nicht *Antinomien* in der Mathematik, sondern an der Grenze der Mathematik.

*Bemerkung* (*Grundlagen*): Es ist erstaunlich, dass man in endlich vielen (und nicht einmal sehr vielen) Worten eine Zahl definieren kann, welche die Sandkörner [Atome] in der ganzen Welt übertrifft (und noch <u>weit</u> größere Zahlen). Das heißt: Die Idee beherrscht die materielle Welt vollkommen.

*Bemerkung* (*Grundlagen*): Wenn eine Sprache ein System von Zeichen zusammen mit einer Bedeutungsrelation ist (diese bezeichnet eine von empirischen Faktoren unabhängige Relation), so ist eine <u>Real*Definition*</u> in dieser <u>Sprache</u> für einen Begriff <u>$A$</u> ein Satz der Form $A = B$, wobei $A$ und $B$ dasselbe bedeuten. [233] Eine Nominal*Definition* dagegen ist eine Relation zwischen den Ausdrü-

---

2 $\{p\}$: Hier nicht als Einfügung zu lesen, sondern als Menge, die genau das Element $p$ enthält.

5 **Antinomien:** Vgl. zu den Antinomien der Mengenlehre die Manuskriptseiten 180, Bemerkung Grundlagen 2; und 245, Bemerkung Grundlagen 1 in diesem Band; sowie in ›Zeiteinteilung (Maximen) I und II‹, S. 146, Z. 2f; Addendum III, 1v, S. 238, Z. 6–8; ›Maximen III‹, S. 94f., Z. 33–12; 126, Z. 6–19; und 164, Z. 17–19.

6 **an der Grenze der Mathematik:** Die Bemerkung erinnert an Hermann Weyls Eröffnung in »Über die neue Grundlagenkrise der Mathematik«, in: ›Mathematische Zeitschrift‹ 10 (1921), S. 39–79, hier S. 39: »Die Antinomien der Mengenlehre werden gewöhnlich als Grenzstreitigkeiten betrachtet, die nur die entlegensten Provinzen des mathematischen Reichs angehen und in keiner Weise die innere Solidität und Stabilität des Reiches selber, seine eigentlichen Kerngebiete gefährden können.« Das Zitat geht dann allerdings bei Weyl wie folgt weiter: »In der Tat: jede ernste und ehrliche Besinnung muß zu der Einsicht führen, daß jene Unzuträglichkeiten in den Grenzbezirken der Mathematik als Symptome gewertet werden müssen; in ihnen kommt an den Tag, was der äußerlich glänzende und reibungslose Betrieb im Zentrum verbirgt: die innere Haltlosigkeit der Grundlagen, auf denen der Aufbau des Reiches ruht. Ich kenne nur zwei Versuche, das Übel an der Wurzel zu packen. Der eine rührt von Brouwer her; schon seit 1907 liegen gewisse richtunggebende Ideen der von ihm angestrebten Reform der Mengenlehre und Analysis vor; doch hat er erst in den letzten Jahren seine Ansätze zu einer konsequenten Lehre ausgebildet.« ›1907‹ bezieht sich auf Brouwers Doktorarbeit ›Over de grondslagen der wiskunde‹.

16 **Bedeutungsrelation:** Vgl. zu ›Bedeutungsrelation‹ auch die Angaben zu Manuskriptseite 153, Einfügung am oberen Rand der Seite.

cken zweier Sprachen [die Nominal*Definition* A erweitert die Sprache *B* zu der Sprache *C*]. Das heißt, sie ist Sprache schaffend. Eine Aussage der Form »*A* definiert das Zeichen *B* durch *U*« bedeutet: *A* schlägt eine Spracherweiterung vor (oder <u>verwendet eine Spracherweiterung</u>\* zu einem Beweis etc.). <u>Problem</u>: Man macht eine systematische Theorie (d. h. *Definitionen* durch einander und einfachste Verhältnisse) für Begriffe wie: Glaube, Behauptung, Sprache, Bedeutung, Axiome, Beweis, Schluss, *Definition*, präzise Sprache, Grundbegriff.

<u>Bemerkung</u> {(*Grundlagen*)}: Man kann jeden Satz in den Grundsymbolen fast ebenso kurz aussprechen als mit *Definition*, indem man die *Definition* als *Implicans* vorausschreibt.

[234]
<u>Bemerkung</u> {(*Grundlagen*)}: Im Satz: »*Lebesgue* beweist für sein *Integral*« bedeutet »sein *Integral*«: das von ihm dort und dort Definierte.

Im Satz: »*A* beweist für das *Lebesguesche Integral*« bedeutet es das so und so definierte *Integral*.

<u>Bemerkung</u> (*Grundlagen*): Für jedes Problem gibt es wahrscheinlich nur endlich viele (oder abzählbar viele) Möglichkeiten, wie im Beweis die Konstruktionen liegen können [in dem Sinne, dass sie in allen Axiomen so liegen und sich diese Eigenschaft durch Schlussregeln überträgt]. Ein Begriff von »absolut« beweisbar, welcher dies auf »absolut definierbar oder konstruierbar« zurückführt, ist der, dass ein [235] Satz sicher dann nicht beweisbar ist, wenn für keine der Möglichkeiten hinsichtlich der Lage der Konstruktionen entsprechend definierbare Funktionen existieren. Das setzt voraus, dass man | den Begriff »definierbare Funktion« zunächst im absoluten Sinn präzisiert hat. Was aber angesichts der *Church*schen Ergebnisse und der Vollständigkeit der Sprache der absoluten Mengenlehre vielleicht nicht aussichtslos ist.

\* [234] Das Merkwürdige ist, dass die Spracherweiterung in der alten Sprache exakt beschrieben werden kann [außer wenn es sich um einen neuen Grundbegriff handelt, dann ohne Bedeutungsrelation]. {Das wirft ein interessantes Licht auf die Konstruktion einer Sprache »aus einem Ei«.} {Aber sogar bei einem neuen Grundbegriff ist die Beschreibung möglich durch: dasjenige *y*, für welches $a : b = c : y$, wobei $a\, b\, c$ bekannt sind.}

5\*: Das wirft ein interessantes Licht auf die Konstruktion einer Sprache »aus einem Ei«.: Der Satz steht vor dem vorangegangenen Satz, wird aber, angezeigt durch einen Pfeil, dahinter gesetzt.
5\*: Dasjenige *y*, für welches $a : b = c : y$, wobei $a\, b\, c$ bekannt sind: Der Satz steht am Anfang der Fußnote, wird aber, angezeigt durch einen Pfeil, an ihr Ende gesetzt
5 **macht**: Andere Lesarten: machte, mache
22 **Bemerkung**: Im Manuskript viermal unterstrichen
31: ›zunächst‹ von der Editorin gelöscht

13 **Implicans**: ›Implicans‹ bezeichnet das Antezedens einer Implikation.
26 **Begriff von »absolut« beweisbar**: Vgl. den Anhang »Resultate Grundlagen IV« zu der Einleitung dieses Bandes.
32 **Churchschen Ergebnisse**: Verweis auf Arbeiten des Logikers und Mathematikers Alonzo Church.

*Frage* {(*Grundlagen*)}: Kann man vielleicht das Auswahlaxiom bei entsprechender Lage der Konstruktionen beweisen**?** [Das würde vielleicht nicht notwendig den Beweis im gewöhnlichen Sinn zur Folge haben**?**]

*Bemerkung* {(*Grundlagen*)}: Damit die Frage, welche Anbringung von Konstruktionen möglich ist, überhaupt gestellt werden kann, muss der Satz erst mit richtiger Verwendung von Existentialzeichen geschrieben werden. [Zum Beispiel ist der *Fermatsche Satz* nicht ein Satz ohne Existentialzeichen, [236] wie sich herausstellt, wenn man ihn zum Beispiel durch eine Frage über ein *Polynom* ausdrückt.]

*Bemerkung* (*Grundlagen, Fortsetzung von p.* 221): Methode zur Lösung jedes Problems: Die Dinge (Begriffe), welche in dem Theorem in Beziehung gesetzt werden, müssen zuerst »erkannt« werden. Das geschieht, indem gezeigt wird, wie die noch teilweise unbestimmten (»*chaotischen*«) Gegenstände (z. B. *topologischer* Raum) aus strukturreicheren (mehr geordneten) sämtlich gewonnen werden können (z. B. aus metrischen Räumen). Das sind dann die fruchtbaren Existenzsätze (z. B. der Wohlordnungssatz). Wenn man bis zu einem *maximalen* Strukturreichtum vorgedrungen ist, sieht man die Beziehungen am leichtesten (das sind dann nur Sätze der Form $A \vee B \supset A \vee B \vee C$). [237]

Insbesondere zum Beispiel ist das *Souslinsche* Problem dadurch zu lösen, dass man zeigt, man kann eine Algebra einführen. Insbesondere gibt es wahrscheinlich für jede natürliche Zahl eine gewisse *Maximal*-Struktur, welche diese Zahl bestimmt, und zwar derart, dass die Beziehungen der *maximal*-Struktur leicht zu sehen sind [und die einfachen Begriffe *Addition, Multiplikation* zerfallen dann vielleicht in viel schwächere (d. h. strukturreichere)]. Insbesondere ist wahrscheinlich auch die Zuordnung der Abzählungen zu den Ordinalzahlen ein derartige Struktur im Bereich der zunächst »*chaotischen*« Ordinalzahlen (welche auch in jeder einzelnen eine Struktur definiert {jede kann so erhalten werden}). Die Darstellung der gan-

---

8   **Existentialzeichen:** Ältere Bezeichnung für Existenzquantoren.
9   **Fermatsche Satz:** Der Fermatsche Satz behauptet, dass es keine natürlichen Zahlen $n > 2$ gibt, für welche die Gleichung $x^n + y^n = z^n$ für positive natürliche Zahlen $x, y, z$ lösbar ist. Der Satz wurde erst 1994 von Andrew Wiles bewiesen.
25  **Souslinsche Problem:** Vgl. Erläuterung zu Bemerkung Grundlagen auf Manuskriptseite 215.

31 **viel schwächere:** Andere Lesart: viele schwächere

zen Zahlen durch 1 + 1 + 1 .. + 1 ist eine falsche und irreführende Darstellung durch die Struktur (jede Zahl kann so erhalten werden, aber die dadurch gegebene Struktur [238] lässt nichts erkennen).

*Bemerkung* (Grundlagen): Manche Beweise geben sicherlich nicht den wahren Grund an, sondern verdanken ihre Entstehung einem »zufälligen« Umstand [z. B. der *Dirichlet*sche fürs Nicht-Verschwinden der Reihe $\sum_n \left(\frac{D}{n}\right)$. Der Beweis geht schon nicht mehr, wenn man statt $\left(\frac{D}{n}\right)$ irgendeine Aufteilung der Restklasse in +1 und −1 nimmt, der Beweis aus den wahren Gründen hätte irgendwie aus dem Nicht-Verschwinden einer »*Determinante*« (im weitesten Sinne) vorzugehen, ebenso wie der wahre *Transcendenz*-Beweis für π]. Diese Beweise täuschen eine gesetzmäßige Beziehung vor, wo in Wirklichkeit keine ist. Aber diese Art von Beweis gibt vielleicht »unverständliche« Abkürzungen. Für Beweise von der obigen Art [d. h. für $a \neq 0$] genügt es, irgendwelche Linien im *Chaos* zu ziehen, bloß um die in Betracht kommende Mannigfaltigkeit der Möglichkeiten [239] überhaupt zu übersehen. So spezielle Gesetzmäßigkeiten wie die verwendeten sind überflüssig. Die »richtigen« Linien sind die, wo man aus beiden Seiten der Einteilung etwas schließen kann [d. h. Halbierung**?**].

*Bemerkung* (*Philosophie*): Eine Zirkel*Definition* (z. B. der philosophischen Grundbegriffe oder der logischen), das heißt, *Definitionen* der Form φ = F(φ ψ . .), hat den Sinn eines *Approximations*-Verfahrens. Das heißt, wenn man für φ, ψ nur ganz angenäherte Begriffe (oder unbestimmte) einsetzt, so sind die so erhaltenen φ, ψ genauer, und das kann iteriert werden.

*Bemerkung* (*Philosophie*): Die Gleichsetzung: Idee = Geist | von *Thomas* kann so verstanden werden: Das Verstehen einer Idee {A} kommt auf dasselbe hinaus wie das Haben eines *Instinktes*, wel-

---

7 **Dirichletsche fürs Nicht-Verschwinden der Reihe:** In dem nach ihm benannten Primzahlsatz hat Peter Gustav Lejeune Dirichlet das Nicht-Verschwinden gewisser unendlicher Reihen gezeigt.

13 **Transcendenz-Beweis für π:** Einer der Beweise der Transzendenz von π stammt von David Hilbert; ob es der »wahre« ist, muss offen bleiben. Vgl. dessen Aufsatz »Über die Transcendenz der Zahlen e und π«, in: ›Mathematische Annalen‹ 43 (1893), S. 216–219.

31 **Idee = Geist:** In einer bekannten Stelle bei Thomas von Aquin heißt es: »So besteht das Bild des Hauses im Geist des Baumeisters voraus. Und dieses kann die Idee des Hauses genannt werden, weil der Künstler bestrebt ist, das Haus der

31: ›,‹ von der Editorin gelöscht

* [240] Das heißt, angesichts gewisser Wahrnehmungen von Wirklichkeit oder Möglichkeit.

cher in gewissen Situationen* einen veranlasst zu sagen: »*est A*«, in gewissen anderen: »*non est A*«. Das ist eine [240] Reaktionsweise, welche die Vermittlung bildet für eine »eingreifende« Handlungsweise. {→ Nämlich diese Reaktionen bilden ein Netz und die Reaktionen sind entsprechend *bonum* (*malum*) *est*. Bezogen auf ausführbare Handlungen hat dies zur Folge [oder mindestens eine »Tendenz« auf diese]: Es folgt: **?**Wenn unser Urteil ganz passiv ist, dann »handeln« wir überhaupt nicht (oder zumindest nicht vernünftig).} → {Oder wäre es dann ein »Sich-Fügen« oder das Wählen des Guten?}.

Wenn »objektiv« [d. h. in den Sinneswahrnehmungen] keine Fundierung vorliegt [indem bei gleichen Sinneswahrnehmungen verschiedene Reaktionen oder die Unterschiede zu gering sind, um eine Verschiedenheit zu rechtfertigen, oder die Idee offensichtlich künstliche Einteilungen als unmittelbar wahrnehmbar ergibt], so handelt es sich um einen Geist und nicht um eine Idee.

Das Sprachgefühl ist wahrscheinlich objektiv fundiert (Gehirn, Wahrnehmung). Manche metaphysische Ideen sind vielleicht »böse Geister«. Die objektiv fundierten Ideen sind vom Heiligen Geist eingegeben**?** – Die von Lügengeistern eingegebenen Ideen [und zugehörigen Evidenzen] entsprechen den *Halluzinationen* und Träumen in der Sinneswahrnehmung. {*Fortsetzung p. 432*}

[241]
*Bemerkung* (*Philosophie*): Hauptcharakteristik des religiösen Weltbildes im Gegensatz zum wissenschaftlichen:
1. Existenz von irgendetwas:

---

Form anzugleichen, die er im Geiste erfasst hat.« Siehe ders., ›Summa theologiae‹ I, q. 15 art. 1, co.

23 **Fortsetzung p. 432**: In der Fortsetzung auf Manuskriptseite 432, die sich in ›Max VI‹ befindet, heißt es: »*Fortsetzung*: Das führt schließlich zum falschen Urteil »*bonum est*«, bezogen auf Handlungen, [433] indem die künstlichen Begriffe als Mittelbegriffe auftreten und die *Prämissen* induktiv verifiziert werden oder durch unmittelbare Evidenz, die ebenfalls ›angegeben ist‹. Die Begriffe sind dann nicht nur künstlich,* sondern unmöglich. Außerdem muss es Evidenz nicht nur hinsichtlich $a \varepsilon b$, sondern auch hinsichtlich $a \subseteq b$, etc. geben. Warum eigentlich ist hier ein größeres Misstrauen am Platz als bei Sinneswahrnehmungen? Weil wir in diesem Gebiet ›geblendet‹ sind, weil wir in diesem Gebiet bei der ersten Wahrnehmung als Kind ›gesündigt‹ haben, daher sind die Widerspruchsfreiheit und *formale* Geschlossenheit und Schönheit der Theorie die wichtigsten Wahrheitskriterien und nicht die ›Evidenz‹. Schon im rein Logischen sind unsere Evidenzen widerspruchsvoll (nicht im Mathematischen). Ähnliche Verhältnisse wie bei Zauberbüchern und *spiritistischen Prophezeiungen*. *Und nicht in den Sinneswahrnehmungen fundiert.«

4 →: Pfeil zeigt auf den folgenden Satz, der am oberen Rand der Seite eingefügt ist
9 →: Pfeil zeigt auf den folgenden Satz, der am oberen rechten Rand der Seite eingefügt ist
9 **Wählen**: Andere Lesart: Wollen
17 **Gehirn, Wahrnehmung**: Andere Lesart: Gehirnwahrnehmung

A. jenseits dieses Lebens: *toto genere* verschieden und *intensiver* existierend und wir können in diese Welt »eingehen«. → {Unsere Welt ist in gewissem Sinn eine Täuschung.}
B. jenseits dieser Welt.
2. Das Glauben an »höhere« Mächte,* im Verhältnis zu denen der menschliche Verstand und die menschliche Macht nichts ist (Demut).
[? 3. Bedeutung des Moralischen in der Welt, dessen Gesetzmäßigkeit im Gegensatz zur mechanischen Gesetzmäßigkeit {und sogar im Gegensatz zur menschlich logischen} steht].

<u>Bemerkung</u> (*Philosophie*): Falls man einen Widerspruch in der Mathematik konstruieren könnte, so würde dieses Resultat in eminenter Weise für das religiöse und gegen das wissenschaftliche Weltbild sprechen, indem diese Tatsache direkt äquivalent wäre mit gewissen Verschärfungen religiöser Sätze. [242]

Nämlich: → {Das heißt, diese Welt ist nichts und unsere Vernunft ist nichts. Daher gibt es eine höhere Welt und eine höhere Vernunft, und die moralische Gesetzmäßigkeit besteht sogar gegen die logische.}

1. Diese Welt hat ein Ende [sogar notwendig, und ein Ende hat auch die Ideenwelt] {caelum et terra transibunt, *verba autem mea non transibunt***?**}
2. Der Mensch kann nichts wissen [sogar dort, wo man am meisten zu wissen scheint, weiß man das Geringste, möglich nämlich Widerspruch].
3. Die Wissenschaft ist ein Betrug (ähnlich wie 2.) und diese Welt eine Täuschung.

<u>Bemerkung</u> (*Philosophie*): Man kann aus Stetigkeit und *Archimedischem* Axiom beweisen, dass es zu jedem beliebig großen Leiden, das zum Beispiel eine größere Dauer hat, ein beliebig kleines gibt,

---

23 **verba autem mea non transibunt:** Markus 13, 31: Caelum et terra transibunt, verba autem mea non transibunt. ›Biblia Sacra secundum Vulgatam Clementinam edita‹, Bd. 5, ›Novum Testamentum‹, hrsg. v. Michael Hetzenauer, Regensburg (Pustet) 1922, S. 111. (»Himmel und Erde werden vergehen; meine Worte aber werden nicht vergehen.«) Vgl. auch unten Manuskriptseite 264.
31 **Stetigkeit:** Vgl. zu Dedekindscher Stetigkeit und nicht-Archimedischem Kontinuum bei Brouwer, ›Over de grondslagen‹ auf S. 72f. bzw. S. 49f. in der englischen Übersetzung. Vgl. auch Manuskriptseite 242, Problem.
31 **Archimedischem Axiom:** Gemäß dem sogenannten archimedischen Axiom hat die Menge der reellen Zahlen ℝ eine archimedische Ordnung und ist folglich ein

---

\* in dieser Welt (und zwar vernunftbegabte Wesen [ohne Körper?], welche nicht bloß in einer höheren Entwicklung des Menschen bestehen). Anmerkung E.-M. E.: In Punkt 4 von »Meine philosophischen Ansichten« heißt es bei Gödel: »Es gibt andere Welten und vernünftige Wesen der anderen {und höheren} Art« (Gödel-Nachlass, Behältnis 11b, Reihe VI, Mappe 15, ursprüngliche Dokumentennummer 060168).

1 **toto genere verschieden und intensiver existierend und wir können in diese Welt »eingehen«:** Der gesamte Satz steht hinter einer Akkolade, die die Punkte A und B umfasst
2 →: Pfeil verweist auf die Einfügung am oberen Rand der Manuskriptseite
8 **Gesetzmäßigkeit:** Andere Lesarten: Weltgesetzmäßigkeit, Wertgesetzmäßigkeit
17 →: Pfeil zeigt auf die folgende Satzeinfügung am oberen Seitenrand
25 **Geringste, möglich nämlich Widerspruch:** Andere Lesart: das Geringstmögliche, nämlich Widerspruch

das ihm äquivalent ist, wenn es genügend lange dauert. Ebenso: Zu jeder geistigen Freude gibt es ein körperliches Leiden, welches, mit ihr kombiniert, doch ein größeres Leiden gibt als irgendein vorgegebenes körperliches. Die Negation dieser Sätze ist plausibel (vielleicht nicht-archimedisch oder überhaupt nur endlich**?**). Das freiwillige Leiden [d. h. während des Leidens [243] freiwillige] nimmt eine besondere Stellung ein, indem es kleiner zu sein scheint als jedes unfreiwillige.

*Bemerkung* (Grundlagen): Absolute Beweisbarkeit, *vgl. p.* 182, 234

{Beginn Lektüre *Brouwer* ca. Ende März 1942}

*Bemerkung* (*Philosophie*): Die Ableitung der Koordinatengeometrie (Einführung der Maßzahl) aus der Topologie und der Bewegungsgruppe oder aus dem Streckenabtragen ist die Geburt der Quantität aus der Qualität (ebenso Theorie des Maßes in der Physik). Das heißt, sie zeigen das Wesen der Zahl. Gibt es nicht eine analoge Ableitung der Qualität aus dem »Nichts« (oder dem *Chaos*, dem »Ungeformten«)? Das würde eine Aufklärung des Wesens des Begriffs geben. →

---

4 **vorgegebenes**: Andere Lesart: vorher gegebenes
7: ›,‹ von der Editorin verbessert in ›]‹
21 →: Pfeil zeigt auf die zweite Bemerkung Grundlagen auf Manuskriptseite 244

archimedisch geordneter Körper. Vgl. für die Erläuterung von ›archimedischem Körper‹ Manuskriptseite 209, Bemerkung Grundlagen 2.
11 **182, 234**: Zum Begriff der absoluten Beweisbarkeit äußert sich Gödel auf den Manuskriptseiten 182, Bemerkung Grundlagen 2; Manuskriptseite 234, Bemerkung Grundlagen 2; sowie im Folgenden auf Manuskriptseite 254, Pkt. 3.
13 **Beginn Lektüre Brouwer ca. Ende März 1942**: Siehe die diesbezüglichen Erläuterungen zu Beginn dieses Notizbuches sowie in der Einleitung.
16 **Bewegungsgruppe**: Die euklidische Bewegungsgruppe ist die Gruppe aller Bewegungen eines euklidischen Raumes auf sich, bei denen Abstände beliebiger Punkte unverändert (invariant) bleiben. Sie enthält Drehungen, Verschiebungen, Spiegelungen und beliebige Kombinationen davon.
17 **Streckenabtragen**: In David Hilberts Axiomensystem der euklidischen Geometrie lautet Axiom III.1: Wenn $A$ und $B$ zwei Punkte auf einer Geraden $a$ sind und $A'$ ein Punkt auf derselben oder einer anderen Geraden $a'$ ist, so kann man auf einer gegebenen Seite der Geraden $a'$ von $A'$ stets einen Punkt $B'$ finden, so dass die Strecke $AB$ der Strecke $A'B'$ gleich lang ist.
18 **Theorie des Maßes**: Die Maßtheorie beschäftigt sich mit der Frage, wie sich Inhalt, Umfang oder Volumen beliebiger Arten von Mengen messen lassen. Dabei soll die Messung mit aus der Physik bekannten Messmethoden für Länge, Fläche oder Volumen konsistent sein und auf einer mathematischen Definition aufbauen. Diese Anforderung erfüllt das Maß als Abbildung. In der Physik findet die Maßtheorie zum Beispiel dort Anwendung, wo man Punktmassen betrachtet.

*Bemerkung* (*Grundlagen*): Aus der Bedingung, dass jede physikalisch sinnvolle {lokale!} Eigenschaft stetig ist [d. h. nicht $\hat{x}\,\varphi(x)$ und $\hat{x}\,{\sim}\varphi(x)$ beide dicht in dem Intervall {oder in einer abgeschlossenen Menge}], folgt wahrscheinlich, dass jede [244] physikalisch sinnvolle Funktion aus abzählbar vielen analytischen sich zusammensetzt. [Für nicht-lokale gilt das nicht]. Eine Eigenschaft ist physikalisch sinnvoll, wenn sie bei linearen Transformationen der Variablen invariant bleibt. Denn das entspricht bloß einer Einsetzung der willkürlichen Maßeinheit.

*Bemerkung* (*Grundlagen*): Wenn die Rechenoperationen gruppentheoretisch eingeführt werden [Brouwer], so erscheinen in $a + b$ die beiden Zahlen nicht als gleichberechtigt, sondern die eine als *Subjekt* (übergeordnet), die andere als *Objekt* (untergeordnet).

*Bemerkung* (*Grundlagen*): Die Einführung des Entsprechenden für Ordinalzahlen der $2^{\text{ten}}$ Klasse würde wahrscheinlich auch in dieses *Chaos* Ordnung bringen.

---

4 **physikalisch sinnvolle Funktion aus abzählbar vielen analytischen:** Bei Brouwer heißt es in der englischen Übersetzung von ›Over de grondslagen der wiskunde‹ (›On the Foundations of Mathematics‹), op. cit., auf Seite 55: »To be able to apply a large number of processes which are dependent on the measurable continuum, the discrete observations are in the first place completed to continuous functions [...] That again is an arbitrary act which is only justified because it apparently ›works‹. Rendering the observed functions continuous is done by means of the well-known method of interpolation. This is again an arbitrary act which is not refuted by practice. By interpolation one obtains analytic functions, which one is inclined to use exclusively in the study of nature anyhow. Why? [...] Mainly because of an arbitrary act of interpreting nature anthropomorphically [...].« Im niederländischen Original auf S. 85: »Vooreerst worden, om de groote menigte bewerkingen, die afhankelijk zijn van het meetbaar continuüm, te kunnen toepassen, de discrete waarnemingen aangevuld tot continue functies [...]; dat is een willekeurige daad, weer alleen gerechtvaardigd, om dat ze blijkt, te ›gaan‹. Het continu maken der waargenomen functies doet men door de bekende methode der interpolatie, weer een willekeurige daad, die zich weer in de praktijk niet straft. Bij het interpoleren krijgt men analytische functies; en zulke heeft men toch reeds neiging, in de natuur beschouwing uitsluitend te gebruiken; waarom? Voornamelijk door een willekeurige daad van anthropomorphiseering der natuur [...].« Als analytisch bezeichnet man in der Mathematik eine Funktion, die lokal durch eine konvergente Potenzreihe gegeben ist.

11 **Rechenoperationen gruppentheoretisch eingeführt:** Vgl. Brouwer, ›On the Foundations of Mathematics‹, in: ›Collected Works I‹, S. 19ff.; ›Over de grondslagen der wiskunde‹, S. 13ff.

17 **der 2ten Klasse:** Brouwer vertritt bereits in seiner Doktorarbeit den Standpunkt, dass es Cantors zweite Zahlenklasse nicht als abgeschlossene Gesamtheit gibt: »The next two statements are false: 1°. The second number class is

3 {: Die geschweiften Klammern geben hier keine Einfügung wieder, sondern sind von Gödel gesetzt

*Problem*: Die Geometrie arithmetisch so zu definieren, dass die Punkte [245] definitorisch ununterscheidbar werden (auf Grund der Existenz einer definierbaren Klasse von »gesetzlosen« Mengen; folgt daraus die Nicht-Definierbarkeit der Hamel-Basis und die Messbarkeit jeder definierbaren Menge?) {vgl. p. 252}

*Bemerkung* (*Grundlagen*): Die Antinomien können wahrscheinlich vermieden werden durch einen {*positiven*} Aussagenkalkül mit »Typen« von *Implikation*. (Aus dem *positiven* Aussagenkalkül allein folgt bereits die Beweisbarkeit jeden Satzes.)

---

conceivable and denumerable. 2°. The second number class is conceivable and there is a cardinal number between its power and that of the first number class.« In: ›On the Foundations of Mathematics‹, S. 82. In: ›Over de grondslagen der wiskunde‹, S. 147: »Onwaar zijn de beide stellingen: 1°. De tweede getalklasse is denkbaar en aftelbaar. 2°. De tweede getalklasse is denkbaar, en er ligt een machtigheid tusschen de hare, en die der eerste getalklasse«. Siehe hinsichtlich Cantors zweiter Zahlenklasse auch ›On the Foundations of Mathematics‹, S. 81; ›Over de grondslagen der wiskunde‹, S. 144ff.

2 **Punkte definitorisch ununterscheidbar werden:** Brouwer zitiert in seiner Doktorarbeit Henri Poincaré: »Space is continuous and indefinitely divisible; the result of infinite division, the zero of extension, is called a point. All points are qualitatively similar and can only be distinguished by the fact that they are mutually external to one another.« In: ›On the Foundations of Mathematics‹, auf S. 65. In: ›Over de grondslagen der wiskunde‹, S. 107: »L'espace est continu et divisible a l'infini; le zéro d'étendue, résultant d'une division infinie, est appelé *point*. Tous les points sont qualitativement semblables, et se distinguent entre eux par le seul fait qu'ils sont extérieurs les uns aux autres.«

4 **Hamel-Basis:** ℝ kann als Vektorraum über den rationalen Zahlen aufgefasst werden. Die entsprechenden Basen heißen Hamel-Basen.

5 **Messbarkeit jeder definierbaren Menge:** Wenn man als Axiom nimmt, dass alle Mengen konstruierbar sind, erhält man eine definierbare Wohlordnung von ℝ und damit eine definierbare nichtmessbare Menge. Gödel selbst hat, als er 1938 die Konsistenz des Auswahlaxioms bewies, dieses Axiom herangezogen. Dennoch scheint er hier davon auszugehen, dass Rahmenbedingungen denkbar sind, unter denen alle definierbaren Mengen messbar sind.

5 **vgl. p. 252:** Auf Manuskriptseite 252 heißt es dazu: »Die richtige *Definition* des Punktes (sodass je 2 Punkte ununterscheidbar sind) […].«

7 **Antinomien:** Vgl. zu Antinomien der Mengenlehre ›Zeiteinteilung (Maximen) I und II‹, S. 146, Z. 2f.; Addendum IIIb, 1v, S. 238, Z. 6–8; ›Maximen III‹, S. 94f., Z. 33–12; 126, Z. 6–19; und 164, Z. 17–19; sowie Manuskriptseite 180, Bemerkung Grundlagen 2; und 231f., Bemerkung Grundlagen 1 in diesem Band. Brouwer wollte den mengentheoretischen Antinomien hingegen durch den Intuitionismus und seine damit verbundene Kritik am Unendlichen begegnen, nicht »durch einen positiven Aussagekalkül mit ›Typen‹ von Implikation«. Mathematik handelt nach Brouwer nur von gedanklichen Konstruktionen, nicht vom aktual Unendlichen; das Unendliche lässt sich für ihn lediglich durch fortgesetzte Anwendung von Operationen, die keine Obergrenze haben, fassen.

4: ›,‹ von der Editorin verbessert in ›;‹

*Bemerkung* (*Grundlagen*): Beweis der Transzendenz von π durch Betrachtung der mehrdeutigen Funktion $(-1)^x$ [$1^\pi$ hat unendlich viele Werte, ebenso $1^{g(\pi)}$ | ]?

*Maxime*: Es genügt, das zu tun, was in der Richtung des Richtigen liegt. Das heißt, ohne *abrupte* Änderungen des bisherigen Verhaltens.

[246]
*Bemerkung* (*Grundlagen*): Der meistcharakteristische Zug in der Mathematik ist, dass aus Ungleichem wenig und Gleichem viel folgt: Zum Beispiel, schon der Gruppenkeim der euklidischen Bewegungen genügt, um das *Chaos* in einen vollkommenen *Kosmos* zu verwandeln.

*Bemerkung* (*Grundlagen*): Exakte Beherrschung eines unexakt (kontinuierlich) Gegebenen wie zum Beispiel die Sinneswahrnehmung oder das, was evident ist, oder empirische Begriffe in ihrer Anwendung. [Die Unexaktheit besteht darin, dass man in gewissen Fällen nichts weiß, in anderen mit mehr oder weniger Wahrscheinlichkeit, in manchen aber mit Sicherheit. Das absolute Nicht-Wissen und das sichere Wissen sind zwar objektiv bestimmt, aber es kann sein, dass man weiß und nicht weiß, dass man weiß. Hier wird aber Wissen definiert durch: Man weiß und weiß, dass man weiß, wobei das Zweite das Erste impliziert.]

Man teilt das Kontinuum in teilweise überdeckende Intervalle derart, dass für jede Beobachtung ein Intervall angebbar ist, von dem man weiß, dass es hineinfällt. Oder in solche Intervalle, dass immer entweder eines oder 2 benachbarte mit der Eigenschaft angebbar sind, dass das Beobachtete sicher nicht außerhalb liegt. Auf diese Weise ist Zuordnung [247] von Maßzahlen in einem

---

1 π: Vgl. Manuskriptseite 238, Bemerkung Grundlagen.
5 **Es genügt, das zu tun, was in der Richtung des Richtigen liegt:** In dem Heft ›Resultate Grundlagen IV‹ (Gödel-Nachlass, Behältnis 6c, Reihe III, Mappe 86, ursprüngliche Dokumentennummer 030119, Manuskriptseiten 320ff.) vom Januar 1942 heißt es dazu auf Manuskriptseite 280: »*Characteristica universalis* kann also nur Anweisungen geben, in einer bestimmten Richtung zu schauen, wobei gewisse körperliche und geistige ›*Exercitien*‹ vorhergegangen sind.«
12 **Gruppenkeim:** Der Gruppenkeim ist eine Äquivalenzklasse von lokalen Gruppen.
12 **euklidischen Bewegungen:** Die Bewegung eines euklidischen Vektorraums wird als eine abstandserhaltende, bijektive, affine Abbildung definiert.

3: ›‹ von der Editorin gelöscht
10 **meistcharakteristische Zug:** Zu lesen als: der am meisten charakteristische Zug
11 **und:** Andere Lesart: aus

nur topologisch (d. h. durch Größenordnungen) gegebenem Kontinuum möglich. Im Allgemeinen bedeutet dieses Verfahren: <u>Beschränken auf solche Sätze, die man weiß (und weiß, dass man sie weiß); schon daraus ergeben sich wahrscheinlich überraschend viele Folgerungen.</u> {vgl. p. 248}

<u>Bemerkung</u> (*Grundlagen*): Um zu zeigen, dass es eine Menge der Mächtigkeit $\aleph_1$ von Wachstumsordnungen gibt, welche von keiner Wachstumsordnung übertroffen wird, genügt es, jeder gegen 0 konvergierenden (monotonen) Folge {*f*} *positiver* Zahlen eine Ordinalzahl *O*(*f*) zuzuordnen, der Art, dass:
1. $f \prec g \rightarrow O(f) \leq O(g)$
2. zu jeder Ordinalzahl α gibt es ein *f*, so dass $O(f) \geq α$.
Eine solche Zuordnung könnte man vielleicht so gewinnen: Man ordnet jedem Intervall {*I*} auf der Geraden eine Nummer *n*(*I*) zu, nämlich die kleinste Nummer einer rationalen Zahl, die in *I* liegt, dann jedem Intervall eine Teilung, nämlich im Verhältnis [248] $1 : f_{n(I)}$. *O*(*f*) sei die Ordinalzahl, welche angibt, wie oft man dieses Teilungsverfahren iterieren muss, um eine dichte Menge von Teilungspunkten zu bekommen (eventuell obere Grenze aller *O*(*f*) für rationale Teilintervalle auf der Gerade\*).

\* Auf der für alle Endstücke der Folge *f*.

<u>Bemerkung</u> (*Grundlagen*): Jede Wahrnehmung eines Sachverhaltes ist etwas *positives*. [Die Feststellung, dass etwas nicht wahrgenommen wird, ist das Wahrnehmen der anderen Dinge, welche statt dieser wahrgenommen wurden. Vielleicht ist jedes negative Urteil nur einzusehen, indem man genügend viele *positive* Urteile einsieht. In der Mathematik entspricht dem *positiven* die Konstruktion. Das Nicht-Vorhandensein einer Konstruktion wäre nur einzusehen durch eine Konstruktion.]

Wenn ich nacheinander meine Aufmerksamkeit auf das Objekt und auf meine Beziehung zum Objekt richte, ist *a priori* nicht klar, dass überhaupt etwas darüber wahrgenommen werden muss.\*\* [In diesem Fall müsste man zeigen: Wenn man nicht lügen will, dann bedeutet die {wahrheitsgemäße Behauptung der} Aussage

\*\* Das tritt tatsächlich ein, wenn man die Folge *P*, ~*P*, ich nehme *P* wahr, ich nehme ~*P* wahr etc. betrachtet.

8 $\aleph_1$: Brouwer vertrat, wie bereits angemerkt, die Auffassung, dass Cantors zweite Zahlenklasse zwar nicht leer ist, dass es sie aber nicht als eine abgeschlossene Gesamtheit gibt.
28 **Mathematik entspricht dem positiven die Konstruktion**: Vgl. zu ›mathematischer Sachverhalt‹ Manuskriptseiten 226ff., Bemerkung Philosophie 1; 250f., Bemerkung Philosophie 1; 262f., Bemerkung Grundlagen 1.

»ich weiß nicht« [249] | eine *positive* Wahrnehmung meines Verhältnisses zum Objekt.] Praktisch aber gibt es doch immer mindestens eine Aussage, die ich wahrheitsgemäß über das Objekt oder mein Verhältnis zu ihm machen kann [z. B. im obigen Fall »ich weiß nicht sicher«]. Aber es gibt niemals 2 Aussagen, von denen ich immer genau eine behaupten kann [aber wahrscheinlich 2, von denen ich immer mindestens eine behaupten kann] {oder 3, von denen sich 2 gegenseitig ausschließen}.

*Bemerkung* (*Grundlagen*): Konstruktive Einführung der Koordinaten: Wenn eine Topologie im Sinne eines ungefähren Abstandes gegeben ist. Das heißt, bedeutet eine transitive *asymmetrische* Relation $ab < cd$ (bedeutet: ist wesentlich kleiner) auf Grund des *Axioms*, wenn
$a \neq b$, so gibt es ein $c$, sodass
$ac < ab \quad bc < ab$ und ein $d$, sodass
$ab < ad \quad bd < ad$
[Das heißt im Sinne der obigen Bemerkung: Es gibt $cd$, von denen das *positiv* feststellbar ist.]

[250]
*Bemerkung* (*Physik*): Gibt es nicht Existenzbeweise für Lösungen, zum Beispiel der *hydrodynamischen* Gleichungen, die man dadurch erhält, dass man vom Zustand der Ruhe ausgeht, dann die Existenzsätze | für analytische Anfangsbedingungen (und analytische Gleichungen) anwendet und dann $\lim_{t \to \infty}$ bildet (dabei ist allerdings die Lösung vielleicht nicht eindeutig bestimmt)? (*vgl.* die Funktion $e^{-\frac{1}{|t|}}$)

*Bemerkung* (*Philosophie*): In der Mathematik (zumindest der Logik und *Arithmetik*) gibt es nur sehr wenige wahrnehmbare Sachverhalte |. Es kommt daher vor, dass $P$ und $P \supset Q$ wahrnehmbar sind,

---

23 **hydrodynamischen Gleichungen:** Die grundlegendsten Gleichungen der Hydrodynamik sind die Eulersche Gleichung für ideale Flüssigkeiten und die Bernoullische Gleichung für stationäre Strömungen viskositätsfreier inkompressibler Fluide. Andere hydrodynamische Gleichungen sind etwa die Navier–Stokes-Gleichungen, welche eine Erweiterung der Euler-Gleichung der Strömungsmechanik sind.

31 **Sachverhalte:** Vgl. zu ›mathematischer Sachverhalt‹ die vorletzte Sachanmerkung.

1: ›bedeutet‹ von der Editorin gelöscht
12: ›s‹ in ›assym‹ von der Editorin gelöscht
18 **von denen das positiv:** Andere Lesart: von denen das Positive
25: | für Anfang
32: | Verhalte

* Das gibt es wahrscheinlich nicht, weil Q einfacher ist, aber: $(x)\, \varphi(x)$ und nicht $\varphi(a)$.

aber nicht Q* (obwohl Q verständlich, d. h. die Möglichkeit von Q wahrnehmbar ist). Dann ist also von Q die Existenz wahrnehmbar, obwohl Q selbst nicht (d. h. ein Ding ist nicht identisch mit dem Sein dieses Dinges). Was »sieht« [251] man eigentlich, wenn man einen Satz $A \subseteq B$ (wobei A, B auf *komplizierte* Weise definiert wurden) durch einen langen Beweis gezeigt hat, in dem Augenblick, wo man den letzten Schluss zieht? Sieht man auch ebenso wenige sinnlich wahrnehmbare Sachverhalte direkt als mathematische?

*Frage* (*Philosophie*): 1. Gibt es auch eine »reine« Psychologie, welche *a priori* ist und in welche die inneren Wahrnehmungen eingeordnet werden, ebenso wie eine reine Physik (Raum-Zeit-Lehre)?**

** Begriffe: Zeit, actus, Erinnerung, Wahrnehmung.
*** Ding = Ding und Begriff; Sachverhalt ist das aus diesen Elementen Zusammengesetzte.

2. Die Dinge und Sachverhalte*** zerfallen in 3 Gruppen:
A. sinnliche, die ich sehe und daher auch verstehe (und daher auch annehme),
B. sinnliche, die ich | verstehe (d. h. ich sehe die Möglichkeit). Das involviert, dass ich
   1. die darin vorkommenden Dinge und Begriffe sehe und
   2. die Kombination, in der sie auftreten, nicht zu kompliziert ist.
   Offenbar $A \subseteq B$ (aber vielleicht auch $B \subseteq \sim A$).
C. Solche, die ich nicht sehe, aber verstehe und annehme. (Gibt es C?) [251']
D. Solche, die ich weder sehe noch verstehe, aber annehme (im symbolischen Sinne).

16: | nicht sehe, aber
16 **B.**: Akkolade links, hinter der »B, C« steht.
23 **251'**: Die Seite ist nicht von Gödel paginiert. Er paginiert erst wieder die folgende Seite, und diese dann mit ›252‹.

2 **Dann ist also von Q die Existenz wahrnehmbar**: Nicht zur Wahrnehmbarkeit mathematischer Sachverhalte, aber zu deren mathematischen Folgen, äußert sich Brouwer zu Beginn von ›Over de grondslagen‹ (›On the Foundations‹ in engl. Übersetzung), zweiter Teil, auf Seite 53 wie folgt: »These sequences thereupon concentrate in the intellect into mathematical sequences, not *sensed* but *observed*. And human behaviour includes attempts to observe as many of these mathematical sequences as possible, in order, whenever in the real world intervention at an earlier member of such a sequence seems more successful than at a later member, to choose the earlier one as the guide for his actions, even when his instinct is only affected by the later one.« In ›Over de grondslagen‹, S. 81: »[...]; die vervolgens zich in het intellect concentreeren tot niet *gevoelde*, doch *waargenomen* wiskundige volgreeksen. En het levensgedrag der menschen zoekt zoovel mogelijk van die wiskundige volgreeksen te kunnen waarnemen, om telkens, waar in de werkelijkheid bij een vroeger element van zulk een reeks met meer succes schijnt te kunnen worden ingegrepen, dan bij een later, ook dan, wanneer alleen bij dat latere het instinct wordt aangedaan, het eerste te kiezen als richting voor hun daden.«

Grundprobleme der Erkenntnis:
1.) Welches sind die Elemente der Klassen A und B?
2.) Und welches sind die Gründe, welche mich veranlassen, irgendetwas anderes anzunehmen?
3.) Sind die gesehenen Sachverhalte und Dinge überhaupt in unserer Sprache durch einfache Worte (oder überhaupt) ausdrückbar?
4.) Ist die Klasse der gesehenen und verstandenen (angesichts von immer neuen Sinneswahrnehmungen*) unveränderlich oder kann man »lernen«, neue zu sehen?

ad 2.) Ein Grund ist der Schluss $A$ ist wahr $\rightarrow A$ (das gilt für *modus ponens*).
Ein anderer ist die Isomorphie gewisser Gebiete mit anderen (z. B. Sinneswahrnehmungen und angeborene Raumanschauung), welche mich veranlassen anzunehmen, $A \rightarrow A'$. (Der zweite Grund ist unvernünftig?)

ad 4.) Anscheinend gelingt es, einen neuen Sachverhalt zu entdecken, indem man [252] die Aufmerksamkeit auf 2 schon vorher gesehene → $(A, A \supset B)$ zugleich richtet. Dann sieht man die Wahrheit von $B$. Wenn einmal ein Sachverhalt gesehen ist, so kann man ihn durch das bloße Gedächtnis wieder anschauen (auf diese Weise wäre die Erweiterung der gesehenen' Sachverhalte ähnlich wie die Konstruktion eines *Möbius*-Netzes).

<u>Bemerkung</u> {(*Grundlagen*)}: Die richtige *Definition* des Punktes (sodass je 2 Punkte ununterscheidbar sind) sollte auch zur Folge haben, dass nur solche Eigenschaften definierbar sind, welche *orthogonal* invariant sind [oder *projektiv* invariant]. Ferner vielleicht auch Lösung der gruppentheoretischen Charakterisierung, und überhaupt wäre das vielleicht der Schlüssel zur Lösung geomet-

* Die Sinneswahrnehmungen sind jedenfalls wahrgenommene Dinge, wenn auch noch nicht die wahre »Bedeutung« dieser Dinge. Das heißt, das Verhältnis zu anderen wahrgenommen wird und die Bedeutung überhaupt nicht wahrgenommen werden kann (sondern nur angenommen).

---

12 **modus ponens**: Seit der Scholastik wird in der formalen Logik die Abtrennungsregel Modus ponens genannt, nach der von einer Aussage $A$ und einer Aussage $A \rightarrow B$ zu Aussage $B$ übergegangen wird.
23 **Möbius-Netzes**: Eine desarguessche projektive Ebene heißt Möbius-Netz, wenn sie von vier Punkten erzeugt wird.
26 **je 2 Punkte ununterscheidbar**: Siehe oben Manuskriptseite 245.
27 **orthogonal invariant**: Das bedeutet, dass die Eigenschaften eines mathematischen Objektes bei orthogonaler Transformation oder Abbildung erhalten bleiben.
28 **projektiv invariant**: Das bedeutet, dass die Eigenschaften eines mathematischen Objektes unter projektiver Abbildung erhalten bleiben.

8 **der gesehenen und verstandenen**: Andere Lesart: die gesehen und verstanden
11: ›in‹ von der Editorin verbessert in ›ist‹
18 **252**: Ab hier Paginierung der geraden Seiten durch Gödel
19 →: Von hier Pfeil auf die Klammer am Ende der Bemerkung

rischer Probleme. Dabei muss ein Punkt irgendwie als Keim einer *Lie*schen Gruppe definiert werden.

*Problem*: Folgt die *Dedek*indsche Stetigkeit aus 1. *Homogen*ität, 2. Dichtheit, 3. Dichtheit einer abzählbaren Teilmenge? Nein (Gegenbeispiel η). [{→ schlecht} Aber vielleicht folgt sie daraus, dass jede abzählbare dichte Teilmenge mit jeder anderen isotop ist und dass [253] man für jeden Punkt eine abzählbare dichte Teilmenge konstruieren kann, wo dieser Punkt eine vorgegebene Näherungsfolge hat]. Oder, jede isomorphe Abbildung $2^{er}$ dichter abzählbarer Teilmengen kann auf eine des ganzen Kontinuums erweitert werden.

1    **Keim:** Vgl. Bemerkung Grundlagen 1 auf Manuskriptseite 246.
2    **Lieschen Gruppe:** Eine Lie-Gruppe ist eine Gruppe auf einer differenzierbaren Mannigfaltigkeit mit glatten (differenzierbaren) Grundoperationen.
4    **Dedekindsche Stetigkeit:** Bei Dedekind heißt es in seiner Schrift ›Stetigkeit und irrationale Zahlen‹, Braunschweig (Vieweg) 1872, auf S. 25 dazu: »Außer diesen Eigenschaften besitzt aber das Gebiet $\mathbb{R}$ auch Stetigkeit, d.h. es gilt folgender Satz: IV. Zerfällt das System $\mathbb{R}$ aller reellen Zahlen in zwei Classen $A_1$, $A_2$ von der Art, daß jede Zahl $α_1$ der Classe $A_1$ kleiner ist als jede Zahl $α_2$ der Classe $A_2$, so existiert eine und nur eine Zahl α, durch welche diese Zerlegung hervorgebracht wird« (»Dedekindscher Schnitt«). Vgl. zu ›Stetigkeit‹ auch Manuskriptseite 242.
4    **Homogenität:** Vgl. dazu etwa Arthur Schoenflies, »Geordnete Mengen«, in: ders., ›Die Entwicklung der Lehre von den Punktmannigfaltigkeiten. Zweiter Teil‹, Leipzig (Teubner) 1908, S. 60: »Historisch geht die vorstehende Auffassung des Stetigkeitsbegriffs bekanntlich auf Dedekind zurück, der in dieser Weise eine strengere Theorie der Irrationalzahl begründete. Man kann seinen Grundgedanken folgendermaßen verallgemeinern. Man kann verlangen, eine gegebene linear geordnete Größenmenge durch Adjunktion neuer Größen zu einer ebenfalls linear geordneten Menge so zu erweitern, daß die erweiterte Menge gewisse Stetigkeitseigenschaften besitzt. Insbesondere wird man sich zweckmäßig auf Mengen homogener Natur beschränken.«
5    **Dichtheit:** Dichtheit bedeutet, dass zwischen je zwei Elementen der Ordnung stets noch ein drittes liegt – die Ordnung heißt dann dicht.
5    **Dichtheit einer abzählbaren Teilmenge:** Karl Menger, ›Dimensionstheorie‹, Leipzig/Berlin (B. G. Teubner) 1928, S. 51: »Ist $M$ eine gegebene Teilmenge des Raumes, so heißt die Teilmenge $M'$ von $M$ in $M$ dicht, wenn jeder Punkt von $M$ entweder Punkt oder Häufungspunkt von $M'$ ist, [...] In jedem separablen Raum $R$ existiert eine in $R$ dichte abzählbare Teilmenge. Wählt man nämlich in jeder Menge des den Raum $R$ definierenden abzählbaren Mengensystems $S$ einen Punkt, so ist die Menge der so bestimmten Punkte abzählbar und, wie man leicht verifiziert, im Raum $R$ dicht. – Jede Menge $M$ ist dicht in ihrer abgeschlossenen Hülle $\overline{M}$.«
7    **isotop:** Vgl. Karl Menger, ›Dimensionstheorie‹, Leipzig/Berlin (B. G. Teubner) 1928, S. 264: »Zwei Teilmengen $A$ und $B$ des Raumes $R$ heißen *isotop*, wenn eine topologische Abbildung von $R$ auf sich selbst existiert, welche $A$ und $B$ aufeinander abbildet. [...] Satz von der Isotopie der abzählbaren dichten Teilmengen von $R_n$: Je zwei abzählbare im $R_n$ dichte Teilmengen des $R_n$ sind isotop.« Mit ›topologisch‹ meint Menger hier ›stetig‹; vgl. ebd., S. 288.

6 → **schlecht:** Einfügung am unteren Seitenrand. Pfeil weist von der öffnenden eckigen Klammer auf ›schlecht‹

*Bemerkung* (*Philosophie*): Verhält sich die Sinnesempfindung zum mathematischen [begrifflichen] Element in der Wahrnehmung so wie Bezeichnetes zum Zeichen? Das »Wort« ist das Höhere im Vergleich zum Ding. Die ε-Relation wäre also irgendwie ein spezieller Fall der Bedeutungsrelation [sie steht jedenfalls in naher Beziehung zum Wahrheitsbegriff]. Vielleicht führt die Iteration von *Meta-* zu einem sehr einfachen System, welches der Kern von allem ist (wie Materie zur Form; das Mathematische _ist_ die Struktur des Sinnlichen, das Zeichen haben sie nur gemeinsam*).

* Aber die Materie des Wortes ist irrelevant, daher direkt: bedeutet dasselbe wie ε. Anmerkung E.-M. E.: Andere Lesart für ›bedeutet‹: Bedeutung ist

*Bemerkung* (*Grundlagen*): Begriffe, welche man axiomatisch behandeln sollte (als Grundbegriffe genommen):
1. Vernünftige Sprache [d. h. eine Bedeutungsrelation und evidente Axiome], also letzten Endes 2 Folgen von Sätzen $p_a$ $p_{a_i}$, sodass das $p_{a_i}$ [auf Grund gewisser evidenter Schlussregeln] beweisbar ist, [254]
2. absolut definierbar,
3. absolut beweisbar (ist aus 1. definierbar),
4. Satz,
5. Begriff (= 2.?).

*Bemerkung* (*Grundlagen*): Die richtige Einstellung zu einem Problem haben [das Problem richtig sehen] bedeutet vielleicht zu sehen, wo die Konstruktion anzusetzen hat. Das ist oft verschieden von den Existenzzeichen des Satzes, zum Beispiel:
1.) Der Hahnsche Satz, dass jedes größere System durch wohlgeordnete Teilmengen einer geordneten Menge von Koordinaten darstellbar ist. Richtige Auffassung: Jedes solche größere System mit hinreichender Mächtigkeit ist universell für alle mit hinreichend kleiner Mächtigkeit, das heißt: [255] Der gegebene Satz hat die Form $(G) (\exists H, F)$ . ., wobei $H$ ein Hahnsches

4 **ε-Relation:** Die Relation »ist ein Element der Menge von« wird durch das Elementzeichen ε angegeben.
5 **Bedeutungsrelation:** Vgl. auch Manuskriptseite 153, Einfügung am oberen Rand der Seite.
26 **Hahnsche Satz:** Vgl. Satz I von Hans Hahn, in: ders., »Über lineare Gleichungssysteme in linearen Räumen«, in: ›Journal für die reine und angewandte Mathematik‹ 157 (1927), S. 214–229, hier S. 215. Den Hinweis verdanke ich Karl Sigmund.

größeres System und *F* eine isomorphe Abbildung auf einen Teil ist. Bewiesen aber wird $(G)(H) [\overline{G} \leq \overline{H} \rightarrow (\exists F) \ldots ]$.*

* Und $(G)(\exists H) [\overline{G} \leq \overline{H}]$.

2.) Konstruktion eines Kreises der durch einen Punkt geht und 2 Gerade berührt [*Apollon*isches Problem]. Man konstruiere zunächst einen Kreis, welcher die beiden Geraden berührt, und verschiebt ihn dann.

In beiden Fällen wird zunächst ein Hilfsding konstruiert, welches einer schwächeren Bedingung genügt, wo die Konstruktion trivial und unendlich vieldeutig ist, und dann wird für jedes Ding, welches dieser schwachen Bedingung genügt, eines konstruiert, das das Theorem erfüllt.

*Psychologische* Bedeutung: »für alle gibt es« [256] ist eine Konstruktion, welche jedem eines zuordnet. Dagegen $(x) \sim (u) \sim$: die *Reductio ad absurdum* von $(u) \sim$ für jedes einzelne *x*.

<u>Bemerkung</u> (*Grundlagen*): Um einen Beweis übersichtlich zu machen und so, dass man ihn sich merken kann, und »schön« zu machen, muss man die Hilfssätze oft verstärken (obwohl nur ein Teil davon gebraucht wird).

Zum Beispiel: Einführung der *Dimension* in der *projektiven Geometrie* durch *Isometrie* von $(ab \quad b)$ mit $(a \quad a + b)$, obwohl das nur gebraucht wird für den Fall, dass *b* unmittelbarer Nachfolger von *ab* ist. [Auch kann es nötig sein, Hilfssätze zu spalten, wenn Verschiedenes zusammengemengt ist?]

<u>Programm</u> (*Philosophie*): Man betrachte die allgemeinsten Begriffe der *Psychologie*, *Logik*, *Semantik*, etc. und suche ihren Sinn zu klären | und ihre Beziehungen zueinander festzustellen. Und nehme als wahr immer nur das [257] vollkommen Klare an und formuliere auch Trivialitäten und ihre Folgerungen *explicit*.

---

4 **Apollonisches Problem:** Beim Apollonischen Problem handelt es sich um eines der bekanntesten Probleme der antiken Geometrie. Mit Zirkel und Lineal sollen die Kreise konstruiert werden, die drei beliebige vorgegebene Kreise berühren. Brouwer erwähnt die Apollonischen Probleme in ›Over de grondslagen‹ nur auf S. 126, Fn. 3 (›On the Foundations‹, S. 72, Fn. 3).

13 **Reductio ad absurdum:** Verfahren zur Begründung einer Aussage durch den Nachweis der Widersprüchlichkeit ihres Gegenteils.

20 **projektiven Geometrie:** Die projektive Geometrie befasst sich mit den invarianten Eigenschaften geometrischer Figuren. Diese Eigenschaften bleiben bei der Projektion des Bildes dieser Figuren auf eine andere Ebene unverändert. Im Gegensatz zur euklidischen Geometrie gibt es in der projektiven Geometrie keine Parallelen.

4: ›Appollon‹ von der Editorin verbessert in ›Apollon‹
28: | indem man

{*vgl. p. 263*}

<u>Bem*erkung*</u> (*Gr*und*lagen*): Über Bedeutungs- und Bezeichnungsrelation:
1. Eine Vernünftigkeitsforderung der Bedeutungsrelation $B$ ist:
   $B(\imath x)\,\varphi(x) = (\imath x)\,W(\varphi(x))$. Eine andere ist:
   $B(a) = B(a') \to B\,\mathrm{Subst}\!\left(c\,\dfrac{a}{a'}\right) = B\,c$.
2. Dieselbe Sprache kann verschiedene Bedeutungsrelationen haben, und obwohl man diese Sprache versteht, kann man sich nicht im Klaren sein, welches die Bedeutungsrelation dieser Sprache ist. Beispiel: *intensionale* und *extensionale* Deutung der *Principia* [durch Begriffe und Klassen]. Die *extensionale* Deutung entsteht, indem man in der ersten alles in der Sprache nicht Unterscheidbare identifiziert. [258]
3. Die Bedeutungsrelation hat nichts mit *Psychologie* (auch nicht *idealisierter*) zu tun [außer dass vielleicht bei *Brouwer* die Bedeutungen der mathematischen Sätze *psychische* Dinge sind, ebenso wie in der *Psychologie*]. Dagegen ist die *Fregesche* »Sinnrelation« keine Bedeutungsrelation in diesem Sinn. Sie befriedigt nicht die Forderung 1. und hat etwas mit *Psychologie* zu tun. Nämlich: $Sinn(P)$ = das psychische Bild von $P$ [welches unmittelbar wahrgenommen wird] = die durch $P$ angeregte <u>Vorstellung</u>.

{*Ende der Lektüre Brouwer Ende März 1942*}

---

3 **Bedeutungs- und Bezeichnungsrelation**: Siehe oben, Manuskriptseite 253, Bemerkung Philosophie. Vgl. auch Heinrich Gomperz, ›Weltanschauungslehre, Bd. 2, Noologie‹, Jena (Eugen Diederichs) 1908, S. 132ff. und 248ff.

18 **Fregesche »Sinnrelation«**: Bei Gottlob Frege heißt es in seinem Aufsatz »Über Sinn und Bedeutung«, in: ›Zeitschrift für Philosophie und philosophische Kritik‹, Neue Folge, Bd. 100 (1892), S. 25–50, auf S. 27 wie folgt: »Der Sinn eines Eigennamens wird von jedem erfaßt, der die Sprache oder das Ganze von Bezeichnungen hinreichend kennt, der er angehört; damit ist die Bedeutung aber, falls sie vorhanden ist, doch immer nur einseitig beleuchtet.« Auf S. 30 dann: »Die Bedeutung eines Eigennamens ist der Gegenstand selbst, den wir damit bezeichnen; die Vorstellung, welche wir dabei haben, ist ganz subjektiv; dazwischen liegt der Sinn, der zwar nicht mehr subjektiv wie die Vorstellung, aber doch auch nicht der Gegenstand selbst ist.« Und auf Seite 32: »Der Gedanke kann also nicht die Bedeutung des Satzes sein, vielmehr werden wir ihn als den Sinn aufzufassen haben.« Und in Fußnote 5 zur Erläuterung von ›Gedanke‹ heißt es: »Ich verstehe unter Gedanken nicht das subjective Thun des Denkens, sondern dessen objectiven Inhalt, der fähig ist, gemeinsames Eigenthum von Vielen zu sein.«

3 **Bezeichnungsrelation**: Andere Lesart: Beziehungsrelation

17 **psychische**: Andere Lesart: psychologische

*Bemerkung* {(*Psychologie*)}: Beispiel einer falschen Evidenz: Es kommt mir selbst das Erreichen von *Eternal Happiness* zweck- und sinnlos vor [wenn ich mich nicht wohlfühle].

*Bemerkung* (*Philologie*): Unterschied zwischen *Perfekt* und *Imperfekt* (im Deutschen und Englischen). *Perfekt* = das in der Gegenwart Vergangene [daher ist das Nicht-mehr-Sein betont]. [259] *Imperfekt* = das in der Vergangenheit Gegenwärtige [daher ist das frühere Sein betont]. Daher ist das *Imperfekt* die erzählende Zeit.
Im Griechischen:
Aorist → *Imperfekt*
*Perfekt* → *Perfekt*.

Im Lateinischen entspricht beiden das *Perfekt*. Die Zeit wird ausgedrückt durch verschiedene Arten der Wahrheit [oder der Behauptung].
$\vdash_g P$ $P$ ist.
$\vdash_v P$ $P$ war.
[Diese Behauptungszeichen können iteriert werden?]

Außerdem kann im Satz selbst die Zeit angegeben werden, entweder durch Nennung eines Zeitpunktes oder durch Zeitform des Verbes, und daher:
$\vdash_g P_v$ = *Perfekt*
$\vdash_v P$ = *Imperfekt*
$\vdash_v P_v$ = *PlusquamPerfekt*

Wenn man die iteriert bildet, so gibt es für jeden solchen Satz eine Menge von Zeitpunkten, welche, in den Satz | eingesetzt, den Satz wahr machen, und zwar ist der Satz wahr [260] zu gewissen Zeitpunkten. → {Beim *Perfekt* ist das Objekt der Aussage der »Schatten« des Ereignisses in der Gegenwart {daher die Wirkung und nicht zu lange vergangen}; beim *Aorist* ist es das vergangene

---

5 **Philologie**: Andere Lesart: Philosophie. Verhandelt wird u. a. ein grammatischer Gesichtspunkt; da dieser mit der Frage der Wahrheit, also einem philosophischen Thema, in Verbindung gebracht wird, kommt auch diese Lesart in Frage
16 $\vdash_g P$: ›g‹ steht für ›Gegenwart‹
17 $\vdash_v P$: ›v‹ steht für ›Vergangenheit‹
22 $\vdash_g P_v$: ›g‹ steht für ›Gegenwart‹; ›v‹ steht für Vergangenheit
23 $\vdash_v P$: ›v‹ steht für ›Vergangenheit‹
24 $\vdash_v P_v$: ›v‹ steht für ›Vergangenheit‹
26: ›er‹ von der Editorin gelöscht
28 →: Pfeil zeigt von ›gewisse Zeitpunkte‹ auf die folgende Einfügung am oberen Rand der Seite

11 **Aorist**: Der Aorist ist im Altgriechischen eine Zeitform der Vergangenheit. In ›A Short Grammar of Classical Greek‹ von Adolf Kaegi, St. Louis, Mo. (Herder) 1909, 5. Auflage, die sich in Gödels Privatbibliothek befindet, heißt es dazu auf S. 42: »The indicative of the aorist has its proper place in narrative. It corresponds to the historical perfect in Latin.«
28 **Perfekt**: Das griechische Perfekt drückt das gegenwärtige Resultat einer vorangegangenen Handlung aus. Es ist wegen des fehlenden Augments kein Vergangenheitstempus im eigentlichen Sinn.
30 **Aorist**: Bei Adolf Kaegi (op. cit.) heißt es dazu auf S. 133: »Historical Aorist: Being the tense of narration, it merely chronicles events that once came to pass.« Der Aorist kennzeichnet die Handlung als geschehen und zum Abschluss gebracht.

Ereignis selbst.} Manche Kombinationen aber sind sinnlos [der Zeitpunkt nur durch Angabe eines gleichzeitigen und vorhergehenden oder nachfolgenden Ereignisses möglich].

*Imperfekt*, *Praesens* und *Futur*, und nur diese, sind ohne Angabe eines Zeitpunktes sinnvoll [aber auch mit Angabe, vorausgesetzt, dass der Zeitpunkt richtig liegt]. Ein ganz anderer Unterschied ist der zwischen andauernder Handlung und momentaner [*am reading* und lateinisches *Imperfekt*]. Das englische *Praesens* ist zeitlos?

<u>Bemerkung</u> (*Philosophie*): Man hat manchmal das Gefühl, dass die Sprache ein unvollkommenes Abbild der Begriffswelt ist, indem manches Wichtige fehlt, manches doppelt vorkommt, und gewisse Teile überbetont sind, und dass die Ursachen davon ganz ähnliche sind wie die der *visuellen* Sinnestäuschungen [d.h. Verwechslung nahestehender oder wenigstens in einer <u>Isomorphie-Beziehung</u> stehender Begriffe]. Andererseits beruht auf der Gleichsetzung sehr isomorpher Dinge [261] die Erkenntnis: psychische Bilder der Dinge und ihre Relationen = Dinge und ihre Relationen, Wort = Bedeutung. Beispiel fehlerhafter Gleichsetzung: Ungenauigkeit und Allgemeinheit eines Begriffs. Daher ist die Erkenntnis: <u>»das ist nicht dasselbe«</u> sehr aufklärend.

{*Lectüre Zweig* (Mesmer, Baker, Freud)}

<u>Bemerkung</u> (*Psychologie*): Die Beobachtungen an blind Geborenen scheinen zu beweisen, dass es zwar angeborene Beziehungen zwischen den verschiedenen Sinnesgebieten (und Sinnesgebieten zu Begriffen) gibt, aber falsche: Der zum Mund geführte Bissen erscheint riesig groß, das Entfernte scheint <, die Gegenstände scheinen auf einen zuzukommen, wenn man ihnen entgegengeht, der Zaun, längs dessen man geht, scheint mitzugehen, ?auch im Gefühlsmäßigen: Das menschliche Gesicht scheint hässlich und erschreckend (besonders die Nase), | gewisse Gesichtszüge erscheinen »gutmütig«. Das Spiegelbild (besonders, dass es alles nachmacht, z. B. näherkommt) erregt Heiterkeit.

---

23 **Lectüre Zweig:** Gemeint ist die Lektüre von Stefan Zweigs Buch ›Die Heilung durch den Geist‹, Leipzig (Insel) 1931. Zweig setzt sich dort mit dem Denken Franz Anton Mesmers, Mary Baker Eddys und Sigmund Freuds auseinander. Die Verbindung bei den Genannten sieht Zweig in deren Beschäftigung mit der Heilung durch den Geist. Die nun folgenden Bemerkungen Gödels befassen sich mittelbar mit dem Werk Zweigs.

11: ›.‹ von der Editorin verbessert in ›,‹
11 **indem:** Andere Lesart: in dem
13 **davon:** Andere Lesart: zunächst
29 <: Zu lesen als ›kleiner‹
33: | es sind

[262]

*Frage* (*Jurisprudenz*): Ist es möglich, dass man etwas auf unredliche Weise erwirbt, ohne dass man das weiß? Zum Beispiel dadurch, dass man jemanden nicht als Anreger gewisser Gedanken anerkennt, hat man weitere Ideen.

Kann man irgendwelche unredlich erworbene Dinge unter seinem Namen publizieren?

In welchem Sinn ist die Erwerbung in einem spiritistischen Zirkel unredlich?

Unredliche Erwerbung = verursacht (durch mechanische oder juristische Gesetzlichkeit) durch Dinge, welche man nicht tun sollte (und von denen man weiß (*in abstracto* oder im speziellen Fall), dass man sie nicht tuen sollte).

*Bemerkung* (*Psychologie*): Wenn man | Macht will und glaubt, dass man Wahrheit will, erreicht man weder das eine noch das andere, weil dann die obere und die untere Psyche in der Erkenntnis (Vorstellung und Entschluss) der Mittel gegeneinander arbeiten.

*Bemerkung* (*Grundlagen*): Was man in der Mathematik eine »Idee« (Beweisidee) nennt, ist in Wahrheit ein Sachverhalt, und zwar insbesondere ein Sachverhalt der Form $(\exists x)\, \varphi(x)$. Insofern man also ein Ding $\{\rightarrow (\text{Begriff})\}$ mit [263] seiner Existenz identifiziert, ist es doch ein Ding, aber zusammen mit seiner *Definition*. (Näher an einem Beispiel ausführen.)

*Bemerkung* (*Philosophie*): Beispiele, wo empirisch gegebene Dinge »erkannt« werden:
1. alle möglichen Kristallsysteme,
2. vielleicht alle möglichen Sprachen?

Es würde dann aus der richtigen *Definition* zum Beispiel der lateinischen Sprache auch ihre konsequente Grammatik folgen. [Die wirkliche Sprache ist ein Gemisch aus der richtigen Sprache und menschlicher Unvollkommenheit.] Ferner kann man vielleicht aus

---

15 **Macht:** Andere Lesart: machen
15: | glaub
23 →: Pfeil zeigt von ›Ding‹ auf ›Begriff‹

21 **Sachverhalt:** Vgl. zu ›mathematischer Sachverhalt‹ Manuskriptseiten 226ff., Bemerkung Philosophie 1; 248, Bemerkung Grundlagen 1; 250f., Bemerkung Philosophie 1
29 **Kristallsysteme:** Es gibt sieben Kristallsysteme, die auf dasselbe Achsenkreuz bezogen sind, sich aber hinsichtlich ihrer Gitterparameter unterscheiden. Angewendet werden sie in der Mineralogie, der Festkörperphysik und der Festkörperchemie.

der *Definition* der Sprache die *Definition* des Volkes und aus den Mängeln der Sprache die Fehler des Volkes ablesen.

Das »Erkennen« eines Dinges besteht also darin, dass man seine richtige *Definition* [seinen richtigen Namen] findet.

Vielleicht ist es möglich, systematisch solche Fragen zu beantworten wie: Was ist Raum und Zeit? Was ist Mathematik? {Was sind *Aggregat*-Zustände?} *etc.* (Aus welchen Grundbegriffen wird dabei definiert?).

Die Erkenntnis der ersten Ursache (des Urgrundes) und des letzten Sinns [264] ermöglicht es offenbar,* alle Dinge zu »erkennen« (denn wer die Ursache genau kennt, kennt auch alle ihre Wirkungen) und alle Dinge zu »verstehen«. (Verstehen ist mehr als erkennen, insofern als, wenn ich sie verstehe, auch mein Verhalten zu ihnen festgelegt ist).

Die materialistische Weltanschauung gibt auch einen letzten Grund an (das physikalische Grundgesetz), aber dieser Urgrund ist nicht zugleich ein »Ursinn«, sondern ein Unsinn.

*Bemerkung* (*Philosophie*): Vielleicht gibt es eine konsequente Theologie [Wissenschaft des »Seins« mit evidenten Axiomen], in welcher ein Theorem ist: Es gibt nichts Böses. Welche also zwar die Empirie aufzubauen gestattet, aber falsch. Vielleicht liegt diese der griechischen Vorstellung Gottes »außerhalb« der Welt zu Grunde und auch den biblischen Worten: *cognovit populum suum*,

* Diese erste Ursache ist offenbar ein Sachverhalt und kein Ding.

---

6 **Was ist Mathematik?:** Vgl. zu der Frage, was die Mathematik ausmacht, etwa die Manuskriptseiten 183, Bemerkung Grundlagen 1; 188, Bemerkung Grundlagen 1; 198f.; 215, Bemerkung Grundlagen 1; 216, Bemerkung Grundlagen 1; und 231f., Bemerkung Grundlagen 2.
20 **Wissenschaft des »Seins« mit evidenten Axiomen:** Vgl. zum Begriff Gottes als des abstrakten Seins: Karl Rosenkranz, ›Encyclopädie der theologischen Wissenschaften‹, Halle (Schwetschke) 1845, 2. Aufl., S. 19.
23 **der griechischen Vorstellung Gottes »außerhalb« der Welt:** Vgl. ›Max XI‹, Manuskriptseite 14f.: »*Bemerkung* (*Theologie*): Die Leibnizsche Ansicht, dass alle *Substanzen* außer [15] Gott Körper haben, ist eine Art, die Tatsache darzustellen, dass Gott ›außerhalb der Welt‹ ist.« Dort des Weiteren auf Manuskriptseite 149f.: »*Bemerkung* (*Theologie*): Dass Gott ›außerhalb‹ der Welt steht, zeigt sich in Folgendem: [150] 1. Er existiert vor aller Zeit. 2. Er erschafft alle Dinge ständig. 3. Er allein ist notwendig, aber alles Zufällige ist in ihm verankert. 2. und 3. zeigen, dass Gott etwas *principiell* anderes ist als alle Kreaturen.«
24 **cognovit populum suum:** Zu »Er hat sein Volk erkannt« lässt sich keine Referenzstelle nachweisen.

*numquam cognovi vos, verba mea non transibunt.* [265] Das ist also anscheinend die wahre Theologie (im Gegensatz zu den *Manichäern*).

*Bemerkung* (*Theologie*): »Wenn ich von mir selbst zeuge, spreche ich nicht die Wahrheit« bezieht sich vielleicht auf *theologische Paradoxien*?

*Bemerkung* (*Theologie*): Ist das Heilsprinzip der *Christian Science* vielleicht das Folgende?: Man erzeugt in dem *Patienten* den Glauben an seine Genesung in solcher Weise, dass er recht hat, daran zu glauben. Dann muss er genesen, weil subjektiv und objektiv

---

1: ›nunquam‹ von der Editorin verbessert in ›numquam‹

1 **numquam cognovi vos:** »Numquam [cog]novi vos« (Ich habe euch nie erkannt) findet sich in Matthäus 7, 21–23: »Non omnis, qui dicit mihi, Domine Domine intrabit in regnum caelorum: sed qui facit voluntatem Patris mei, qui in caelis est, ipse intrabit in regnum caelorum. (22) Multi dicent mihi in illa die: Domine, Domine nonne in nomine tuo prophetavimus, et in tuo nomine daemonia eiecimus, et in nomine tuo virtutes multas fecimus? (23) Et tunc confitebor illis: Quia numquam [cog]novi vos: discedite a me, qui operamini iniquitatem.« In: ›Biblia Sacra secundum Vulgatam Clementinam edita‹, Bd. 5, ›Novum Testamentum‹, hrsg. v. Michael Hetzenauer, Regensburg (Pustet) 1922, S. 20. In der Luther-Bibel von 1912 lautet der Text von Matthäus 7, 21–23: »Es werden nicht alle, die zu mir sagen: HERR, HERR! ins Himmelreich kommen, sondern die den Willen tun meines Vaters im Himmel. Es werden viele zu mir sagen an jenem Tage: HERR, HERR! haben wir nicht in deinem Namen geweissagt, haben wir nicht in deinem Namen Teufel ausgetrieben, und haben wir nicht in deinem Namen viele Taten getan? Dann werde ich ihnen bekennen: Ich habe euch noch nie erkannt; weichet alle von mir, ihr Übeltäter!«

1 **verba mea non transibunt:** »Caelum et terra transibunt, verba autem mea non transibunt.« Markus 13, 31. In: ›Biblia Sacra secundum Vulgatam Clementinam edita‹, Bd. 5, ›Novum Testamentum‹, hrsg. v. Michael Hetzenauer, Regensburg (Pustet) 1922, Bd. 5, S. 111. In der Übersetzung der Luther-Bibel von 1912: »Himmel und Erde werden vergehen; meine Worte aber werden nicht vergehen.« Vgl. auch oben Manuskriptseite 242.

5 **Wenn ich von mir selbst zeuge, spreche ich nicht die Wahrheit:** Johannes 8, 13–14: »Da sprachen die Pharisäer zu ihm: ›Du zeugst von dir selbst; dein Zeugnis ist nicht wahr.‹ Jesus antwortete und sprach zu ihnen: ›So ich von mir selbst zeugen würde, so ist mein Zeugnis wahr; denn ich weiß, woher ich gekommen bin und wohin ich gehe; ihr aber wißt nicht, woher ich komme und wohin ich gehe.‹«

9 **Christian Science:** Die Gründerin dieser Kirche, Mary Baker Eddy, hielt Krankheit für eine Illusion, die sich durch Gebete überwinden lässt. Vgl. dazu ihr 1875 erschienenes Buch ›Science and Health‹ (dtsch. ›Wissenschaft und Gesundheit mit Schlüssel zur Heiligen Schrift‹, 1898), aber auch ›Die Heilung durch den Geist‹ von Stefan Zweig, S. 225ff. Gödel besaß eine Ausgabe von Mary Baker Eddys ›Science and Health, with Key to the Scriptures‹, Boston (Trustees under the Will of Mary Baker G. Eddy) ©1934; und dies., ›Unity of God and Other Writings‹, Boston (Trustees under the Will of Mary Baker G. Eddy) ©1919.

»richtig« übereinstimmen müssen (Irrtum entsteht nur durch Sünde). [Insbesondere, wenn der *Patient* glaubt: 1. Alle Krankheiten entstehen nur durch Irrtum und hören auf, sobald der Irrtum aufhört. 2. Insbesondere genügt das Aufhören der irrtümlichen Meinung hinsichtlich dieses Satzes 1., um alle Krankheiten zu heilen]. Dadurch wird der Kranke auf ein höheres Niveau gehoben und daher der Heilende rausgedrückt. Wenn das (aus moralischen Gründen) nicht geschehen kann, so mischt sich wahrscheinlich der tierische Magnetismus ein, welcher den Kranken »einschläfert« und ihn was anderes hören lässt, als was [266] ihm gesagt wird. (Aber trotzdem Heilung. Aber nicht andauernd?)

2 **Alle Krankheiten entstehen nur durch Irrtum:** Vgl. Stefan Zweig, ›Die Heilung durch den Geist‹, S. 223: »Was ist im Grunde die weltbewegende Entdeckung, [...]? Ein einziger Gedanke, jawohl, nur ein einziger Gedanke, [...]: ›Unity of God and unreality of evil‹, das will sagen: es gibt nur Gott, und da Gott das Gute ist, so kann es kein Böses geben. Demzufolge ist jeder Schmerz und jedes Kranksein völlig unmöglich und sein Scheinvorhandensein nur eine Falschmeldung der Sinne, ein ›error‹ der Menschheit.«

5 **um alle Krankheiten zu heilen:** Desweiteren in Zweigs ›Die Heilung durch den Geist‹, S. 225f.: »Nur die Science kann dem Menschen helfen, indem sie ihn über seinen ›error‹ aufklärt, indem sie ihm beweist, daß Kranksein, Altern und Tod überhaupt nicht existieren. Sobald der Kranke diese ›truth‹, diese unerhört neue Wahrheit begriffen und in sich aufgenommen hat, sind ja Schmerz, Geschwür, Entzündung und Gebrest ohnehin sofort verschwunden. ›When the sick are made to realize the lie of personal sense, the body is healed.‹« Zweig bezeichnet diese Lehre auf S. 225 als eine Wendung ins Absurde, als ein Verlassen der Welt der Vernunft.

9 **der tierische Magnetismus:** Mesmer spricht vom ›tierischen Magnetismus‹. Nach ihm kann ein unsichtbares Fluidum durch die Nerven auf das Innere des Organismus wirken. Der Arzt könne dieses Fluidum bei Kranken durch magnetische Kräfte oder durch Handauflegen beeinflussen. Stefan Zweig zitiert Mesmer in seinem Buch auf S. 83f. bezüglich dieses Ausdrucks lediglich wie folgt: »Der tierische Magnetismus ist gar nicht, was die Ärzte unter einem geheimen Mittel sich denken. Er ist eine Wissenschaft, welche ihre Gründe, Folgen und Sätze hat. Das Ganze ist bis auf diese Stunde unbekannt, ich gebe es zu. Aber eben deswegen wäre es widersprechend, mir Leute zu Richtern geben zu wollen, welche nichts von dem verstünden, was sie zu beurteilen sich unterfingen. Nicht Richter, Schüler muß ich haben. Eben darum geht meine ganze Absicht dahin, von irgendeiner Regierung öffentlich ein Haus zu erhalten, und darin Kranke in die Kur zu nehmen, und wo man mit leichter Mühe, ohne fernere Unterstellungen besorgen zu dürfen, die Wirkungen des tierischen Magnetismus vollständig beweisen könnte. Dann wollte ich es über mich nehmen, eine bestimmte Anzahl von Ärzten zu unterrichten, und es der Einsicht derselben Regierung überlassen, wie allgemein oder eingeschränkt, wie schnell oder langsam sie diese Erfindung verbreiten wollte. [...] Eingehüllt in meine Rechtschaffenheit, sicher vor allen Vorwürfen meines Gewissens, werde ich rings um mich einen kleinen Teil der Menschheit sammeln, [...] und dann wird es Zeit sein, niemanden als mich selbst über das, was ich zu tun habe, um Rat zu fragen. Wenn ich anders handelte, so würde der tierische Magnetismus wie eine Mode behandelt werden.«

11 **Aber trotzdem Heilung. Aber nicht andauernd?:** Andere Lesart: Aber trotzdem Heilung, aber nicht andauernd?

*Bemerkung* (*Philosophie*): Wesen der Zeit:\* Sie macht das Identifizieren des einen mit dem anderen [d.h. das Erkennen] schon innerhalb bloßer sinnlicher Gegebenheiten möglich, indem das spätere Erlebnis als dem früheren gleich erkannt wird. Die Erinnerung eines Früheren ist das *Prädikat*. Das ist wahrscheinlich die einzige Möglichkeit, wie Verschiedenes gleichzeitig wahrgenommen wird [auch räumlich wird nur verglichen, indem die Erinnerung des einen mit dem anderen verglichen wird = Eindimensionalität des Bewusstseins]. Allerdings wird auch noch ein Drittes zugleich wahrgenommen, nämlich der »Erkenntnisgrund« und bei 2 Prämissen sogar mehrere solche Gründe. Aber der Erkenntnisgrund (die Erkenntnisgründe) sind vielleicht etwas im Subjekt Befindliches, nämlich eine *Disposition*, gewisse Urteile zu fällen, ohne dass während des Fällens der Urteile die Grundlage dieser *Disposition* selbst mit wahrgenommen wird. Zumindest im »natürlichen«\* Denken ist es so. Nicht so im Formalen, wo Eigenschaften von Zeichen [der Prämissen] wahrgenommen werden.

*Frage*: Spielen im natürlichen Denken die *Syllogismen* eine Rolle?

[267]

*Bemerkung* (*Philosophie*): Wegen der Eindimensionalität des Bewusstseins kann nur Einfaches wahrgenommen werden [möglicherweise 2 einfache Dinge, Subjekt und Prädikat als in Wahrheit Eines]. Also ist es möglich, ein Ding, das Teile hat, ganz wahrzunehmen, ohne die Teile wahrzunehmen. Oder das Wahrgenommene | eines zusammengesetzten Dinges hat keine Teile\*\* (es ist verschieden von dem Ding selbst, ebenso wie die Bilder der Gegenstände der äußeren Welt von diesen selbst).

Vielleicht hat kein Ding im eigentlichen Sinn Teile, sondern nur Vielheiten haben Teile. Die Vielheiten werden aber nicht unmittelbar wahrgenommen, sondern nur ihre Bilder. Oder aber, auch die Teile\*\*\* der zusammengesetzten Dinge sind tatsächlich nicht in ihnen, sondern nur in Beziehung zu ihnen. Sie sind nur in der dem zusammengesetzten Ding entsprechenden Vielheit seiner Teile [nur diese Vielheit hat also Teile im eigentlichen Sinn].

Den Satz $\varphi(a)$ verstehen würde demnach bedeuten: die zu der Vielheit $\varphi, a$ gehörige Einheit wahrnehmen [das Paar wäre dagegen diese Vielheit].

---

\* Dadurch wird zugleich der »Zweck« der Zeit erkannt.

\* Inhaltlichen.

\*\* Man beachte den »Gesamteindruck« einer Sache, welcher das einfache Bild einer zusammengesetzten Sache ist.

\*\*\* Das heißt, das, was man Teile nennt.

13: ›.‹ von der Editorin verbessert in ›,‹
26: |für

10 »**Erkenntnisgrund**«: Ratio cognoscendi

[268]

_Bemerkung_ (Psychologie)**?**: Im wirklichen Denken hat wahrscheinlich jeder Satz die Form φ(a) und die Schlüsse sind die _Aristotelischen_ oder noch weniger [daher muss prinzipiell auch der ganze mathematische Formalismus darauf reduzierbar sein].

_Bemerkung_ (Grundlagen): Der Begriff ist die Einheit, durch welche die zugehörige Menge (Vielheit) erfasst wird [wegen der Eindimensionalität des Bewusstseins können nur Einheiten erfasst werden].

{Aber es gibt einen Unterschied zwischen formalen (mathematischen) und empirischen Begriffen.}

_Bemerkung_ (Philosophie): Rein begriffliche Erkenntnis = nicht sinnlich (_inclusive_ innerer Sinn) wahrnehmbare ≡ _apriori_sche (_apodiktische_) Erkenntnis. {↑} Diese unterscheidet sich von der sinnlichen dadurch, dass nicht | beliebige Elemente der Begriffswelt in beliebiger Reihenfolge wahrgenommen werden können, sondern eines sich auf dem anderen aufbaut [die Begriffswelt bildet ein Gewebe oder eine Struktur, nicht eine Vielheit von Dingen]. Das heißt genauer, es wird überhaupt nur sehr wenig wirklich wahrgenommen, und der Rest wird konstruiert (gesetzt, angenommen), indem man zum Beispiel aus dem wahrgenommenen »Sein von _p_« auf _p_ schließt.

Das Setzen (Konstruieren) von Dingen, [269] die verschieden sind von dem Empfundenen, bezieht sich nicht nur auf die körperlichen Dinge, das Fremd-_psychische_, die »Seele«, sondern vor allem auch auf Begriffe und Sachverhalte.

Das wirklich Gegebene (d. h. Wahrgenommene) sind nur die sinnlichen Empfindungen und irgendein (oder sehr wenige) Urbegriff und Ursachverhalt. Aber nur die Wahrnehmung dieser

---

3 **Aristotelischen:** Aristoteles' Untersuchung der syllogistischen Schlüsse findet sich in Buch I seiner ›Analytica priora‹ in den Kapiteln 1, 2, 4–7 und 45.
16 **innerer Sinn:** Der Begriff des inneren Sinns geht auf Aristoteles zurück (κοινὴ αἴσθησις, koinê aisthêsis) und bezeichnet die innere Wahrnehmung, welche sich auf die Wahrnehmungen der Sinnesorgane bezieht. Er bezeichnet mithin die Wahrnehmung der eigenen Wahrnehmungen eines Organismus. Vgl. auch ›Philosophie I Maximen 0‹, S. 105, Z. 1ff.
27 **das Fremdpsychische:** Vgl. ›Philosophie I Maximen 0‹, S. 78, Z. 7f.; 79, Z. 15; ›Maximen III‹, S. 71, Z. 15f.; 169, Z. 1f.
28 **Sachverhalte:** Vgl. zu ›Sachverhalt‹ die Angaben zu Manuskriptseite 153, Bemerkung Grundlagen 1.

17 ↑: Pfeil führt nach oben zu »Aber es gibt einen Unterschied zwischen formalen (mathematischen) und empirischen Begriffen.«
18: | eine
18 **Begriffswelt:** Andere Lesart: bcgrifflichcn Welt
20 **Begriffswelt bildet:** Andere Lesart: begriffliche Welt bildet

\* Diese geben dem Satz überhaupt erst seinen Sinn.

Urbegriffe und -sachverhalte\* veranlasst mich (auf Grund der Empfindungen), neue Begriffe und Sachverhalte zu »setzen«. Zum Beispiel: Die sinnliche Wahrnehmung, ich habe $P$ gesetzt und $P \supset Q$ gesetzt, veranlasst mich, $Q$ zu setzen. [Vielleicht auf Grund der weiteren Wahrnehmung: Ich habe gesetzt: Wenn $P$ und $P \supset Q$, dann $Q$, für beliebige $P$, $Q$].

So wird nach festen Regeln ein »Netz« konstruiert, welches die ganze Welt abspiegelt. {(Fortsetzung p. 273)}

[270]

\*\* [271] Genauer Konstruktionsverfahren (oder schöpferisches Verfahren).

<u>Bemerkung</u> (Grundlagen): Die natürliche *Interpretation* der *Principia Mathematica* ist die *psychologische*. Das heißt, eine Klasse von natürlichen Zahlen ist eine »Verhaltungsweise« [= Verfahren\*\*], welche es gestattet, aus einer beliebig vorgelegten Zahl 0 oder 1 zu konstruieren. Die einzelnen Akte bestehen aus materiellen Handlungen (bestimmt durch das Vorgelegte, die vorhergehenden Handlungen, und die Resultate der vorhergehenden Handlungen), ebenso wie ein Verfahren, aus einem gegebenen Stück Gold einen Ring zu schmieden.\*\*\* Eine zweite *Interpretation* ist die »*nominalistische*«; bei dieser sind die Klassen Symbolkombinationen (wobei aber gewisse Symbolkombinationen als Satz »verstanden« werden). Eine dritte *Interpretation* ist die »*idealistische*«, wobei die Klassen »Ideen« oder »Begriffe« in der objektiven Welt der Ideen sind. Eine vierte *Interpretation* ist die »*extensionale*«, wobei die Klassen unendliche *Extensionen* sind.

\*\*\* Die Theoreme haben alle die Form: Wenn etwas vorgelegt ist und man wendet ein gegebenes Verfahren an, so bekommt man ein gewisses Resultat.

[271]

---

<u>Einschub</u> (Theologie): Es scheint zunächst: Das Böse existiert, dann, es existiert nicht, aber der Glaube daran existiert; dann, der iterierte Glaube *etc.* Heißt das nicht schließlich, dass das Böse niemals im Objekt, sondern nur im Subjekt existiert? Es verschwindet, sobald man es zum Objekt macht.

---

13 s: Das ›s‹ wird im Folgenden stillschweigend ergänzt.
31: ›,‹ von der Editorin verbessert in ›,‹
32: ›.‹ von der Editorin verbessert in ›?‹

Die Objekte der *nominalistischen Interpretation* verhalten sich zu denen der idealistischen [beziehungsweise *extensionalen*; diese sind die beiden »objektiven«] wie Zeichen zum Bezeichneten; da-

7 **die ganze Welt abspiegelt**: Vgl. ›Zeiteinteilung (Maximen) I und II‹, S. 210, Z. 6–11.

gegen die Objekte der *psychologischen* Interpretation wie Wirkung zur Ursache, indem der Begriff das Regulativ der Verhaltensweise ist. Die Verhaltensweise wird nur möglich, indem man den Begriff »vor Augen« hat. Andererseits aber, wenn man *introspektiv* auf seine Verhaltensweise zurückblickt, sieht man nur diese und das Objekt, worauf sie gerichtet ist, aber nicht das Objekt, wonach man sich richtet.

{Grund:}
1.) Vielleicht existiert dies nicht, sondern es treibt einen ein dunkler *Instinkt* (erzeugt durch die Vorstellung der beschreibenden Symbole [272] und die *Intention* (Wahl), sich danach zu richten).
2.) Vielleicht ist der regulierende Begriff gar nicht Objekt, sondern im Subjekt (man wird gewissermaßen dieser Begriff).
3.) Vielleicht übersehen wir dieses Objekt wegen unserer *iniquitas* des Betrachtens, weil es weniger in die Augen springt und außerhalb des *ego* liegt.

Die *psychologische Interpretation* ist wahrscheinlich der *Frege*sche »Sinn«. [Genauer, wenn φ(a) nicht das Resultat der Anwendung der Verhaltensweise φ auf a bedeutet, sondern die daraus sich ergebende spezielle Verhaltensweise, dann ist es der Sinn].

Es gilt: Das Zeichen bestimmt die Idee, die Idee bestimmt das Verhalten, das Verhalten bestimmt die Klasse [aber nicht in umgekehrter Reihenfolge]. Daher, was Grade der »Trennung« in Verschiedenes betrifft, gilt folgende Reihe:

*Wort, Idee, Verhalten, Klasse.* Das entspricht wahrscheinlich: göttlich, geistig, seelisch, materiell.

Rechts von der Klasse steht noch die Struktur, welche aber irgendwie dem Wort sehr ähnlich ist (Sprachstruktur).

Aus der obigen Reihe folgt, dass die Ideen nicht *extensional* sind, da [273] die Verhaltensweisen nicht *extensional* sind.

---

*Bemerkung* (*Philosophie*): {→ *Extensionen* = reine Mehrheiten; insofern sie Einheiten sind, sind sie nicht rein objektiv.} **?**Vielleicht ist das Wesen des *extensionalen* ein Identifizieren, das heißt, eine Gleichungs-*Definition*, und daher das aller Erkenntnis zu Grunde Liegende**?** (Oder vielleicht das »reine Objekt« {→ das heißt, von allem Subjektiven Freie} (= Bedeutung).)

15 **iniquitas**: Vgl. Manuskriptseite 165, Bemerkung Philosophie.

2: ›der‹ von der Editorin verbessert in ›das‹
2: ›.‹ von der Editorin verbessert in ›,‹
33 **Philosophie**: Überschreibt ein ausradiertes ›Bem‹
33 →: Pfeil zeigt von ›Bemerkung Philosophie‹ auf den am oberen Rand der Seite eingefügten Satz
37 →: Pfeil zeigt von ›reines Objekt‹ auf den am oberen Rand der Seite eingefügten Satz

Fortsetzung von p. 269: Der Unterschied zwischen dem Gesehenen und dem Gesetzten wird bei *Introspektion* sehr leicht übersehen, denn 1. sie bestimmen dasselbe Verhalten von mir, 2. auch beim Setzen wird etwas gesehen [wenn auch nicht das Gesetzte], nämlich dass es vernünftig ist, diese Setzung zu machen. 3. Auch beim Sehen wird der Satz »gesetzt«, aber mit einem anderen Erkenntnisgrund, und es ist zweckmäßig, die Erkenntnisgründe zu vergessen, weil sie bei der Anwendung [Zweck der Erkenntnis] keine Rolle spielen.

*Bemerkung* {(*Philosophie*)}: Sind die *Extensionen* (= Klassen) definierbar aus den Ideen? Der Begriff der Klasse und die einzelne Klasse [nicht durch *Abstraktion*, weil das den Klassenbegriff voraussetzt]. Die Definierbarkeit eines Gegenstandes $a$ aus anderen $b_1 .. b_k$ kann bedeuten:
1. Es gibt eine eindeutige Beschreibung von $a$ mittels einer Kombination der [274] $b_i$,
2. $a$ ist eine Kombination der $b_i$.

Im ersten Sinn kann es verschiedene richtige *Definition* geben, im zweiten nur eine. Bei 2. muss es sich um eine Zusammensetzung ohne »Beschreibungen« handeln. Ein Beispiel für 2. wäre die *Definition* eines Klassenbegriffs $K$ durch $K(x) =_{Df} \varphi(x)$ [Zusammensetzung der Merkmale]. Diese Gleichung kann richtig und trotzdem keine richtige *Definition* sein [nur *extensional*, aber nicht *intensional* richtig\*]. Nur wenn sie *intensional* richtig ist, ist sie eine *Definition* im Sinne von 1.

1. verhält sich zu 2. wie *imprädikative* und *prädikative Definition*. Eine *imprädikative Definition* (im gewöhnlichen Sinn) bei der *idealistischen Interpretation* beschreibt einen Begriff (nicht einmal eindeutig), aber sie definiert ihn nicht. <u>Gibt es</u> Fälle, wo 1. möglich und 2. unmöglich ist? Das wäre Eineindeutigkeit und *Existenz*beweis ohne Konstruktion. 2. ist eine Analyse und 1. eine *Charakterisierung*. {p. 277 unten}

Für die *psychologische Interpretation* gelten die *imprädikativen Axiome* nicht [*Chwisteksche* [275] *Antinomie*]. Die falsche Evidenz, dass

---

\* Das heißt nur für Äquivalenz, nicht für Identität. In diesem Fall ist $K$ auch nicht zusammengesetzt aus $b_i$.

31: ›ist‹ von der Editorin verbessert in ›ihn‹
32 **Eineindeutigkeit**: Andere Lesart: eine Eindeutigkeit

7 **Erkenntnisgrund**: Ratio cognoscendi.
37 **Chwisteksche [275] Antinomie**: Vgl. oben Manuskriptseite 155, Bemerkung Grundlagen 1.

sie doch gelten, ist genau dieselbe, wie im *extensionalen* die *Russellsche Antinomie*\* [Bildung der Menge aller Verhaltensweisen oder vielleicht eine zu starke »Idealisierung« der Verhaltensweise] [man kann entscheiden, ob etwas für alle Verhaltensweisen gilt]. Nimmt man nur an, dass man für eine Klasse von Verhaltungsweisen entscheiden kann, für welche Glieder Mengen einen *Repräsentanten* haben, so führt das zum *Reduktionsaxiom*, falls die richtige Seite *extensional* ist [kein = enthalten]. (Wie ist es bei der *nominalistischen Interpretation***?**)

*Bemerkung* {(*Philosophie*)}: Was heißt »Idealisierung«?: Ersetzen des Wirklichen durch etwas Besseres, Gedachtes, und sich so verhalten, als ob dieses Bessere wirklich ist [obwohl es <u>nicht</u> ist].

Die Verbesserung besteht in 1. Weglassen von Unwesentlichem, 2. (und das ist die Hauptsache**?**) Ergänzen im Sinn der Vollständigkeit vermöge *Analogie* und *Extrapolation*\*\* (*Analogie* gibt die *Existenz*, *Extrapolation* die *Essenz* des $4^{\text{ten}}$ Gliedes einer *Proportion*).

Sätze vom zureichenden Grund sind ein spezieller Fall.
$x : x' = y : y' \,.\, x = x' \to y = y'$.

*Bemerkung* {(*Philosophie*)}: Die *psychologische Interpretation* ergibt die richtigen *Axiome* auf Grund [276] 2er Denkfehler: 1. dass man *psychologisch interpretiert*, 2. dass man zu stark idealisiert. Allgemeines Prinzip der Aufhebung 2er Fehler? Das heißt: Die Welt ist so konstruiert, dass, <u>wenn jemand einen Fehler macht,</u>\*\*\* <u>hat das zur Folge, dass er in eine Situation kommt, wo derselbe Fehler ein Vorteil ist</u>. Daher erreicht man schließlich das Ziel, wenn man einen ähnlichen Weg weitergeht† | (bloß mit Umweg; *logische Spirale*). Alle Wege führen nach *Rom* [**?**Vielleicht folgt daraus auch, dass die ungenaue Betrachtung dasselbe Resultat ergibt wie die genaue↓**?** | Nein.]

Selbstkorrektur (Selbstvernichtung) des Irrtums. Ungenauigkeit ist kein Fehler (*iniquitas*), daher muss sie zu richtigen, aber ungenauen Resultaten führen. Es ist bloß eine weniger *intensive* Betrachtung.‡

*Bemerkung* {(*Grundlagen*)}: Die Begriffe (∃x) ∨ → sind gut, die Begriffe ~ . (x) sind schlecht.

---

\* Zwingt daher ebenso wenig zum Aufgeben der psychologischen Interpretation.

\*\* Vereinfacht. Anmerkung E.-M. E.: Andere Lesart: Vereinfachen. {Das heißt Identifizieren gewisser, in Wahrheit verschiedener (aber nicht sehr verschiedener) Teile in der Struktur. Darauf beruht letzten Endes das begriffliche Denken.} Anmerkung E.-M. E.: Die Ergänzung zur Fußnote befindet sich am oberen Seitenrand.

\*\*\* Prüfung! Fehler in der Wahl der Mittel ist gemeint.

† Überhaupt etwas macht und das Ziel nicht aus dem Auge verliert.

‡ Das muss ein weniger intensives, aber richtiges Bild ergeben.
12 **Besseres, Gedachtes**: Andere Lesart: besser Gedachtes
28: | mit sich konstant**?** bleibt im
31 ↓: Pfeil von ›wie die genaue‹ auf ›Ungenauigkeit‹ eine Zeile tiefer
31: |]

*Bemerkung* {(*Grundlagen*)}: Es wäre denkbar, dass es eine Schicht der Mengenlehre gibt |, für welche alles noch aus einem (aber unbeweisbaren) *Axiom* entscheidbar ist, zum Beispiel einem *MaximalAxiom*.

[277]
*Bemerkung* {(*Grundlagen*)}: Man definiere: Eine Symbol-*Kombination* hat eine Bedeutung, wenn sie Teil einer Silbenfolge ist, durch deren Anhören (mit *Intention* des Verstehens) das Verhalten der Menschen geändert werden kann; und 2 Symbolkombinationen bedeuten dasselbe, wenn sie füreinander ohne Änderung der Wirkung auf das Verhalten *substituierbar* sind. Dann bedeuten sicher nicht alle Sätze dasselbe. Beschreibungen bedeuten nicht den beschriebenen Gegenstand. Alle mathematischen Sätze bedeuten dasselbe für »idealisierte« Menschen, wenn die Mathematik *tautologisch* ist. Was eine Bedeutung hat, das steht zu etwas in der Bedeutungsrelation?

*Bemerkung* {(*Philosophie*)}: Ein Objekt $a$ ist logisch abhängig von $b_1 .. b_k$, wenn es eine richtige *explizite Definition* $a = \varphi(b_1 .. b_k \ b_{k+1} ... b_n)$* gibt [und dann nur eine]. Das heißt, wenn $a$ nur wahrgenommen [konstruiert]** werden kann, nachdem $b_1 .. b_k$ wahrgenommen (konstruiert) sind. Die $b_i$ heißen dann <u>logisch primär</u> (fundamentaler, einfacher) im Verhältnis zu $a$. $a$ ist dann entweder zusammen- [278] gesetzt aus den $b_i$ oder »erzeugt« von den $b_i$ (d.h. die $b_i$ sind die Seinsgründe von $a$, $a$ ist das »Kind« der $b_i$). Das heißt, $a$ wurde erschaffen wegen (oder mit Rücksicht auf) $b_i$. Der Zweck des Seins von $a$ liegt in den $b_i$ |. [Diese Relation hat eine Verwandtschaft mit der Fundamentalrelation der Überordnung, Herrschaft, ε, Bedeutung]. Für diese Relation gilt offenbar das Fundierungs*Axiom* (zumindest gibt es keine Zirkel).***

---

* Oder eventuell eine richtige Beschreibung von $a$ durch »wesentliche« Eigenschaften.
** »$a$« verstanden werden kann.

*** Definition: Ein Objekt heißt irreduzibel, wenn es von nichts erzeugt ist → [279] oder <u>primitiv</u> oder undefinierbar oder einfach.

2: | [bis zur ersten unerreichbar]
28: ›‹ von der Editorin gelöscht

3 **MaximalAxiom:** Rudolf Carnap bezeichnet beispielsweise als Maximalaxiom ein Axiom, das, wie etwa das Hilbertsche Vollständigkeitsaxiom, den Gegenständen einer axiomatischen Theorie eine Maximaleigenschaft zuschreibt, indem es aussagt, dass es kein umfassenderes System von Dingen gibt, das ebenfalls die Axiome der Theorie erfüllt. Vgl. Rudolf Carnap und Friedrich Bachmann, »Über Extremalaxiome«, in: ›Erkenntnis‹ 6 (1936), 166–188, hier S. 166.
17 **Bedeutungsrelation:** Vgl. zu ›Bedeutungsrelation‹ auch die Angaben zu Manuskriptseite 153, Einfügung am oberen Rand der Seite.
31 **FundierungsAxiom:** Die klassische Formulierung des Fundierungsaxioms lautet: Jede nichtleere Klasse $K$ besitzt mindestens ein $x$ derart, das $K$ und $x$ keine gemeinsamen Elemente haben. Dadurch sind u. a. sogenannte zirkuläre

{p. 490}

<u>Bem*erkung*</u> {(*Phil*o*sophie*)}: Die endliche *Ext*ension und sogar die Struktur werden unmittelbar wahrgenommen. Dagegen kann eine unendliche *Ext*ension nur durch einen Begriff konstruiert werden <u>oder</u> durch eine Verhaltungsweise.

<u>Bem*erkung*</u> {(*Phil*o*sophie*)}: Um die *psych*ologische Interpretation zu verstehen, wird vorausgesetzt:
A.) um die einzelnen Elemente wahrzunehmen: gewisse Formen *psych*ologischer Dinge [nämlich Zielsetzungen ↑], wobei aber auch unendliche (d.h. undurchführbare) Zielsetzungen vorkommen. In den einzelnen Zielsetzungen kommen endliche *Ext*ensionen vor.
B.) Um die Sachverhalte, die in den Sätzen\* ausgedrückt werden, zu verstehen, muss man den Begriff dieser »Formen von Zielsetzungen« wahrnehmen (oder konstruiert haben). [279]

\* Wegen der Quantoren.

Jede einzelne solcher Zielsetzungsformen (und der Begriffe von ihnen allen) ist etwas ungeheuer *kompliziertes* [*Einschub*: <u>Das Schöne ist die Einheit in der Vielheit und die Einfachheit in der Kompliziertheit</u>], aber uns sehr vertraut, weil wir von frühester Kindheit Verhaltungsweisen einüben.

Die Einfachheit\*\* eines Objekts und seine *psych*ischen Bilder haben nichts miteinander zu tun. 1.) ist das psychische Bild etwas vollkommen anderes; {? 2.) bedeutet Einfachheit eines *intentio*-

\*\* = Irreduzibilität.

---

Mengen ausgeschlossen, d.h. Mengen, die (mittelbar) Element von sich selbst sind. Gödel hat gezeigt, dass das Fundierungsaxiom für Mengen und Klassen äquivalent ist.

1 p. 490: Auf Manuskriptseite 490 von Notizbuch ›Max VII‹ findet sich folgende Bemerkung: »*Bemerkung* (*Philosophie*): Wenn $b$ zusammengesetzt ist aus $a_1 \ldots a_k$, so folgt noch nicht, dass die *subst*anzielle *Definition* von $b$ lautet: $b = a_1 + \ldots + a_k$. Zum Beispiel: Sokrates besteht aus Körper, Seele, Geist, aber die *subst*anzielle *Definition* hat seine charakteristischen Eigenschaften anzugeben. Die Teile sind gewissermaßen etwas äußerlich Haftendes, mit dem bloß ein enger Wirkungszusammenhang besteht. Anderseits aber eine Isomorphie der Teile des Wesens und der äußeren Teile (Physiognomik). Meistens gibt die *Definition* mittels der Teile nicht die *essentielle Definition*. Zum Beispiel: *Stephans*dom ist die von dem und dem Herrscher zu dem und dem Zweck errichtete Kirche. Die Eigenschaft, dass er jetzt [491] noch steht, ist *accidentell*. Aber die Teile können meistens erschlossen werden aus seiner *subst*anziellen *Definition*.«

14 **Sachverhalte**: Vgl. zu ›Sachverhalt‹ Manuskriptseite 153, Bemerkung Grundlagen 1.

24 **intentionalen Objekts**: Insbesondere in ›Philosophie I Max 0‹ gebrauchte Gödel den Ausdruck ›intensionales Objekt‹; vgl. Angaben zu Manuskriptseite 171. Im Folgenden verwendet Gödel jedoch ›intentionales Objekt‹, daher wird hier ›int‹ zu ›intentional‹ ergänzt.

10: ›:‹ Nach dem Doppelpunkt wurde ›sind Formen‹ ausradiert

11 **psychologischer**: Andere Lesart: psychischer

11 ↑: Pfeil nach oben zu ›oder [durch eine] Verhaltungsweise‹.

24 {: Geschweifte Klammersetzung ist von Gödel, zeigt keine Einfügung an

*nalen* Objekts, dass wir keine Teile wahrnehmen {in der inneren Wahrnehmung, nachdem der Zustand abgelaufen ist} [nicht, dass keine vorhanden sind].} Daher kann es sehr viele _psychisch_ einfache {oder *primitive*} Objekte geben, obwohl es vielleicht nur ein *irreduzibles* Objekt gibt.

Da jedes *intentionale* Objekt ein die Seele betreffender Sachverhalt (genauer ein Leiden) ist, so heißt das, dass φ *psychisch irreduzibel* ist, wenn es keine φ-verschiedenen $\psi_1\ \psi_2$ gibt, sodass $\varphi(S) = \psi_1(S)\ \&\ \psi_2(S)$. [Die φ, welche den {*intentionalen*} Objekten entsprechen, sind nicht abgeschlossen gegen ~ ∨ etc.]

[280]
_Bemerkung_ (*Philosophie*): Die Analogie mit sich selbst liefert nicht nur die Erkenntnis, was die anderen Dinge eigentlich sind, sondern auch, was die die anderen Dinge betreffenden Sachverhalte sind. → {Vielleicht bedeutet aber die Erkenntnis, dass die anderen Dinge »Seelen« sind, nur, dass sie tätig und leidend sind.} | Die mich selbst betreffenden* zerfallen in 2 Gruppen: Wahrnehmen (Leiden) und Handeln. Das *intentionale* Objekt ist nichts anderes als ein der Seele zukommendes, Leiden ausdrückendes *Prädikat*.)

In der *Newtonschen* Physik ist | die auf ein Atom ausgeübte Kraft** der elementare leidende Sachverhalt, das Sich-Beschleunigen und das Ausüben von Kraft der tätige. [**?**Oder Bewegungszustand | und Lage ist das Leidende, Kraft (*inclusive* Trägheitskraft) das Tätige? (Oder ohne Trägheit?) Jede Zielsetzung ist auf andere gerichtet**?**] Was wirklich geschieht, ist ein Mittel aus den Zielsetzungen aller Atome (hinsichtlich sich selbst lautet die Zielsetzung, den Bewegungszustand beizubehalten). In Wahrheit hängt die Kraft auch noch von den Kräften ab.

_Bemerkung_ {(*Philosophie*)}: Man könnte auch daran denken, dass die *intentionalen* Objekte etwas Physisches (im Gehirn) sind, aber dann wäre die Möglichkeit, dass man etwas dem Gehirnzustand

---

* Elementaren (irreduziblen) (primitiven).

** Und die Lage des Atoms zu anderen.

3 }: Geschweifte Klammersetzung ist von Gödel, zeigt keine Einfügung an
16 →: Pfeil zeigt auf den folgenden am oberen Seitenrand eingefügten Satz
17: ›den‹ von der Editorin gelöscht
21: | sind
24: | ist das Leidende
32 **intentionalen**: Andere Lesart hier und im Folgenden: intensionalen

2 **nachdem der Zustand abgelaufen ist**: Zu verstehen als »nachdem der Zustand vorbei ist«.
26 **Mittel**: Im Sinne von ›Durchschnitt‹ zu lesen.
32 **intentionalen Objekte**: Vgl. Manuskriptseite 171. Wie dort bereits erwähnt, bestimmt Gödel das intensionale Objekt als »das innerhalb des Ich Liegende« und als das, was »mit dem Verstand wahrgenommen« wird, während das intentionale Objekt beispielsweise das wahrgenommene Objekt ist, oder wie er oben schreibt, »ein die Seele betreffender Sachverhalt«.

Widersprechendes wahrnimmt, empirisch ausgeschlossen. | Das heißt, logisch würde die Möglichkeit einer Täuschung hinsichtlich des *intentionalen* Objektes bestehen, was dem Begriff des *intentionalen* Objektes widerspricht.

*Frage* {(*Philosophie*)}: Wird der Sachverhalt *cogito ergo sum* (genauer die 3 [281] Sachverhalte *cogito*, *si cogito sum*, *sum*) wahrgenommen oder konstruiert? Wird insbesondere das *ego* wahrgenommen oder konstruiert? – Ähnlich mit inneren Wahrnehmungen überhaupt. ↑ {In Wahrheit nimmt man zuerst wahr »es ist etwas«, dann »ich bin«, dann »ich denke«. Das »*ergo*« ist also nicht der Erkenntnisgrund (auch nicht der Realgrund), auf Grund dessen wir es zuerst wahrnehmen – auch nicht der natürliche Erkenntnisgrund. Ist das Ich eine Denk*Kategorie* oder ein Objekt des inneren Sinns?}

*Frage* {(*Philosophie*)}: Sind die Dinge oder die Sachverhalte das logisch *primäre*? Ebenso: Sind die Punkte oder die Figuren das Primäre? – Dieselben Fragen können vielleicht für das *psychologisch primäre* gestellt werden.

Bemerkung (*Grundlagen*): *Nominalistische Interpretation*: Es sei eine Sprache {$S$} gegeben, in der man alles ausdrücken kann. [Die Menge der sinnvollen Ausdrücke ist dann nicht *rekursiv*]. Es sei ferner eine Klasse {$I$} von Dingen [Individuen genannt*] gegeben [welche, da alles ausdrückbar, Namen in der obigen Sprache haben]. *Definition*: Ein (! zu $S$ gehöriger) Ausdruck** $A$, welcher nur Symbole aus $S$ und das Symbol $x$ enthält und so beschaffen ist, dass für jeden Namen $N$ eines Individuums in $S$ [d. h. es gibt $a \in I$, sodass [282] $NB_S a \to \{B_S$ ist die Bedeutungsrelation in $S$\}]: $\text{Subst}\left(A^x_N\right)$ einen Sachverhalt bedeutet,*** dann heißt $A$ eine Aussagefunktion 1. Typs.† Offenbar gibt es für jeden Sachverhalt $a$ einen Sachver-

---

7 **cogito ergo sum:** Für René Descartes ist das »cogito ergo sum« der archimedische Punkt des Denkens. Es ist das selbstevidente Prinzip bei Descartes, das in den ›Meditationes de prima philosophia‹ in dem Satz »ego sum, ego existo« enthalten ist. Denn sogar, wenn man denkt, man werde getäuscht, denkt man etwas – und es muss etwas geben, was in seinen Urteilen getäuscht wird.
12 **Erkenntnisgrund:** Ratio cognoscendi.
13 **Realgrund:** Im Deutschen werden sowohl der Seinsgrund (Ratio essendi) als auch der Grund des Werdens (Ratio fiendi) Realgründe genannt.
15 **des inneren Sinns:** Siehe Erläuterung zu Manuskriptseite 268, Bemerkung Philosophie.

---

\* Das kann eventuell auch die Klasse aller Dinge sein, aber möglicherweise gibt es dann keine Aussagefunktionen höheren Typus.
\*\* Das heißt endliche Folge von Zeichen.
\*\*\* Es ist also auch eine Klasse $T$ von [möglichen] Sachverhalten gegeben und eine Teil- [283] Klasse $W \subset T$ der wahren Sachverhalte.
† Ebenso für mehrere Variablen und für andere Variablen als $x$.
1: | Das heißt, es gibt oder es gäbe (aber nur empirisch)
10 ↑: Pfeil zeigt auf den folgenden, am oberen Seitenrand eingefügten Satz
13: ›.‹ von der Editorin verbessert in ›–‹
18 **psychologisch:** psychisch
18: ›.‹ von der Editorin verbessert in ›–‹
28 $a \in I$: a andere Lesart: von
29 →: Pfeil zeigt auf den folgenden, am oberen Rand der Seite eingefügten Satz

halt ~a, so dass a ε W ≡ (~a) ∉ W; ebenso für ∨, . . Ferner, wenn A eine Aussagefunktion ersten Typs ist, so gibt es einen Sachverhalt a, sodass a ε W .≡. (N) [N ε *Individuen-Name* → Subst$\left(A_N^x\right)$ ε *Name* eines wahren Sachverhaltes].

Wenn eine Funktion {f} definiert ist, sodass für jedes Individuum a f(a) ein Sachverhalt ist, so gibt es eine Aussagefunktion A, sodass $\left(A_N^x\right)$ ε *Na* eines wahren Sachverhaltes ≡ f(B_s(N)) ε W für alle N ε *Na* eines Individuums.

*Frage* {*Grundlagen*}: Was kann man alles ableiten in einem System mit den Grundbegriffen?: I {*Individuum*}, T {*Sachverhalt*}, W {*wahrer Sachverhalt*}, $B_s$ {*Bedeutung*}, $S^†$ und der *Operation* des Nebeneinanderschreibens * (aus der sich *Substitutionen* definieren lassen) [283] und den Axiomen?:

{0. W ⊆ T ⊆ I}

1. Menge der Sachverhalte abgeschlossen gegen ~, ∨, . mit entsprechender *Definition*.
2. Wenn f(x) für jedes x ε I  ε T, so gibt es einen Sachverhalt u, sodass u ε W ≡ (x) [x ε I ⊃ f(x) ε W].
3. Jedes Ding hat einen Namen, und jeder Begriff, woraus folgt:
3.' Wenn für jedes x ε I  f(x) ε T, so gibt es eine Aussagefunktion A derart, dass: $\left(A_N^x\right)$ ε Name wahrer Sachverhalt ≡ f(x) ε T und $\left(A_N^x\right)$ ε Name eines Sachverhalts für alle N ε Name eines Individuums.
3." Es gibt eine Aussagenfunktion $\mathscr{L}$ mit 2 Variablen {x, y}, sodass $B_s\left[\mathscr{L}\left(\begin{smallmatrix}x & y\\ Na(a) & Na(b)\end{smallmatrix}\right)\right]$ ε W ≡ a $B_s$ b.

Dieses System ist offenbar widerspruchsvoll. Jedoch, wenn 3. aufgegeben wird und ersetzt wird durch: (Leśniewski ?) [284]
1. Abgeschlossenheit von $S_p$ gegen ~, ∨, ., das heißt, für jedes x ε $S_p$ gibt es ein y ε $S_p$, sodass y ε W' ≡ x ∉ W'.**
2. Wenn K *syntaktisch* charakterisierbare Klasse von Zeichenkombinationen ist, und K ⊆ $S_p$, so gibt es ein a ε $S_p$, sodass a ε W' ≡ (x) [x ε K → x ε W'].
3. Die Menge der Individuennamen (oder Dingnamen?) ist *syntaktisch* charakterisierbar.

---

† S Menge der Zeichenkombinationen [abgeschlossen [283] gegen *] aus Sp (Menge der sinnvollen Zeichenkombinationen definierbar, d. h. Sp ist die Menge der sinnvollen Sätze).

** x ε W' ≡_Df $B_s(x)$ ε W.

1: ›.‹ Symbol für logisches ›und‹
15: Entfernt: S Ergänzt: I
28 284: Letzte Paginierung durch Gödel in diesem Heft

7 $\left(A_N^x\right)$ ε *Na*: ›Na‹ steht für ›Name‹.

25 $B_s\left[\mathscr{L}\left(\begin{smallmatrix}x & y\\ Na(a) & Na(b)\end{smallmatrix}\right)\right]$ ε W ≡ a $B_s$ b: Vgl. die Beispielseite aus ›Max IV‹ zu Beginn des Bandes.

4. Die *syntaktischen* Aussagen über Zeichenkombinationen sind in der Sprache ausdrückbar. Das ergibt wahrscheinlich ein System mit einfacher Typentheorie (ohne Typvermengungen*) und mit Reduzibilitätsaxiom, aber wahrscheinlich ist noch nötig:

\* Im Fregeschen Sinn.

5. Wenn jedem Individuennamen *a* in *syntaktischer* Weise ein $f(a) \; \varepsilon \; S_p$ zugeordnet ist, so gibt es eine Aussagenfunktion φ, sodass: [285]

$$\varphi\binom{x}{a} \; \varepsilon \; W' \equiv f(a) \; \varepsilon \; W' \text{ [und Verallgemeinerungen für höhere Typen]}.$$

[286]
Merkwürdige Zusammentreffen:
1. Tarski spricht gerade über das, was in meinen Anmerkungen {über Gespräche mit ihm} falsch oder nicht klar ist.
2. Gedicht vom Soldat im Feld [allein liegengelassen].
3. Am Tage, nachdem ich die Biographie *Bakers* zu lesen beginne, fühle ich mich <u>besonders</u> wohl.

[Addendum 1]
1. *Antinomie* der Existenz des Bösen und der Willensfreiheit durch *Typentheorie* gelöst [welches ist die richtige Antwort in dieser und jener Welt?].
2. Vervielfältigung und Spiegelung der Wesen (Ebenbilder Gottes).
3. Ermüdung des Sprachgefühls ähnlich wie die des Auges.
4. Analyse der Objekt- und *adverbialen* Bestimmungen (Unterscheidung).
5. Wörtliche Ersetzung hat nur den »Sinnzusammenhang« zu berücksichtigen.

---

13 **Merkwürdige Zusammentreffen:** Vgl. auch ›merkwürdige Zufälle‹ in: ›Zeiteinteilung (Maximen) I und II‹, S. 215f., Z. 21ff.; ebd., Addendum II, 6, S. 222, Z. 8f.; ›Maximen III‹, S. 166, Z. 19ff.; sowie ebd., S. 167, Z. 10ff.

17 **Bakers:** Gödel besaß von Mary Baker Eddy den Band ›Retrospection and Introspection. Rückblick und Einblick‹, English-German Edition, Boston (Trustees under the will of Mary Baker G. Eddy) 1934. Hier könnte aber zudem sowohl der entsprechende Abschnitt zu Mary Baker Eddy in Stefan Zweigs Buch ›Die Heilung durch den Geist‹ gemeint sein als auch die Biographie ›A Life Size Portrait‹ von Lyman P. Powell, New York (The Macmillan Company) 1930, die Gödel aber erst im April 1942 nachweislich ausgeliehen hat, oder ›The Life of Mary Baker Eddy‹ von Sibyl Wilbur, New York (Concord Publishing) 1908.

A : {0. Widerlegung von: nicht krank, unaufrichtig, ungern bei ihr schlafen, Märtyrer, Bett-*Psychose*}
1. Ich sehe durch die Wissenschaft Gewisses klar.
2. Die Welt ist hässlich, wenn: Augen geöffnet oder Versuchung? Kein Recht?
3. Wahrheit ist die Nahrung der Seele.
{4. 2 Menschen vom selben Charakter.}
{5. Ich indolent.}

[Addendum 2]
|
12. Das alles enthält bereits den Begriff der *Extension*?
13. Das Verstehen der *psychologischen Interpretation* setzt {0 Verstehen von} »*Extension*« voraus? |
14. Die unendlichen *Extensionen* sind keine schlimmeren *Extrapolationen* des physisch Gegebenen als die *psychologische Interpretation* des *psychisch* Gegebenen, und es ist der direktere Weg.

|
|

---

1 **ungern:** Andere Lesart: und gern
3: ›ge‹ von der Editorin verbessert in ›die‹
4 **geöffnet:** Andere Lesart: nicht offen
10 **[Addendum 2]:** Am oberen Seitenrand befinden sich sieben Zeichnungen von Sternen, ein »Haus-vom-Nikolaus« und ein Fünfeck sowie drei Formeln
11: | 11. Vielleicht sind alle Sätze der Mengenlehre aus einem *MaximalAx*iom entscheidbar.
14: | [Oder das von »Begriffen«?]
18: | 15. Die Begriffe ∃, v, → sind gut, die Begriffe (x), &, ~ sind schlecht.
19: | 16. Die *Antinomie Chwisteks* ist gar nichts anderes als die *Antinomie Russells* für das *intensionale* (zwingt daher ebenso wenig zur Aufgabe der *psychologischen Interpretation*).
20: | 17. Ein Satz ist sinnvoll, weil bei Mitteilung verwendet, daher bedeutet er etwas (etwas Nicht-Materielles).

2 **Bett-Psychose:** Heute ist der Ausdruck nur noch im Zusammenhang mit der sogenannten Wochenbettpsychose geläufig. Hier ist aber wohl eine allgemeine psychische Störung gemeint, die mit Unruhe und Schlaflosigkeit einhergeht.
13 **0 Verstehen:** Zu lesen als ›null Verstehen‹ im Sinne von ›kein Verstehen‹.

# Kurt Gödel
# Maxims IV

Edited by Eva-Maria Engelen

Translated from German by Merlin Carl

# Acknowledgments

The editing of Kurt Gödel's Philosophical Notebooks is supported fully and very generously by the Hamburg Foundation for the Advancement of Research and Culture. For this I would like to express my wholehearted gratitude, in particular to Jan Philipp Reemtsma. The translation into English is financed by the Alfred P. Sloan Foundation, for which I would like to express my sincere thanks.

Sincere appreciation for extensive assistance is due to the Berlin-Brandenburg Academy of Sciences and Humanities, at which the edition of Kurt Gödel's Philosophical Notebooks is located. In particular, the former president, Martin Grötschel, the current president, Christoph Markschies, as well as academy members Jürgen Mittelstraß and Martin Mulsow are to be mentioned.

I am grateful to the executors of the Kurt Gödel estate for permission to edit and to translate Gödel's notebooks, to the archives of the Institute for Advanced Study at Princeton, and to the Rare Books and Manuscripts Division of the Firestone Library at Princeton University for making material from the estate available.

For advice, expertise and other support on issues concerning this volume in particular, I would like to thank Merlin Carl (Flensburg/Konstanz), John W. Dawson, Jr. (York, Pennsylvania), Cheryl A. Dawson (York, Pennsylvania), Christian Fleischhack (Paderborn), Gottfried Gabriel (Jena), Marija Gorse (Konstanz), Maria Hämeen-Anttila (Helsinki), Leon Horsten (Konstanz), Karl Sigmund (Wien), Jonathan Tennenbaum (Berlin), Sue Toledo (St. Louis, Missouri), Daniel Wilhelm (Konstanz), Christopher von Bülow (Konstanz) and Andreas Zierl (Dresden).

Christian Fleischhack, Merlin Carl and Christopher von Bülow have helped to prevent the most serious errors and inaccuracies in commenting.

# Editorial Notes

The present transcription by Eva-Maria Engelen is a reconstruction of a text that was written in the German Gabelsberger shorthand. This requires grammatical and other additions, which are pointed out to the interested reader in a way that does not impede the reading experience.

The present volume contains an extensive bibliography of works that Gödel read and used for his notes. Details are provided in the bibliography, while brief information is given in the comments. As a rule, I refer to the first edition of the work in question, except where it is apparent which edition Gödel himself used, in which case that edition is given. The literature referred to in the introduction is given separately at the end of the introduction but does not appear again in the bibliography.

References for quotations from Kurt Gödel's Philosophical Notebooks are given by means of the unabridged title and the page numbers of the respective volume if the edited text was available in print. If this was not the case, the manuscript title, as abbreviated by Gödel, and the manuscript pages are given. The manuscript title, abbreviated by Gödel, is also used when reference is made to the manuscript.

Detailed information on the persons to whom Gödel refers directly or indirectly can be found in the index of persons and occasionally in the comments.

In the translation, logical symbols are given in modern notation (with the exception of → and ⊃, for which Gödel's use is maintained), whereas Gödel's notation is preserved in the original German text for the benefit of research on the history of logical notation.

The English translation is typographically similar to the German text. The following are omitted, however: uncertain readings/the distinction between longhand and shorthand/the optical highlighting of added words and parts of words/the highlighting of Gödel's punctuation/the marking of illegible text/the marking of insertions/and almost all non-explanatory comments in the critical apparatus.

*Editorial Principles for the Translation of Gödel's Notebooks*

In contrast to the German version, multiple underscores are reproduced as single underscores throughout. Words and passages that were crossed out by Gödel are generally omitted, as are most of the editorial comments in the German version concerning alternative readings of certain passages. Insertions by Gödel are indicated by curly brackets if necessary.

Gödel's pagination of the manuscript pages is reproduced in square brackets. When editorial reference is made to specific places in the notebook, this pagination is used. The pagination is partly Gödel's own; where this is not the case, the missing data are filled in tacitly.

Titles of essays, articles, etc., are given in quotation marks, while titles of monographs are given in italics. Details are provided in the bibliography.

In the present edition, Gödel's footnotes appear as marginalia. This was done for ease of reading and to make it more apparent that they belong to the text. References and explanations are given as footnotes.

*Gödel's Footnotes, Comments*

Gödel's 'footnotes' in the margins are labeled as follows: single asterisk, double asterisk, triple asterisk, dagger, double dagger, paragraph, alinea (*/**/***/†/‡/§/¶). These symbols appear in the text and at the beginning of the remarks. (†, ‡, § and ¶ are in superscript in the main text and at the beginning of the remarks; this is not the case for † when it appears at the beginning of text in the margins.) The marginal 'footnotes' are placed at the height of the corresponding mark in the text wherever possible; otherwise, they start right after the preceding footnote.

*Footnotes and Footnote Signs*

*Copyright Permission*

The editor is grateful to the Institute for Advanced Study, Princeton, literary executors of the estate of Kurt Gödel, who have granted permission to transcribe, edit, publish and translate manuscripts of the *Maximen Philosophie* by Kurt Gödel found in his *Nachlass*.

# Introduction

Given its multifaceted character, *Maxims IV* is in a certain sense the most complex of Gödel's philosophical notebooks. It contains another 18 maxims, scattered throughout the notebook, the bulk of which occur at the beginning. These maxims concern work, in particular mathematical work, hygiene, time management, and heuristics.

In Leibniz's systematic theory, the *ars inveniendi*, understood as heuristics, belongs to the *scientia generalis*. The *ars inveniendi* as an *ars combinatoria*, concerned with the rules for combining signs in order to arrive at new knowledge, is an art for finding questions and answers. For Gödel, heuristics is a tool for the methodological extension of knowledge.[1] For Bernard Bolzano, whose writings Gödel also read, heuristics is "a collection of rules that are to be observed in the discovery of new truths".[2] For Leibniz, alongside the *ars inveniendi* is the *ars iudicandi*, which is the art of determining whether something constitutes a mathematical proof, a logical deduction, probabilistic reasoning, or a justification. The *ars characteristica*, as the art of choosing suitable and appropriate signs and symbols, is important for both the *ars iudicandi* and the *ars inveniendi*. For all such aspects – the methodological extension of knowledge, the choice of suitable symbols, the combinations of signs, and the determination of what constitutes proof – we find corresponding remarks in *Maxims IV*, though without any explicit mention of these arts. Still, it is clear that heuristics, taken in a broad sense, has an important place in *Maxims IV*, as it had in *Time Management (Maxims) I and II* and in *Maxims III* (see in particular the four remarks on foundations on manuscript pages 163f., 221f., and 236ff.). These remarks contain ideas about the solution of all problems, or rather every mathematical problem.[3] They are dis-

---

[1] On manuscript page 174 of *Maxims IV*, Gödel calls the *logica inventiva* a methodology.

[2] See Bernard Bolzano, *Theory of Science*, vol. 1, Introduction § 9, p. 34; here, Bolzano explicitly uses the concept 'heuristics'. Furthermore, in volume 3, part 4, §§ 322–391, of his *Theory of Science*, he also explicitly comments on heuristics as an art of invention. Bernard Bolzano, *Theory of Science*, vols. 1–4, translated by Paul Rusnock and Rolf George, Oxford (Oxford University Press) 2014.

[3] Cf. also the Gödel quote mentioned by van Atten and Kennedy in their paper "On the Philosophical Development of Kurt Gödel", in: Mark van Atten, *Essays on Gödel's Reception of Leibniz, Husserl, and Brouwer*, Cham/Heidelberg (Springer) 2015, pp. 95–145, here p. 102: "The universal characteristics claimed by Leibniz (1677) {if interpreted as a formal system} does not exist. Any systematic procedure for solving problems of all kinds would have to be nonmechanical." Kurt Gödel Papers (CO282), box 3c, series I, folder 209, initial document number 013184. On the basis of the information given by van Atten and Kennedy, I assume that the citation belongs to the correspondence with Hao Wang. Due to the COVID-19 situation, I could not verify the passage in person. The addition "CO282" for the Kurt Gödel Papers is not repeated in the following.

persed throughout the entire notebook, and their importance for Gödel is obvious from the fact that he provided cross-references to them. This is most evident on manuscript pages 221f., remark foundations, where a cross-reference to a preceding remark can be found at the top of the page, followed by another at the bottom of the next page referring to a later remark on foundations. Gödel's thoughts about analogical reasoning (and the value of analogies in general) and decision procedures also belong to heuristics.

This is far from an exhaustive list of the plethora of topics that are discussed in *Maxims IV*, however. Scattered throughout the notebook are remarks on the function and role of language and grammar, the philosophy of language, the concept of a concept, and the concept of a definition. Another topic that fits well into this context is understanding mathematical propositions. In general, questions concerning mathematics and logic are central to this notebook. What is the relation between mathematics and logic? How is classical Aristotelian logic related to modern logic? Are there mathematical states of affairs? And if so, how do we come to know them – by intuition, *anschauung*, or perception? Do these amount to the same thing? In addition to these very important questions we find further questions from the philosophy of mind that are of equal importance. What should one think about the relation between the soul or the mind and matter?

This cursory overview of some of the central points of the notebook – which is by no means complete and will be extended in the course of this introduction – provides a glimpse into its complexity. This very complexity may be why Gödel subsequently added a table of contents to *Maxims IV*, a feature that is not included in any of the preceding notebooks. We can only speculate on his actual reason for doing so. It clearly allows us to locate certain topics quickly; given the way it is laid out, however, it may well have had an additional function.

## The table of contents

Extended by one entry at the beginning and with two additions at the end, the table of contents reads as follows:

p. 247 <u>Proof idea</u> for the set of cardinality $\aleph_1$ of all types of growth

| | | |
|---|---|---|
| Mountain Ash Inn | p. 167–190 | |
| New beginning of philosophy | p. 239 | |
| March 42 | p. 243–58 | Brouwer interruption by foundations |
| Philosophy of the *Principia* | p. 270 | |
| | End of notebook | ca. April 1942 |

Completely looked through in this notebook:
theology, philosophy
psychology

Because it seems to have been particularly important to Gödel to be able to quickly retrieve the proof idea for the set of cardinality $\aleph_1$ of all types of growth, he underlined this comment. It remains open whether this is why he wrote it above the table of contents or whether its location is explained by the fact that he simply added it later. In any case, the ensuing entries do not follow an immediately apparent unified scheme. The words "Mountain Ash Inn" simply refer to the fact that the remarks on pages 167–190 were written at a holiday resort called the Mountain Ash Inn during the summer holidays. These entries mostly concern philosophy and the foundations of mathematics and logic.

Manuscript pages 190–239 mostly contain remarks about topics in logic, mathematics, and the philosophy of mathematics, which explains the entry "New beginning of philosophy" for page 239. However, this "new beginning" of reflection on genuinely philosophical questions merely consists of five remarks on philosophy on pages 239–243. The next item is a time specification ("March [19]42") rather than a subject ("New beginning of philosophy") or location ("Mountain Ash Inn"), the page span for which is followed by a reference to the mathematician and logician Luitzen Egbertus Jan Brouwer. The comment "Brouwer interruption by foundations" requires interpretation.

On pages 125–126 of her dissertation,[4] Maria Hämeen-Anttila writes the following regarding this issue: "There is one exception: Gödel read and made extensive notes (030135) [sic][5] on Brouwer's dissertation in March 1942. The 14 pages of notes show that Gödel also read the philosophical parts very carefully and understood them well. In any case, these notes were made later than most of the material in *Max Phil* 3 and 4 as well as 'Questions and Remarks', and there are few remarks on intuitionism after mid-1941; therefore it is difficult to say how the reading of Brouwer's dissertation affected Gödel's view on intuitionism."

In the associated footnote, Hämeen-Anttila writes: "There is no date in the notes, and they have been stuck in the same folder with notes mostly from the 1950s. However, there are several pieces of evidence suggesting that the notes on Brouwer's dissertation are from the early 1940s. First of all, Gödel wrote to his brother in September 1941, asking if he could obtain a copy of Brouwer's

---

4   Maria Hämeen-Anttila, *Gödel on Intuitionism and Constructive Foundations of Mathematics*, Ph.D. Dissertation, Faculty of Arts, University of Helsinki, 2020.

5   The excerpts on Brouwer's dissertation are contained in box 10a, series V, folder 39, initial document number 050135; a note in this folder contains the information that the relevant notes were written prior to 1952. However, the bibliographies on logic and philosophy of mathematics in box 9b, series V, folder 2, initial documents 050013 and 050014 of the *Nachlass* (which Gödel labeled "old"), show that Gödel had studied Brouwer's writings much earlier. Here, he notes not only *Over de grondslagen der wiskunde* from 1907 but also "Beweis der Invarianz der Dimensionszahl", in: *Mathematische Annalen* 70 (1911), pp. 161–165; "Beweis der Invarianz des $n$-dimensionalen Gebiets", in: *Mathematische Annalen* 71 (1911), pp. 305–313; "Zur Invarianz des $n$-dimensionalen Gebiets", in *Mathematische Annalen* 72 (1912), pp. 55–56; "Intuitionistische Zerlegung mathematischer Grundbegriffe", talk given on February 6, 1924, published in: *Jahresbericht der DMV* 33 (1925), pp. 251–256; "Intuitionistische Mengenlehre", in: *Jahresbericht der DMV* 28 (1919), pp. 203–208; "Intuitionism and Formalism", in: *Bulletin American Mathematical Society* 20 (1913), pp. 81–96; "Begründung der Mengenlehre unabhängig vom logischen Satz vom ausgeschlossenen Dritten", in: *Verhandelingen der Koninklijke Akademie van Wetenschappen te Amsterdam* 1918, 1919 (1920–1923), pp. 1–43, pp. 1–33; "Über die Bedeutung des Satzes vom ausgeschlossenen Dritten in der Mathematik, insbesondere in der Funktionentheorie", in: *Journal für die reine und angewandte Mathematik* 154 (1924), pp. 1–7; "Zur Begründung der intuitionistischen Mathematik", in: *Mathematische Annalen* 93, 95, 96 (1925, 1926, 1927), pp. 244–257, 453–472, 451–488; "De onbetrouwbaarheid der logische principes", in: *Tijdschrift voor wijsbegeerte* 2 (1908), pp. 152–58. Brouwer is also mentioned in item 19 of a catalogue of questions on foundations in box 12, series IV, folder 44, initial document number 060574 (which Gödel labeled "old"), and in items 14, 17, 100, and 114 of the remarks in *Foundations*, for which there are different lists in the folder.

dissertation [...]. Secondly, in the *Max Phil 4*, one can find a margin note 'Beginn Lektüre Brouwer ca. Ende März' on p. 243 and a corresponding 'Ende Lektüre Brouwer Ende März 42' on p. 258. In the front page of the notebook, there is a note 'März 42 p. 243–58 Brouwer Unterbrechung durch Grundlagen', probably referring to *Over de grondslagen*. Finally, in *AH 14* there are notes on Brouwer's non-Archimedean systems dated March 1942 which show parallelism with the notes on the dissertation."

However, it is at least uncertain whether the entry "March 42 p. 243–58 Brouwer interruption by foundations" is a reference to Gödel's reading of L. E. J. Brouwer's dissertation *Over de grondslagen der wiskunde* from 1907, and this for two reasons. On the one hand, the entries on manuscript pages 243–258 in *Maxims IV* refer to topics that extend beyond Brouwer and his dissertation. Then again, one can also read the entry "Brouwer interruption by foundations" as meaning that the "new beginning" of his remarks on philosophy was interrupted by remarks on foundations. After all, the remarks on manuscript pages 258–270 are mainly about psychology, philosophy, and theology, and the remarks labeled as remarks on Alfred North Whitehead and Bertrand Russell's *Principia Mathematica* from manuscript page 270 on are for the most part labeled as remarks on philosophy, while the remarks on manuscript pages 243–258 are primarily about foundations.

Something that is not mentioned in the table of contents but which is recorded in the notebook on manuscript page 261 is Gödel's reading of Stephan Zweig's *Die Heilung durch den Geist* (*Mental Healers*), published in 1931 by Insel in Leipzig. Gödel inserted the following into the manuscript: "Reading Zweig (Mesmer, Baker, Freud)". The remarks following this note are only indirectly connected to the aforementioned work, however, and only one remark, namely that on theology on manuscript page 265, can be related directly to a passage from Zweig's work. Nevertheless, the impact of Zweig's book on Gödel's remarks in the relevant part of the notebook is clearly recognizable.[6]

---

6   Gödel considers Stefan Zweig's views on the relation between the body, the soul, and disease in his notebook *Max V*, where he writes the following on manuscript page 345: "<u>Remark</u> (Philosophy): Stefan Zweig points out the possibility that the classification of diseases by organ is not right, but classification by personal circumstances of the whole personality [is] [external and internal classification]." Here, Gödel draws on Zweig not as a man of letters but as a historian of science or of medicine, although he was neither.

Perhaps Gödel used these entries in the table of contents not only to refer to his own consideration of various authors and works but also to refer to the possible direct and indirect ways in which things like the Mountain Ash Inn, reading Brouwer, *Die Heilung durch den Geist*, and the *Principia Mathematica* influenced his thought. The note "Completely looked through in this notebook: theology, philosophy psychology" suggests that the remarks on foundations were not looked through again; if so, this would be astonishing insofar as they account for almost half of the notebook's content.

## A beginning and its implications

The following passage is written at the top of the page, before the start of the remarks proper:

> The meaning relation [*Bedeutungsrelation*] refers to the referential function of language, the sense relation [*Sinnrelation*] to its communicative function? (That is, the "comprehensible" referential function.) Or to the psychological act of constructing the meaning from the symbol?

These questions are written in the top margin, even above the page number, and their location at the very beginning of the notebook is noteworthy. If one reads them as the genuine opening or beginning of the notebook, the question of what they refer to arises. The wording of these questions would suggest that Gödel is referring to Gottlob Frege's concept of meaning,[7] which is a relation of reference with regard to the world, as well as his concept of sense, which is a semantic relation with implementation in the subject.

---

[7] In "Russell's Mathematical Logic", Gödel explains how he understands Frege's concept of meaning. In footnote 4, he writes: "I use the term 'signify' in the sequel because it corresponds to the German word 'bedeuten' which Frege, who first treated the question under consideration, used in this connection." "Russell's Mathematical Logic" first appeared in: *The Philosophy of Bertrand Russell*, edited by Paul A. Schilpp, Evanston (Northwestern University) 1944, pp. 123–153. Future research will have to consider whether and to what extent Heinrich Gomperz's concept of meaning entered Gödel's reflections. Cf. Heinrich Gomperz, "Die Glieder der Bezeichnungs- und Bedeutungsrelation" and "Erklärung der Bedeutungsrelation", in: idem, *Weltanschauungslehre, vol. 2, Noologie*, Jena (Eugen Diederichs) 1908, pp. 132ff. and 284ff.

Later in the notebook, he mentions the *natural* meaning relation as a simple relation between concept and object.[8] However, this use of the term is restricted by the use of the adjective "natural". And indeed it is even misleading, since in remark foundations 2 on manuscript pages 232–233 Gödel makes it clear that the meaning relation does not depend on empirical factors, which means that we should think of it not as a representational relation which reflects reality but as an isomorphism.[9] In any case, we should take the fact that this is a question and not a statement very seriously insofar as the question whether the meaning relation refers to "the psychological act of constructing the meaning from the symbol" is answered negatively on manuscript pages 257–258, where Gödel writes: "The meaning relation has nothing to do with psychology (also not with idealized psychology)."

In remark foundations 1 on manuscript pages 257–258 of *Max IV*, Gödel writes that he uses "meaning relation" in such a way that a language can have several meaning relations, which also shows that this is not a relation in the sense of an epistemological representation theory:

> The same language can have different meaning relations, and even though one understands that language [...]. Example: intensional and extensional interpretation of the *Principia* [through concepts and classes[10]].[11] [...] The meaning relation has nothing to do with psychology [...]. By contrast, Frege's "sense relation" is not a meaning relation in this sense. This is

---

8   See manuscript page 223, remark foundations 1, in this notebook.
9   In his explanation of 'analogy' in the corresponding footnote on manuscript pages 176ff., he equates isomorphism with 'meaning relation', although the latter concept is written in quotation marks.
10  Later on, Gödel spoke about sets rather than classes in this context. Cf., e.g., Hao Wang, *A Logical Journey: From Gödel to Philosophy*, Cambridge, Mass., London (MIT Press) 1996, p. 274, No. 8.6.1.
11  In "Remarks Foundations" (not to be confused with the notebook *Results on Foundations*) in Gödel's *Nachlass* (box 12, series IV, folder 44, initial document number 060574, No. 109), Gödel writes furthermore: "Russell No Class Theory: 1. Every proposition about classes can be transformed into propositions about the defining concepts. 2. Every proposition about concepts can be transformed into a proposition about the object that falls under the concept or the corresponding 'word' (this also yields the simple theory of types and the extensionality thesis). But existential propositions about concepts have no immediate meaning (they are mere abbreviations)." Since Gödel refers to *Maxims I*, p. 338, in No. 119 of the "Remark Foundations", the "Remark Foundations" must have been written after 1938.

because it [...] has something to do with psychology. Namely: *sense(P)* = the psychological image of *P* [which is immediately perceived] = the <u>imagination</u> induced by *P*.

The intensional interpretation of the *Principia* thus proceeds by means of concepts, the extensional interpretation by means of classes. In addition, Gödel introduces the psychological, nominalistic, and idealistic interpretations of this work in a further remark, where he calls the psychological interpretation the natural one. He calls it "psychological" because he interprets a class of natural numbers as a so-called way of behaving or constructive procedure that is fundamentally creative,[12] i.e., not a fixed or prescribed procedure that we must follow as if on rails, but rather an interpretation by means of which we can create something new.[13] Thus, being able to construct something new is a property of the mind for Gödel, at least as far as humans are concerned.

Gödel's wording allows us to connect his psychological interpretation of the *Principia Mathematica* with his particular interest in intuitionism. The latter is apparently not only due to the intuitionistic position defended in the *Grundlagenstreit* (foundational debate) in mathematics. The idea of construction was also Brouwer's position in the *Grundlagenstreit*, and for Gödel this seems to indicate a connection to the psychological interpretation of the *Principia Mathematica*. The fact that Gödel connects constructive procedures with psychology in the psychological interpretation of the *Principia Mathematica* at least partly explains why he calls intuitionism a schematized psychology in *Maxims III*. If one understands mathematical intuitionism as a formal theory of an idealized mind, however, this assumption is plausible even without any additional justification.

---

12  Cf. manuscript page 270, remark foundations 1, in this notebook.
13  Cf. also *Philosophy I Maxims 0*, p. 207: "Remark: Fundamental concepts, simple concepts, complex concepts have a psychological and a logical meaning (logical = psychological in God's mind).
Question: Are all concepts psychologically accessible via combinations and iterations of a few concepts? These few concepts then characterize man, however, combining them is not mechanical but to 'recognize' the results of the combination (combination possible in different ways) is the main ability of understanding. It follows from the fact that the fundamental concepts became 'understanding'." [Translator's note: Fundamental concepts are basic concepts.]

Thus we read on page 318, near the end of *Maxims III*, that the next goal of his non-mathematical work was to "put the basic concepts of psychology in order", as this was also essential to his foundational work in mathematics and logic: "[...] The justification for this is: 1.) Applications to foundations (intuitionism is schematized psychology)." Hämeen-Anttila concludes from remarks such as these that for Gödel, the concepts that intuitionism seeks to clarify are intuitive or everyday concepts that are more adequate to human thinking than those of mathematics.[14] Gödel's approach goes much further, however. Given the unfeasibility of Leibniz's project of a *characteristica universalis* (as we will see below), we need a rational foundation for thinking, in particular scientific thinking, which is appropriate to human understanding and thinking. The basic concepts that Gödel is seeking in order to achieve this goal are those that he calls "psychological".

Beyond this, it is worth noting that Gödel's remarks on the interpretations of the *Principia Mathematica* also belong to the context of understanding mathematical propositions, which is likewise discussed extensively in *Maxims IV*.

### Parallels to the notebook *Results on Foundations IV*

To make sense of Gödel's emphasis in terms of content in *Maxims IV*, it is helpful to consult a passage from the notebook *Results on Foundations IV*,[15] which was written around the same time as *Maxims IV*.[16]

In the relevant passage in *Results on Foundations IV*, Gödel is concerned with ontological questions of set theory,[17] the role of

---

14 Hämeen-Anttila, *Gödel on Intuitionism*, p. 130.
15 The whole passage from *Results on Foundations IV* can be found at the end of this introduction as an appendix.
16 *Max IV* was written between 1941 and 1942. The last date is "end of March 1942", while *Results on Foundations IV* was only started in January 1942.
17 Although this passage is from the year 1942, it is one reason among others why I do not share Maria Hämeen-Anttila's assessment that Gödel was not interested in the metaphysics of mathematics in the 1930s or in 1941. See Hämeen-Anttila, *Gödel on Intuitionism*, p. 150: "What is clear, though, is that metaphysics did not much interest Gödel in the 1930s or even 1941: his foundational studies were all epistemically motivated, and he saw the project of an epistemically responsible treatment of mathematics as highly important. He simply did not occupy himself with the question about the objects of mathematical inquiry."

the understanding, basic concepts and ideas, and intuitionism. He also identifies what can still be achieved by means of the *characteristica universalis* despite the imperfect ("mutilated") human understanding. Although the topics examined in *Maxims IV* extend beyond these topics from *Results on Foundations IV*, they are important in the former as well, and thus it makes sense to take a closer look at the relevant passages in *Results on Foundations IV*.

Let us start with the end of the excerpt from *Results on Foundations IV*, namely with the *characteristica universalis*, whose role in the *scientia generalis* was already explained in the introduction to the preceding notebooks. After noting in *Results on Foundations IV* that the human understanding is "mutilated", Gödel concludes from this that "the *characteristica universalis* can only give instructions to look in a certain direction after certain physical and mental 'exercises' have been carried out."

A universal or unified language such as the *characteristica universalis* – taken in the widest sense – is certainly helpful as a basis for a universal or unified science, which is one way to understand the *scientia generalis*; according to Gödel, however, it merely points in the right direction. Due to the "mutilation" of the understanding, the *characteristica universalis* cannot provide a formal guarantee of the flawlessness of human thinking and thus scientific success, which would be the goal of a *scientia universalis*.[18]

According to Gödel, this damage to the understanding can be countered by physical and mental exercises. The topic of physical and mental exercises refers to his applied individual ethics in the notebooks *Time Management (Maxims) I and II*. In these, he explains which mental and physical exercises are to be considered and how he seeks to apply them to his own life.[19] They are supposed to help Gödel to further his philosophical and mathematical work through mental and practical dietetics (or hygiene). But it is

---

18  Cf. again the passage by Gödel that van Atten and Kennedy quote in their paper "On the Philosophical Development of Kurt Gödel" on p. 102: "The universal characteristics claimed by Leibniz (1677) {if interpreted as a formal system} does not exist. Any systematic procedure for solving problems of all kinds would have to be nonmechanical." Box 3c, series I, folder 209, initial document number 013184.

19  Gödel added several addenda containing maxims on this topic to *Time Management (Maxims) II*, many of which were written at or around the same time as *Maxims IV* and *Results on Foundations IV*.

their purpose to "repair" the understanding in general – not just in Gödel's case.

In *Maxims IV*, this insight – that the *characteristica universalis* is limited to "look[ing] in a certain direction" – is reflected, e.g., in the following maxim on manuscript page 245: "<u>Maxim</u>: It suffices to do what is <u>in the direction</u> of the right. That is, without abruptly changing the previous behavior."

However, the other topics from the notebook *Results on Foundations IV* (which belongs to another series of Gödel's notebooks) mentioned above are far more revealing when it comes to interpreting *Maxims IV*; this is because they concern Gödel's reflections on the foundations of mathematics and logic, which has a central position in *Maxims IV*.

According to Gödel, the assumption that the mathematical axioms describe a reality[20] (because they are about mathematical objects and because the concept of a set can be appropriately understood by means of a property that identifies it) leads to the conclusion that uncountably many sets (ordinals) can be grasped by the understanding, although we have only finitely (or at most countably) many basic operations and basic concepts at our disposal and the set of graspable concepts is countable. This consideration is interesting to Gödel in itself. In the course of his occupation with intuitionism or constructivism, however, he adds further observations. If it is true that our "mutilated" understanding is capable of grasping uncountably many sets, and if the definable sets are not countable ("and even have the cardinality of the absolute"),[21] then this remains inexplicable if indeed it is our mind that constructs these uncountably many sets, as the intuitionists and constructivists believe. It can only be explained if sets are objective, something to which our understanding can direct itself even

---

20   In Sue Toledo's notes from a conversation with Gödel on July 22, 1975, we find the following with respect to so-called classical mathematics: "In class. math hunt for axioms using extra-mathematical ideas. But axioms are about mathematical objects. In intuitionism isn't. Statements involve extra-math. Element. Namely, the mind of the mathematician & his ego"; see Sue Toledo, "Sue Toledo's Notes of her Conversations with Gödel in 1972–5", in: *Set Theory, Arithmetic and Foundations of Mathematics: Theorems, Philosophies*, ed. by Juliette Kennedy and Roman Kossak, Cambridge (Cambridge University Press) 2011, pp. 200–207, here p. 206.

21   In Zermelo–Fraenkel set theory, the only objects are sets, such that proper classes, which have the cardinality of the absolute, are excluded. This is different from von Neumann–Bernays–Gödel set theory, in which proper classes are allowed as objects.

when it is not present, or if the continuum is given by *urintuition*, as in Brouwer.

Hence, Gödel's great interest in intuitionism is not due to a conviction that this is the right approach to mathematics, although his strong interest in it is obvious. The reasons why Gödel comments extensively on the writings of the intuitionist L. E. J. Brouwer in *Maxims IV* are manifold, but one central explanation has already been mentioned: Gödel is interested in the psychological interpretation of mathematics, as he calls it, which he finds in Brouwer.[22] In addition to this, he also mentions a psychological interpretation of logic in the *Principia Mathematica*.

Gödel's fundamental interest in psychology, its concepts, and its objects is also evident in the notebook *Maxims III*. In addition, one passage in *Maxims IV* can now be taken to mean that intuitionism, like psychology, is about psychological objects.[23] In the passage just paraphrased, however, Gödel also identifies the assumptions under which a purely constructive conception falls short, insofar as the definable uncountable sets are not generated by operations of the mind, i.e., not constructively, although we are still able to grasp them.

In several places in his writings, Gödel comments on positions in the *Grundlagenstreit* (foundational debate) in mathematics, such as finitism, constructivism, and intuitionism. A source that has largely been overlooked in this context but that is highly revealing with regard to *Maxims IV* is Sue Walker Toledo's introduction to her dissertation *Tableau Systems for First Order Number Theory and Certain Higher Order Theories*, as we will see below.

## Sue Toledo's introduction

From August 1972 to April 1974, Sue Toledo was Hassler Whitney's research assistant at the Institute for Advanced Study (IAS)

---

22   Psychologism is of course not meant here. In Sue Toledo's notes, we find the following on this: "Statement[s] of int[uitionism] are psychol. statements, but not of empirical psy[chology], – essential a priori psychology / not formal"; "Sue Toledo's Notes", op. cit., p. 206.
23   "The meaning relation has nothing to do with psychology (also not with ide alized psychology) [except that for Brouwer, the meanings of the mathematical propositions are psychological objects, as they are in psychology]" (*Max IV*, manuscript page 258, item 3).

in Princeton. During this time, she had many conversations with Gödel at the IAS,[24] which we know, for example, thanks to the publication of "Sue Toledo's Notes of Her Conversations with Gödel in 1972–5".[25] Unknown until now, however, is the fact that Gödel also proofread and commented on the introduction to Toledo's dissertation *Tableau Systems for First Order Number Theory and Certain Higher Order Theories*, published in 1975.[26] In the present context, this is relevant insofar as it contains a short account of the history of proof theory into which Gödel's comments were directly incorporated. Her account echoes several remarks from *Maxims IV* and reveals the intertwining of philosophical and mathematical views in Gödel's thinking even more clearly than is possible on the basis of the relevant statements in *Maxims IV* (or indeed other sources). Furthermore, they show the extent to which Gödel's positions either changed or remained consistent over a period of 30 years.

With respect to Toledo's introduction, Gödel expressed his appreciation not only to her (he only made a few minor corrections and additions) but also to Stanley Tennenbaum.[27] Gödel's concrete statements are indicated in Toledo's text in formulations such as "he further says", "Gödel pointed out", "Gödel believes", "Gödel noted", "Gödel finally suggested", "Gödel made it very clear", "Gödel said later", etc.

At the beginning of Toledo's brief account of proof theory, she touches on finitism and intuitionism, as well as Gödel's disagreements with these positions. Although these disagreements were philosophically substantiated for him, they contributed to the development of his revolutionary mathematical proofs. Gerhard Gentzen is described by Toledo as a distant kindred spirit in mathematical matters; he is not mentioned in *Maxims IV*, however, and is usually regarded as belonging to the Hilbert school.[28]

---

24   Toledo was given Gödel's old office in the main building after he moved into a large office in the annex of the IAS. According to Toledo, they spoke on the phone only rarely, and she did not take notes on these occasions.
25   See footnote 21.
26   This was communicated to me by Sue Toledo in a one-hour online conversation on September 24, 2021. In preparation for the conversation, Toledo looked through her documents from her time in Princeton. See Sue Toledo, *Tableau Systems for First Order Number Theory and Certain Higher Order Theories*, Berlin inter alia (Springer) 1975.
27   This and the following information also come from Sue Toledo.
28   See Christian Tapp, *An den Grenzen des Endlichen. Das Hilbertprogramm im Kontext von Formalismus und Finitismus*, Berlin/Heidelberg (Springer) 2013, pp. 273–282, here pp. 274–277, for a detailed account of the sense in which

The closeness (in spirit) of and differences between the various positions on the foundations of mathematics are explained clearly in Toledo's introduction. In this respect, Gödel takes a different path in the remarks in *Maxims IV*, largely refraining from explicitly assessing the positions taken by the main figures in the *Grundlagenstreit* in mathematics.[29] Given that Gödel was familiar with the exposition in Toledo's introduction and did not disagree with it (and even endorsed it), it is suitable as a background for a more nuanced interpretation of his claims in *Maxims IV*, providing us with a narrative on the history of mathematics and philosophy. Gödel refrains from offering such a narrative in *Maxims IV*, however, which prompts the question why such an assessment is absent.

> Gentzen belonged to the Hilbert school and the extent to which Gentzen himself regarded the metamathematical deductions in his consistency proofs of arithmetic as admissible. Maria Hämeen-Anttila points out that, according to Gödel's statements in "The Present Situation in the Foundations of Mathematics" from 1933, Gentzen's consistency proof by transfinite induction does not meet the criteria for Hilbert's finitism. Cf. Hämeen-Anttila, *Gödel on Intuitionism*, p. 145.

29  A similar observation concerning Gödel's thought was made much later by Georg Kreisel. Maria Hämeen-Anttila reports his view with the apt words: "It could be replied that he [= Gödel] did tend towards pluralism, exploring a wide variety of different philosophical and mathematical views, in nearly all of which he saw some value." Hämeen-Anttila does not share this assessment with respect to Gödel's position prior to 1941, however (Hämeen-Anttila, *Gödel on Intuitionism*, pp. 148f.). On the period from 1941 onward, however, she writes: "Gödel's view in the 1940s is, in general, more philosophically nuanced – one cannot find strong statements like those in the 1930s on Platonism and intuitionistic logic – and starting to lean towards the pluralism that characterizes his philosophical works. Interestingly, this view is more present in the notes written immediately after the Yale and the Princeton lectures than in the lecture notes themselves. It is as though the challenges had him reconsider his earlier views and made him more tolerant of those of others as well." Hämeen-Anttila's interpretation of Gödel's position on mathematical Platonism is disputable; for example, she does not mention John W. Dawson's reading of the relevant passage from Gödel ("that our axioms, if interpreted as meaningful statements, necessarily presuppose a kind of Platonism, which cannot satisfy any critical mind", in: "The Present Situation in the Foundations of Mathematics", Gödel 1933o, published in *Collected Works*, vol. III, pp. 45–53, here p. 50), according to which the meaning is changed if one deletes the comma before "which" (Dawson also observes that Gödel had perhaps not mastered the rules of English grammar completely at that point). John W. Dawson, Jr., *Logical Dilemmas: The Life and Work of Kurt Gödel*, Wellesley, Mass. (Peters) 1997, p. 100, footnote 13. The sentence would then mean that this kind of Platonism cannot satisfy a critical mind. A similar explanation is offered by Bernd Buldt (2005, p. 392), according to whom the quoted passage concerns a different form of Platonism than that which Gödel represented (Bernd Buldt, "Stories of Genius: Recent Accounts of Kurt Gödel's Life", in: *Europolis 5. Kurt Gödel und die mathematische Logik*, Linz (Linzer Universitätsverlage) 2005, pp. 368–400).

A simple answer would be to point out that Toledo's introduction was not written by Gödel and that the narrative is therefore not his, yet it is also worth considering the possibility that this omission was intentional on Gödel's part. This suggests that David Hilbert's and L. E. J. Brouwer's positions on foundational questions were indeed both legitimate in his eyes, and for this reason he returned to them in his reflections at the beginning of the 1940s. Hilbert is only mentioned once in *Maxims IV*, but he features quite prominently there as the only person besides Leibniz to be mentioned. Finitistic positions are mentioned twice explicitly. Gödel's intense occupation with intuitionism, however, suggests that he had Hilbert's finitism and formalism in mind.

All in all, Gödel's omission can be read both as a sign that he was considering the positions in the *Grundlagenstreit* (foundational debate) in mathematics anew and as an expression of his intellectual openness. These two readings are by no means mutually exclusive, and at the beginning of the 1970s he presumably was no longer seeking a new intellectual approach.

For Hilbert, logical (and more generally, scientific) inferences must refer to concrete (extralogical) objects, namely finite mathematical objects that are given to understanding in immediate intuitive experience, while infinite mathematical objects are ideal objects. According to him, inferences that use infinite concepts can be replaced by others that use only finite concepts.

Hilbert believed this to be possible but ultimately could not pin down when a proof procedure is to be regarded as finitary. Thus we have identified two cornerstones of his foundational position in mathematics, the goal of which was to ground arithmetic in a consistent axiomatic system and to prove the consistency of set theory by finitary means. In addition, he believed that the classical inference patterns reflect our thought processes accurately.[30]

The works of Peano, Frege, and Russell/Whitehead showed that it is possible to formalize classical mathematics by translating its theorems and proofs into finite objects. If one could prove by finitary means that the introduction of such elements does not lead to contradictions, one would have a justification for the classical methods.

---

30  Cf. also Sue Toledo, "Introduction", in: *Tableau Systems for First Order Number Theory and Certain Higher Order Theories*, Berlin (Springer) 1975, p. 1, abbreviated in the following as 'Sue Toledo, "Introduction"'.

Like Frege before him,[31] however, Brouwer objected that consistency alone is insufficient; what is needed is truth. Hilbert thus specified his formulation to say that a finite consistency proof for a formal system yields a finite proof for every proposition of the system with a finitary content. As is well known, L. E. J. Brouwer and other intuitionists rejected the existence of actual infinite mathematical objects and only allowed such objects that can be constructed finitarily.[32]

Toledo clearly emphasizes the discrepancy between Gödel's views on these matters on the one hand and those of Hilbert and Brouwer on the other: "Gödel, however, in fact totally disagreed with Hilbert (and Brouwer) on the most fundamental issue in question: Gödel did not believe that classical, non-finitary, mathematics was meaningless, that meaning could be attributed only to propositions that speak of concrete and finite objects."[33] One must bear this in mind in order to appreciate remarks on foundations such as that on manuscript page 187 in *Maxims IV*, which concerns the existence of mathematical objects: "The intuition that the objects of mathematical knowledge do not exist leads to the truth definition". There are at least two philosophical and mathematical questions behind this statement: (1) What does it mean to assume that a mathematical object exists? (2) How can one determine that a mathematical proposition is true if one assumes that mathematical objects do not exist?

Hilbert's approach is clearly addressed in the questions on finitary proofs on manuscript page 188 of *Maxims IV*: "Are there two different kinds of finitistic proofs? Those in which higher numbers are constructed and those for which this is not the case?"

---

31  Cf. Frege's letter to Hilbert from January 6, 1900, in: *Gottlob Freges Briefwechsel mit D. Hilbert, E. Husserl, B. Russell, sowie ausgewählte Einzelbriefe Freges*, edited by Gottfried Gabriel, Friedrich Kambartel, and Christian Thiel, Hamburg (Meiner) 1980, pp. 14–20, here p. 19.

32  Cf. Sue Toledo, "Introduction", pp. 1–2. This position was among the reasons Hilbert famously wrote: "Aus dem Paradies, das Cantor uns geschaffen, soll uns niemand vertreiben können." [From the paradise that Cantor created for us, no one shall be able to expel us.] From: "Über das Unendliche", in: *Mathematische Annalen* 95 (1926), pp. 161–190, here p. 170.

33  Cf. Sue Toledo, "Introduction", p. 3. In the research on Gödel, this view is known mainly due to two posthumously published versions of Gödel's "Is Mathematics Syntax of Language?". Two of the six preserved manuscript pages of this paper were published in 1995 in the *Collected Works*, vol. III, pp. 334–362, and are from the year 1953.

As is well known, Gödel's 1931 paper[34] showed that it is impossible to prove by finitary means the consistency of a formal system that allows for the formulation of elementary arithmetic. Hilbert's basic assumptions are thus untenable, and his program cannot be fully realized. This is relevant to Gödel's philosophical notebooks insofar as Gödel not only believed (at least retrospectively) that it was his non-finitistic standpoint that enabled him to arrive at his epoch-making results but considered it relevant to his thinking in general: "Gödel attributes to his non-finitary viewpoint the fact that he obtained the completeness proof where others had failed. And this, he further says, also applies to his other work to a large extent."[35]

Toledo also points out the inseparability of mathematics and philosophy in Gödel's result from 1933,[36] in which he showed, independently of Gerhard Gentzen, that intuitionistic arithmetic is only seemingly weaker than classical number theory:

> This result showed, as Gödel pointed out, that intuitionistic number theory was only apparently weaker than classical number theory [...]. On the one hand this pointed out to those who held the view that finite, constructive, intuitionistic, and classical methods were just successive additions to one's store of tools [...] that in this case at least this wasn't so, that the issue was a truly philosophical one and lay at the level of fundamental differences in meaning. On the other hand it suggested to the proof theorists both (1) that one might give up the view of classical inferences as being mean-

---

[34] Kurt Gödel, "Über formal unentscheidbare Sätze der *Principia Mathematica* und verwandter Systeme I", in: *Monatshefte für Mathematik und Physik* 38 (1931), pp. 173–198.

[35] Cf. Sue Toledo, "Introduction", p. 4. In a letter to Hao Wang from December 7, 1967, Gödel articulates a similar position: "The completeness theorem, mathematically, is indeed an almost trivial consequence of Skolem 1922. However, the fact is that, at that time, nobody [...] drew this conclusion [...]. But now the aforementioned easy inference from Skolem 1922 is definitely non-finitary, and so is any other completeness proof for the predicate calculus. Therefore these things escaped notice or were disregarded. I may add that my objectivistic conception of mathematics and metamathematics in general, and of transfinite reasoning in particular, was fundamental also to my other work in logic." Quoted in: Hao Wang, *From Mathematics to Philosophy*, London (Routledge and Kegan Paul) 1974, pp. 8ff.

[36] Cf. Kurt Gödel, "Eine Interpretation des intuitionistischen Aussagenkalküls", in: idem, *Ergebnisse eines mathematischen Kolloquiums* 4 (1933), pp. 39–40.

ingless 'ideal objects' one passed through, and look for a more fundamental reason for the fact that classical reasoning gave correct finitary theorems, e.g. based on this or another re-interpretation of classical reasoning; and (2) that one could perhaps obtain the desired consistency proofs if one settled for means less restrictive than finitary methods (even if intuitionistic methods were decided to be unacceptable).[37]

This passage is noteworthy not only because it emphasizes the unsolvability of foundational questions in mathematics by purely mathematical means, but also because it emphasizes the question of the meaning of mathematical procedures and mathematical thinking.[38] What makes Sue Toledo's introduction so interesting in the context of Maxims IV is her emphasis on the meaningfulness of mathematical theorems and objects, which, even though she is providing a retrospective view, helps to explain why the philosophical concepts 'meaning' and 'meaning relation' occupy a central position in Maxims IV, about half of which consists of remarks and foundational questions in logic and mathematics.[39]

As early as the beginning of the 1930s, Gödel claimed that essential concepts used in mathematical discussions (such as 'fini-

---

37   Sue Toledo, "Introduction", pp. 5f.
38   Whether this actually only arose in Gödel's thinking in 1941, as Hämeen-Anttila claims in her thesis, must remain open here. In the present context, it is relevant that Hämeen-Anttila also notes this with regard to Gödel's work after 1941.
39   The shift to the question of meaning in this context is also noted by Maria Hämeen-Anttila in *Gödel on Intuitionism*, p. 154. However, she believes that Gödel did not regard questions of meaning as particularly important prior to 1941: "In general, as his interpretation of the negative translation shows, Gödel was not particularly sensitive to issues of meaning" (Hämeen-Anttila, *Gödel on Intuitionism*, p. 146). This stands in contrast to Sue Toledo's introduction, where it is stated that Gödel saw early on not only that his own proof required abstract concepts, but also that adherents of Hilbert such as Gentzen needed to make use of abstract concepts such as 'accessibility' in their proofs. Thus, against Hilbert's assumption, one needs abstract concepts and meaningful propositions and proofs in order to demonstrate the consistency of arithmetic: "Gödel pointed out that this result added to the evidence [...] for the proposition that abstract concepts are needed for the proof of the consistency of number theory (again counter to Hilbert's view). Here <u>abstract concepts</u> were described as <u>thought constructs</u> such as meaningful assertions of proofs, in particular not combinatorial properties of concrete objects. Thus the intuitionistic number theory he had used for his 1933 consistency proof had needed to take meaningful propositions and proofs as basic objects, while to prove transfinite induction up to $\varepsilon_0$, Gentzen had had to use the abstract concept of 'accessibility'." Sue Toledo, "Introduction", p. 9.

tary proof'), are not only unclear but even undefinable. In a letter to Jacques Herbrand from July 25, 1931, for example, he writes:

> I would like now to enter into the question of the formalizability of intuitionistic proofs in certain formal systems (say that of *Principia Mathematica*) [...], since here there appears to be a <u>difference of opinion</u>. I think, insofar as this question admits a precise meaning at all (due to the undefinability of the notion 'finitary proof', that could justly be doubted), [...].[40]

Forty years later, Toledo repeated and strengthened this assessment in her introduction:

> This was because there didn't exist then [...] any universally accepted precise formulation of the distinction between finitistic and intuitionistic views of truth, meaning, correct reasoning, etc. Indeed even the debates between Hilbert and Brouwer had failed to really address the issue [...].[41]

In addition, both *Maxims IV* and Toledo's introduction contain information on the significance of Cantor's $\varepsilon_0$. Cantor defines $\varepsilon_0 = \omega^{\omega^{\omega^{\omega^{\cdots}}}}$, where $\omega$ is the symbol for the smallest infinite ordinal, that is, for the first ordinal that is larger than every natural number. After Gentzen showed that Peano arithmetic (that is, first-order number theory) proves the existence of well-orderings of a length less than $\varepsilon_0$, but not of length $\varepsilon_0$ or larger, it became clear that there are other means of proving theorems in classical number theory than finitary ones.[42] This is because the existence of well-orderings of length $\varepsilon_0$ or larger is no longer provable in Peano arithmetic, which means that induction on $\varepsilon_0$ is a proof method that goes beyond Peano arithmetic. Assuming that $\omega$ is surveyable, Gödel calls

---

40  Kurt Gödel, *Collected Works*, vol. V, pp. 20–24, here p. 23.
41  Sue Toledo, "Introduction", p. 6. For the concept of finitary proof in Hilbert's work, however, cf. also William W. Tait, "Gödel on Intuition and on Hilbert's Finitism", in: *Kurt Gödel: Essays for His Centennial*, edited by Solomon Feferman, Charles Parsons, and Stephen G. Simpson, Cambridge (Cambridge University Press) 2020, pp. 88–108.
42  Sue Toledo, "Introduction", p. 7.

ordinals smaller than $\varepsilon_0$ "intuitively graspable" and "surveyable" in *Maxims IV*.[43]

In her introduction, Toledo also addresses the question of why we, as finite, non-ideal beings, require abstract concepts. While $\omega$ is still "surveyable" or "intuitively graspable" by human beings in a certain sense, the same cannot be said of $\omega^\omega$ (for most of us).[44] Since this is the case, and because, unlike the "idealized" mathematician who can survey infinite processes with an arbitrary complexity, we are unable to grasp such processes, we need abstract concepts:

> In this context, Gödel noted, it would be important to distinguish between the concepts of evidence intuitive <u>for us</u> and <u>idealized</u> intuitive evidence, the latter being the evidence which would be intuitive to an idealized finitary mathematician, one who could survey completely finitary processes of arbitrary complexity. <u>Our</u> need for an abstract concept might be due to our inability to understand subject matter that is too complicated combinatorially. By ignoring this, we might be able to obtain an adequate characterization of idealized intuitive evidence. This would not help with Hilbert's program, of course, where we have to use the means at our disposal, but would nevertheless be extremely interesting both mathematically and philosophically.[45]

Gödel also refers to the idealized mathematician in *Maxims IV*. Here, he discusses the connection between the symbolic "language" of mathematics and meaning but also introduces a concept that he calls a psychological one in other passages of *Maxims IV*, namely that of behavior:

---

43   Kurt Gödel, *Max IV*, manuscript page 190, remark foundations 2. For comparison, we find the following in Toledo's introduction on p. 9: "For it is inconceivable that we could give a finitary proof of recursion up to $\varepsilon_0$ – already at $\omega^\omega$ some of us may be near, or beyond, the limit of what we can justify finitarily."

44   There is a noticeable tension between this observation and Gödel's remark foundations 2 on manuscript page 190, where he writes: "<u>Remark</u> (Foundations). The numbers $< \varepsilon_0$ are characterized by being 'intuitively graspable', i.e., 'surveyable' (under the assumption that $\omega$ is surveyable). In a way, they are a finite structure of $\omega$."

45   Sue Toledo, "Introduction", p. 10.

> Remark (Foundations): Let us define: A symbol combination has a meaning if it is part of a sequence of syllables which, when listened to (with the intention of understanding), can change people's behavior, and two symbol combinations have the same meaning if they are substitutable for each other without changing the effect on the behavior. Thus certainly not all propositions have the same meaning. The meaning of a description is not the described object. All mathematical propositions mean the same thing to "idealized" humans, provided mathematics is tautological. Does everything that has a meaning stand in the meaning relation to something?[46]

In the present context, this is relevant insofar as human beings can survey finite extensions and their structures, but not the structures of infinite extensions. Constructivists and intuitionists assume that the latter must be constructed; according to Gödel, this must happen by means of a concept or a way of behaving:

> Remark (Philosophy): The finite extension and even the structure are immediately perceived. By contrast, an infinite extension can only be constructed by means of a concept or by means of a way of behaving.[47]

For Gödel, the concept of a way of behaving is a psychological concept; it is therefore unsurprising that, immediately following this remark, he discusses the psychological interpretation of the *Principia Mathematica*:

> Remark (Philosophy): In order to understand the psychological interpretation, the following is presupposed:
> A.) In order to perceive the individual elements: certain forms of psychological things [namely goals ↑], where infinite (i.e., infeasible) goals appear as well. Finite extensions occur in the individual goals.
> B.) In order to understand the states of affairs that are expressed in the propositions,[48] one must perceive (or have constructed) the concept of these "forms of goals". [279]

---

46 *Max IV*, manuscript page 277, remark foundations 1.
47 *Max IV*, manuscript page 278, remark philosophy 1.
48 Because of the quantifiers. [Gödel's footnote]

Every single such goal (and the concept of all of them) is tremendously complicated [insertion: <u>beauty is the unity in the multiplicity and the simplicity in the complexity</u>], but we are very familiar with it because we practice ways of behaving from early childhood on.[49]

In the context of the psychological interpretation of the *Principia Mathematica*, Gödel again considers Frege's[50] concept of sense in a long remark on foundations on manuscript page 272. This remark also contains another brief indication concerning the overall topic of Gödel's reflections in *Maxims IV*:

> The psychological interpretation is likely Frege's "sense". [More precisely, if $\phi(a)$ does not mean the application of the procedure $\phi$ to $a$ but the specific way of behaving that results from it, then this is the sense.]
> It holds that: the sign determines the idea, the idea determines the behavior, the behavior determines the class [but not in the reverse order]. Hence, concerning degrees of "separation" into different categories, we have the following sequence:
> word, idea, behavior, class. This likely corresponds to: divine, mental, spiritual, material.
> Furthermore, there is the structure to the right of the class, but this is somehow very similar to the word (language structure).
> It follows from the above sequence that ideas are not extensional, because [273] ways of behaving are not extensional.

"Word, idea, behavior, class. This likely corresponds to: divine, mental, spiritual, material." This parallelism suggests that the word is situated in the realm of the divine, ideas in the realm of the mental, behavior in the realm of the spiritual (or, one might add, of the psychological), and classes in the realm of the material

---

49  *Max IV*, manuscript pages 278f., remark philosophy 2.
50  It is worth noting that there are not only excerpts on Gottlob Frege's paper "Logische Untersuchungen. Dritter Teil: Gedankengefüge" from 1923 in the Gödel *Nachlass* but also a few on his article "Der Gedanke. Eine logische Untersuchung" from 1918. They are to be found in Kurt Gödel Papers (C0282), box 10a, series V, folder 39, initial document number 050135, and cannot be dated clearly (although probably written in Princeton).

or extensional. Gödel does not consider the relation between the word and the divine in *Maxims IV*, but he does comment on the other three pairs of concepts.

Let us now turn to what Gödel means by "extensional" and "material" in the present context. On manuscript page 273 he equates classes with extensions ("Extensions are pure multiplicities; insofar they are units, they are not purely objective"), and on manuscript page 188, remark foundations 2, he notes that the extensional is the essence of the mathematical.[51] This clearly does not mean that the essence of mathematics is to be found in the material. On the concept of the material, we read the following on manuscript page 232, remark foundations:

> It is astonishing that one can define in finitely many (and not even very many) words a number that exceeds the number of grains [atoms] of sand in the whole world (and even <u>far</u> bigger numbers). This means: The idea perfectly dominates the material world.

The extensional and the material are thus not the same, even though Gödel applies the concept of a class to both realms. An explanation for this can be found in the notebook *Max V*, where Gödel writes the following on manuscript pages 345–346:

> The materialistic (positivistic) *weltanschauung*, applied to reality, implies that all there is are the laws of pressure and impact [and besides these, only chaos] and [345] material objects. In another form, [it implies] that there are only sensations and the laws of their succession. Transcending this is possible in two directions: 1.) Concerning the existing objects: soul, concept, angel. 2.) Concerning the existing laws (i.e., general states of affairs): justice, superstition, etc. Positivism is better insofar as at least no restriction of the laws is formulated, but in truth, no laws at all can be formulated.

---

51   In Gödel's excerpts of Gottlob Frege's "Logische Untersuchungen. Dritter Teil: Gedankengefüge" from 1923 (box 10a, series V, folder 39, initial document number 050135), Gödel writes: "Only mathematics can get by with extensional complex sentences, in logic strict implication, in physics causality, in psychology will to knowledge (directed to possibility), thus mathematical logic is extensionalized; extensional thought structure = mathematical thought structure."

> In the world of ideas [mathematics[52]], materialism and positivism imply that there are only laws for combinations of signs, including, naturally also,[53] "useful" systems. A refutation would consist in one system's surpassing the others in such a way that it possesses the characteristics of truth (likely also in the intuitionistic[54] sense)*.

*  Positivism is the only form of materialism that can still persist in the present time.

Here, we find a clear statement of what the material in mathematics consists in, namely a kind of pure formalism. For Gödel, however, mathematical statements have meaning. In this context, it is helpful to consult his "Remarks Foundations" from the *Nachlass*, where he writes:

> There are perhaps certain sentences (logic and set theory) of which <u>nothing</u> remains when one omits the human language of thinking (while perhaps objective states of affairs in the real mathematics). That is, the former would be "analytic" in the true sense of the word. Criterion: It suffices for the solution of the problems to clarify the concepts.[55]

Thus, at the basis of mathematics are objective states of affairs to which the human mind refers. This remark does not seem to agree with a remark in *Max IV*, however. Here, on manuscript page 183, remark foundations 1, it is noted that "mathematics leads to the psychologically simplest, logic to the objectively simplest". This disagreement can be resolved by observing that the claim that objective states of affairs are left over in mathematics concerns ontology and epistemology, while the claim that mathematics leads to the psychologically simplest and logic to the objectively simplest concerns concepts. Thus mathematics, which leads to the psychologically simplest concepts, contains sentences that have meaning, while logic does not.

---

52  This passage can be read as meaning that mathematics is the world of ideas, but also that what is stated here holds true both for the world of ideas *and* for mathematics.
53  Alternative reading: including natural, also useful systems.
54  Alternative reading: intuitive.
55  In Gödel's *Nachlass*, box 12, series IV, folder 44, initial document number 060574, there No. 29. The sheets are not dated, but the folder with the title "Questions and remarks on mathematics and foundations" contains the addition "old" by Gödel.

If mathematical sentences have meaning, they cannot be grasped by purely syntactical methods; thus, using laws for sign combinations will ultimately not suffice for understanding them, and for Gödel, understanding involves more than knowing. As we read on manuscript pages 263–264 of *Max IV*, for example:

> The knowledge of the first cause (of the primordial ground) [264] apparently makes it possible* to "know" all things (because whoever precisely knows the cause also knows all of its effects) and to "understand" all things. (Understanding is more than knowing insofar as understanding them also determines my behavior towards them.)
>
> The materialist worldview also yields an ultimate reason (the basic laws of physics), but this first cause is not at the same time a "primordial sense", but rather nonsense.

<small>* <u>This first cause is apparently a state of affairs and not an object.</u></small>

In order to understand, we need to use causes other than causal ones and, one should add, methods for understanding other than syntactical ones. Understanding goes beyond causality and combinatorics, and it is necessary for grasping something new. This requires transcending the material, which for Gödel is ultimately genuinely human. This is why, in addition to philosophy, he views psychology as playing an important role in the systematics of the disciplines.

### Literature

Bernard Bolzano, *Wissenschaftslehre. Versuch einer ausführlichen und grösstentheils neuen Darstellung der Logik mit steter Rücksicht auf deren bisherige Bearbeiter*, vols. 1–4, Sulzbach (Seidel) 1837; in English: idem, *Theory of Science*, translated by Paul Rusnock and Rolf George, Oxford (Oxford University Press) 2014.

Luitzen Egbertus Jan Brouwer, *Over de grondslagen der wiskunde*, Amsterdam/Leipzig (Maas & van Suchtelen) 1907.

Luitzen Egbertus Jan Brouwer, De onbetrouwbaarheid der logische principes, in: *Tijdschrift voor wijsbegeerte* 2 (1908), pp. 152–158.

Luitzen Egbertus Jan Brouwer, Beweis der Invarianz der Dimensionszahl, in: *Mathematische Annalen* 70 (1911), pp. 161–165.

Luitzen Egbertus Jan Brouwer, Beweis der Invarianz des *n*-dimensionalen Gebiets, in: *Mathematische Annalen* 71 (1911), pp. 305–313.

Luitzen Egbertus Jan Brouwer, Zur Invarianz des *n*-dimensionalen Gebiets, in: *Mathematische Annalen* 72 (1912), pp. 55–56.

Luitzen Egbertus Jan Brouwer, Intuitionism and Formalism, in: *Bulletin of the American Mathematical Society* 20 (1913), pp. 81–96.

Luitzen Egbertus Jan Brouwer, Begründung der Mengenlehre unabhängig vom logischen Satz vom ausgeschlossenen Dritten, in: *Verhandelingen der Koninklijke Akademie van Wetenschappen te Amsterdam* 1918, 1919 (1920–1923), pp. 1–43, pp. 1–33.

Luitzen Egbertus Jan Brouwer, Intuitionistische Mengenlehre, in: *Jahresbericht der DMV* 28 (1919), pp. 203–208.

Luitzen Egbertus Jan Brouwer, Über die Bedeutung des Satzes vom ausgeschlossenen Dritten in der Mathematik, insbesondere in der Funktionentheorie, in: *Journal für die reine und angewandte Mathematik* 154 (1924), pp. 1–7.

Luitzen Egbertus Jan Brouwer, Intuitionistische Zerlegung mathematischer Grundbegriffe, Vortrag gehalten am 6. Februar 1924, in: *Jahresbericht der DMV* 33 (1925), pp. 251–256.

Luitzen Egbertus Jan Brouwer, Zur Begründung der intuitionistischen Mathematik, in: *Mathematische Annalen* 93, 95, 96 (1925, 1926, 1927), pp. 244–257, pp. 453–472, pp. 451–488.

Bernd Buldt, Stories of Genius: Recent Accounts of Kurt Gödel's Life, in: *Europolis 5. Kurt Gödel und die mathematische Logik*, Linz (Linzer Universitätsverlage) 2005, pp. 368–400.

John W. Dawson, Jr., *Logical Dilemmas: The Life and Work of Kurt Gödel*, Wellesley, Mass. (Peters) 1997.

Gottlob Frege, *Gottlob Freges Briefwechsel mit D. Hilbert, E. Husserl, B. Russell, sowie ausgewählte Einzelbriefe Freges*, edited by Gottfried Gabriel, Friedrich Kambartel, and Christian Thiel, Hamburg (Meiner) 1980.

Kurt Gödel, [Correspondence with Hao Wang], in: Kurt Gödel Papers (CO282), box 3c, series I, folder 209, initial document number 013184.

Kurt Gödel, *Results on Foundations IV*, in: Kurt Gödel Papers (CO282), box 6c, series III, folder 86, initial document number 030119.

Kurt Gödel, *Questions on Foundations, "old"*, in: Kurt Gödel Papers (CO282), box 12, series IV, folder 44, initial document number 060574.

Kurt Gödel, [Bibliographic Notes on Logic and Philosophy of Mathematics, "old"], in: Kurt Gödel Papers (CO282), box 9b, series V, folder 2, initial document number 050013.

Kurt Gödel, [Excerpts on Brouwer's Dissertation], in: Kurt Gödel Papers (CO282), box 10a, series V, folder 39, initial document number 050135.

Kurt Gödel, [Excerpts on Gottlob Frege's "Der Gedanke. Eine logische Untersuchung"], in: Kurt Gödel Papers (CO282), box 10a, series V, folder 39, initial document number 050135.

Kurt Gödel, [Excerpts on Gottlob Frege's "Logische Untersuchungen. Dritter Teil: Gedankengefüge"], in: Kurt Gödel Papers (CO282), box 10a, series V, folder 39, initial document number 050135.

Kurt Gödel, Über formal unentscheidbare Sätze der *Principia Mathematica* und verwandter Systeme I, in: *Monatshefte für Mathematik und Physik* 38 (1931), pp. 173-198; reprinted with an English translation, in: idem, *Collected Works*, vol. I, *Publications 1929-1936*, edited by Solomon Feferman, John W. Dawson, Jr., Stephen C. Kleene, Gregory H. Moore, Robert M. Solovay, and Jean van Heijenoort, Oxford (Oxford University Press) 1986, pp. 144-195.

Kurt Gödel, Eine Interpretation des intuitionistischen Aussagenkalküls, in: *Ergebnisse eines mathematischen Kolloquiums* 4 (1933), pp. 39-40; reprinted with an English translation in: idem, *Collected Works*, vol. I, op. cit., pp. 300-303.

Kurt Gödel, The Present Situation in the Foundations of Mathematics, 1933o, printed in: idem, *Collected Works*, vol. III, *Unpublished Essays and Lectures*, edited by Solomon Feferman, John W. Dawson, Jr., Warren Goldfarb, Charles Parsons, and Robert M. Solovay, Oxford (Oxford University Press) 1995, pp. 45-53.

Kurt Gödel, Russell's Mathematical Logic, in: *The Philosophy of Bertrand Russell*, edited by Paul A. Schilpp, Evanston, Ill (Northwestern University) 1944, pp. 123-153; reprinted in: idem, *Collected Works*, vol. II, *Publications 1938-1974*, edited by Solomon Feferman, John W. Dawson, Jr., Stephen C. Kleene, Gregory H. Moore, Robert M. Solovay, and Jean van Heijenoort, Oxford (Oxford University Press) 1990, pp. 119-141.

Kurt Gödel, Is Mathematics Syntax of Language?, 1953/9, in: idem, *Collected Works*, vol. III. *Unpublished Essays and Lectures*, edited by Solomon Feferman, John W. Dawson, Jr., Warren Goldfarb, Charles Parsons, and Robert M. Solovay, Oxford (Oxford University Press) 1995, pp. 334–362.

Kurt Gödel, [Correspondence with Jacques Herbrand], in: idem, *Collected Works*, vol. V, *Correspondence H–Z*, edited by Solomon Feferman, John W. Dawson, Jr., Warren Goldfarb, Charles Parsons, and Wilfried Sieg, Oxford (Clarendon Press) 2003, pp. 14–25.

Kurt Gödel, *Philosophische Notizbücher, Bd. 1: Philosophie I Maximen 0 / Philosophical Notebooks, vol. 1: Philosophy I Maxims 0*, edited by Eva-Maria Engelen, translated by Merlin Carl, Berlin/Munich/Boston (De Gruyter) 2019.

Kurt Gödel, *Philosophische Notizbücher, Bd. 2: Zeiteinteilung (Maximen) I und II / Philosophical Notebooks, vol. 2: Time Management (Maxims) I and II*, edited by Eva-Maria Engelen, translated by Merlin Carl, Berlin/Munich/Boston (De Gruyter) 2020.

Kurt Gödel, *Philosophische Notizbücher, Bd. 3: Maximen III / Philosophical Notebooks, vol. 3: Maxims III*, edited by Eva-Maria Engelen, translated by Merlin Carl, Berlin/Munich/Boston (De Gruyter) 2021.

Heinrich Gomperz, *Weltanschauungslehre. Ein Versuch die Hauptprobleme der allgemeinen Theoretischen Philosophie geschichtlich zu entwickeln und sachlich zu bearbeiten, vol. 2, 1. Hälfte. Noologie*, Jena (Eugen Diederichs) 1908.

Maria Hämeen-Anttila, *Gödel on Intuitionism and Constructive Foundations of Mathematics*, Ph.D. Dissertation, Faculty of Arts, University of Helsinki, 2020.

David Hilbert, Über das Unendliche, in: *Mathematische Annalen* 95 (1926), pp. 161–190.

William W. Tait, "Gödel on Intuition and on Hilbert's Finitism", in: *Kurt Gödel: Essays for His Centennial*, edited by Solomon Feferman, Charles Parsons, and Stephen G. Simpson, Cambridge (Cambridge University Press) 2020, pp. 88–108.

Christian Tapp, *An den Grenzen des Endlichen. Das Hilbertprogramm im Kontext von Formalismus und Finitismus*, Berlin/Heidelberg (Springer) 2013.

Sue Toledo, *Tableau Systems for First Order Number Theory and Certain Higher Order Theories*, Berlin inter alia (Springer) 1975.

Sue Toledo, Sue Toledo's Notes of her Conversations with Gödel in 1972–5, in: *Set Theory, Arithmetic and Foundations of Mathematics: Theorems, Philosophies*, edited by Juliette Kennedy and Roman Kossak, Cambridge (Cambridge University Press) 2011.

Marc van Atten and Juliette Kennedy, On the Philosophical Development of Kurt Gödel, in: Mark van Atten, *Essays on Gödel's Reception of Leibniz, Husserl, and Brouwer*, Cham/Heidelberg (Springer) 2015, pp. 95–145.

Hao Wang, *From Mathematics to Philosophy*, London (Routledge and Kegan Paul) 1974.

Hao Wang, *A Logical Journey: From Gödel to Philosophy*, Cambridge, Mass. inter alia (MIT Press) 1996.

Alfred North Whitehead and Bertrand Russell, *Principia Mathematica*, 3 vols., Cambridge (Cambridge University Press) 1910–1913.

Stephan Zweig, *Die Heilung durch den Geist*, Leipzig (Insel) 1931; in English: idem, *Mental Healers: Franz Anton Mesmer, Mary Baker Eddy, Sigmund Freud*, translated by Eden and Cedar Paul, New York (Ungar Publishing) 1962.

Translated by Merlin Carl

# Addendum *Results on Foundations IV*

*Results on Foundations IV*, box 6c, series III, folder 86, initial document number 030119, manuscript pages 320 ff., date specification in the notebook: January 1, 1942, on manuscript page 280; pagination by Gödel; transcription by Eva-Maria Engelen; translated by Merlin Carl.

### The concept "definable" in the absolute sense

Suppose that the axioms of set theory describe a reality and that the concept of a property of sets that can be grasped by the human understanding has a meaning and can itself be grasped by the human understanding. ⟨It does <u>not</u> suffice to add it subsequently, because then it would only refer to what can be grasped without it.⟩ It then follows that: There are uncountably many sets that are graspable (by using the concept "graspable")\*,[56] for otherwise, the first non-definable ordinal would be definable and non-definable.

On the other hand, it appears to be clear that, because we can only have finitely or at most countably many basic operations or basic concepts in our understanding, the set of graspable concepts is countable. [This is a way of formulating Richard's antinomy such that it actually becomes an antinomy; otherwise, the fallacy becomes obvious.] The axiom of replacement does not seem to be necessary for this, but it suffices that there are uncountably many von Neumann ordinals or that one can uniquely map each order type to a set of equivalent ones [hence, in particular, whenever the set of sets of [321] at most the same type exists]; because one needs to know that all sets of sets of smaller order type of a minimal level specified in this way by some given well-ordered set form a set. This is clear because for every smaller order type there is an example of at most the same type.

The only thing that is unclear is whether the elements of the set defined in this way are again definable. <u>Thus, it is proved that the definable sets are actually not countable [and even have the cardinality of the absolute]</u>. This is incomprehensible if they "arise" through "operations of the mind", but it is easily comprehensible if they are something objective to which our understanding merely

\* He breathed his spirit into him; that a set is graspable means that a characteristic property of its elements is definable.

---

56 The footnote reference marks in the text and at the bottom of the page are different. A small circle is drawn in the text, but at the end of the page there is an x. Gödel's footnote thus cannot be uniquely assigned.

"directs" itself, where that to which it directs itself is not at all determined by the given situation. Different people have very different flashes of ideas, although they are able to communicate them to each other afterwards.*

*Just as an electron moves uniquely in one direction among uncountably many.

But it is not actually like this; rather we always only combine very few basic ideas, and at best we have new ideas that are clearly required by the situation. <u>Hence it is proved that our understanding, insofar as we exercise it, is mutilated,</u> namely in such a way that we can conclude from certain evident properties of our understanding that a set of objects that we cannot immediately see must be contained in [322] it (hence non-constructive proof of existence). [Perhaps a finite consistency proof is possible in this sense?] Is perhaps the axiom of replacement already an example of something that is not determined by the situation (i.e., the "flashing of an idea?")? Hence, the *characteristica universalis* can only give instructions to look in a certain direction after certain physical and mental "exercises" have been carried out.

?!! Application of the above arguments to the purely psychological concept of "graspable".[57]

### Translator's note

In translations of Frege in particular, it has become customary to translate the German word 'Bedeutung' as 'reference'. In Frege's terminology, the 'Bedeutung' of a word is that to which it refers, and indeed, 'reference' in this sense captures the literal meaning of the German 'be-deuten' ('pointing to').

In a footnote to one of Gödel's English writings, namely his essay "Russell's Mathematical Logic", Gödel explicitly discusses his use of 'signify' as an English translation of the German word 'bedeuten' (see "Russell's Mathematical Logic", p. 122, footnote 4): "I use the term 'signify' in the sequel because it corresponds to the German word 'bedeuten' which Frege, who first treated the question under consideration, used in this connection." Note, however, that this choice is made with the intention of capturing the spirit

57  Cf. *Max IV*, manuscript page 190, remark foundations 2: "<u>Remark</u> (Foundations): The numbers < $\varepsilon_0$ are characterized by being 'intuitively graspable', i.e., 'surveyable' (under the assumption that $\omega$ is surveyable). In a way, they are a finite structure of $\omega$."

of Frege's use of the term; indeed, Gödel's footnote is in reference to the sentence: "'The True' – according to Frege's view – is analyzed by us in different ways in different propositions, 'the True' being the name he uses for the common signification of all true propositions."

In light of this, it may seem natural to translate Gödel's use of 'Bedeutung' either as 'reference', in agreement with the tradition, or as 'signification', complying with Gödel's use. In our translation, however, we have not chosen either of these options and have instead decided to translate 'Bedeutung' as 'meaning'.

The rationale for this decision is precisely our intention to set Gödel's use of 'Bedeutung' apart from Frege's. This is necessary for at least two reasons: First, there are a few places where Gödel explicitly refers to Frege and discusses his distinction between 'sense' and 'reference' in the context of his own reflections on 'Bedeutung'. On manuscript page 257, for example, in the context of a discussion of the 'Bedeutungsrelation', we read:

> The meaning relation has nothing to do with psychology (also not with idealized psychology) [except that for Brouwer, the meanings of the mathematical propositions are psychological objects, as they are in psychology]. By contrast, Frege's "sense relation" is not a meaning relation in this sense.

There is a considerable danger that the point of Gödel's remark would be lost if one put 'reference relation' in the place of 'meaning relation', in which case the remark could be read as merely emphasizing Frege's distinction between 'sense' and 'reference', while it actually concerns a reflection on the concept of 'Bedeutung' in a much broader sense. In general, critical discussions of Frege's concepts would be utterly confusing if Gödel's terms were translated in the same way as Frege's.

This would leave open the possibility of following Gödel's suggestion that 'Bedeutung' be translated as 'signification', which would allow for a distinction between Gödel's and Frege's terms. However, recall that this suggestion is still made with Frege's concept in mind. By contrast, Gödel's considerations on 'Bedeutung' frequently take an entirely different direction.

To illustrate this point, we discuss this briefly using two examples from *Max IV*:

> The same language can have different meaning relations, and even though one understands that language, it can be unclear which is the meaning relation of that language. Example: intensional and extensional interpretation of the Principia [through concepts and classes]. The extensional interpretation arises by identifying in the first one everything that is not distinguishable in the language.[58]
> (Manuscript page 257)

Here, it would obviously be misleading to read 'Bedeutung' in a Fregean spirit, insofar as Gödel's use of 'Bedeutung' allows for both an 'extensional' and an 'intensional' reading of a given text.

The second example comes from manuscript page 277:

> <u>Remark</u> (Foundations): Let us define: A symbol combination has a meaning if it is part of a sequence of syllables which, when listened to (with the intention of understanding), can change people's behavior, and two symbol combinations have the same meaning if they are substitutable for each other without changing the effect on the behavior. Thus certainly not all propositions have the same meaning. The meaning of a description is not the described object. All mathematical propositions mean the same for "idealized" humans, provided mathematics is tautological. Does everything that has a meaning stand in the meaning relation to something?

This 'pragmatic' understanding of 'Bedeutung', according to which the 'Bedeutung' of a 'symbol combination' is determined by the influence it has on someone's behavior, is clearly in sharp contrast with Frege's use of 'Bedeutung' as 'reference'. In particular, the last sentence would be incomprehensible on a Fregean reading: clearly,

---

58 "Dieselbe Sprache kann verschiedene Bedeutungsrelationen haben und obwohl man diese Sprache versteht, kann man sich nicht im Klaren sein, welches die Bedeutungsrelation dieser Sprache ist. Beispiel: *intens<ionale>* und *extens<ionale>* Deutung der *Princ<ipia>* [durch Begriffe und Klassen]. Die *ext<ensionale>* Deutung entsteht, indem man in der ersten alle<s> in der Sprache nicht Unterscheidbare identifiziert."

everything that has a reference stands in the reference relation to something.

Acknowledgments: We thank Gottfried Gabriel (University of Jena) for various helpful explanations concerning the relation between Gödel's and Frege's use of the terms 'Sinn' and 'Bedeutung' (personal communication).

**Max IV**

Date of production of *Max IV*
1941–1942. Date specifications: July 1, 1941; end of August 1941; end of March 1942.

[152]
ca. 1. May 1941 – ca. 30. April 1942[1]

<u>Maxims IV</u>

<u>Maxim</u>: When reading this notebook:
1.) always slowly (just a little per day);
2.) with a viewpoint [<u>importance, correctness</u>, categorization as practical matters, theoretical matters and the sciences].

---

[1] This entry is by Gödel. The last given date in notebook *Maxims III* on manuscript page 151 is May 1941.

p. 247 **Proof idea** for the set of cardinality[2] $\aleph_1$[3] of all types of growth

Mountain Ash Inn[4]     pp. 167–190
New beginning of philosophy   p. 239
March 42     pp. 243–58    Brouwer[5] interruption by foundations[6]
Philosophy of the *Principia*[7]   p. 270
                        End of notebook   ca. April 1942

Completely looked through in this notebook:
theology, philosophy
psychology[8]

---

[2] The cardinality of a set is the number of its elements.

[3] In set theory, $\aleph$ (aleph) denotes the cardinals of infinite sets; it is used for infinite cardinalities.

[4] The Mountain Ash Inn in Brooklin, Maine, was a holiday resort near Bar Harbor. Kurt and Adele Gödel spent their holiday there in July and August 1941. Gödel told both Oswald Veblen and his mother about this. Cf. John W. Dawson, Jr., *Logical Dilemmas. The Life and Work of Kurt Gödel*, Wellesley, Mass. (Peters) 1997, pp. 157ff., and Hao Wang, *A Logical Journey: From Gödel to Philosophy*, Cambridge, Mass. inter alia (MIT Press) 1996, p. 68. (In the following, the two works are cited as *Logical Dilemmas* and as *A Logical Journey*, respectively.) In a letter from Gödel to his mother from August 26, 1946 (Wienbibliothek im Rathaus), Gödel refers to the letter from 1941, which he wrote to her from the Mountain Ash Inn.

[5] Luitzen Egbertus Jan Brouwer. Dutch mathematician, eminent topologist, and founder of intuitionism.

[6] "Foundations" (*Grundlagen*) may refer to the title of Brouwer's doctoral dissertation from 1907, *Over de grondslagen der wiskunde*. Gödel studied this work, which was published in Dutch by Maas & van Suchtelen in Amsterdam and Leipzig. However, this could also indicate that his new start on the philosophical remarks is interrupted by remarks about foundations. The latter, however, are themselves influenced by Gödel's reading of Brouwer's works, which is not restricted to Brouwer's dissertation but also comprises other works by him. Gödel's excerpts on Brouwer's dissertation are contained in Gödel's *Nachlass* (CO282) in box 10a, series V, folder 39, initial document number 050135. The pages are not dated, but it is noted on a page in the folder that the notes in it were written before 1952. For further information, see the respective explanations in the introduction. The specification '(CO282)' for Gödel's *Nachlass* is not repeated in the following.

[7] *Principia Mathematica*, work in three volumes by Alfred North Whitehead and Bertrand Russell which appeared between 1910 and 1913.

[8] This entry is followed by two pages that are neither written on nor paginated.

[153]
{The meaning relation[9] [*Bedeutungsrelation*] refers to the referential function of language, the sense relation[10] [*Sinnrelation*] to its communicative function? (That is, the "comprehensible" referential function.) Or to the psychological act of constructing the meaning from the symbol?[11]}[12]

Remark (Foundations): Proof that 2 + 2 does not mean the same as 4: The proposition 2 + 2 > 3 cannot mean the same as 4 > 3, because it contains a concept (addition) that does not occur in the other. This seems to imply that 2 + 2 cannot mean anything specific at all and that Russell's theory of descriptions is correct (i.e., functions are to be defined as unique relations). Another fact that indicates this is that the following proposition holds $(\forall x)(x \in M \to (\exists! y) yRx) \to (\exists f)(\forall x)[x \in M \to f(x)Rx]$, but if $M$ is an undecidable species,[13] one cannot interpret this as a "procedure", because the result can depend on the proof that $x$ belongs to $M$. This implies: If the propositions refer to states of affairs,[14] then the meaning relation does not have the following property: and when $a$ and $b$ have the same meaning, then so do $\operatorname{Subst}\left(\phi \, {a \atop b}\right)$ and $\phi$.

---

9   The 'meaning relation' is the same as reference, according to Gottlob Frege. Concerning 'meaning relation' in Gödel, cf. also manuscript pages 177, Gödel's footnote; 196f., remark foundations 1; 223, remark philosophy 1; 232, remark foundations 2; 253, remark philosophy 1; 253, remark philosophy 1 and remark foundations 1; 257f., remark foundations; 277, remark foundations 1; 281f., remark foundations 1; and Gödel, *Time Management (Maxims) I and II*, p. 468, note; *Maxims III*, pp. 276, remark foundations; 316, remark foundations 2; 317, remark foundations 2. See also the introductory remarks regarding the translation by Merlin Carl.
10  In Frege's usage of the term, 'sense relation' is the semantic relation. Cf. manuscript page 272, item 3, for Frege's concept of sense.
11  Cf. manuscript page 270; cf. also manuscript page 272, item 3, for the relation between symbol, idea, and behavior.
12  The sentence is inserted in the top margin of page 153.
13  L. E. J. Brouwer calls a set defined by a characterizing property of its elements a species. Like a set, it is identified with the defining property. Cf. Arend Heyting, "Die intuitionistische Grundlegung der Mathematik", which appeared in: *Erkenntnis* 2 (1931), pp. 106–115, here pp. 110f.
14  Concerning 'states of affairs', cf. manuscript pages 169ff., remark philosophy 1; 174, remark philosophy 1; 176, remark philosophy 2; 204ff., remark philosophy 1; 250ff., remark philosophy 1 and remark philosophy 2; 268f., remark philosophy 1; 278, remark philosophy 2; 281ff., remark philosophy 1 and remark foundations 1 and 2.

[154]

<u>Remark</u> (Foundations): In intuitionistic mathematics, there are two ways to introduce the ordinal:[15]
1.) Every descending sequence terminates.
2.) The ordinals are that to which complete induction can be applied [either inductive proof (Brouwer) or inductive definition (my attempt)], cf. p. 219.[16]

It is easy to show that 2 → 1, but the converse does not hold in intuitionistic mathematics. The definition: "Every subspecies contains a first element" does not even allow for a proof that $\omega$ is an ordinal. And when improved by "Every decidable species contains a first element", it would already lead to trouble in the case of the product of two ordinals. The definition – it is absurd that any species contains a predecessor for each of its elements – will essentially lead to 1. [Further accumulations of absurdities would be "unattractive" and not constructive at all?]

<u>Remark</u> (Foundations): Impredicative[17] elements in Brouwer's work:
1.) Sum species[18] of an arbitrary species.

---

15 An ordinal indicates the position of an element in an order. Following a proposal by John von Neumann, each ordinal is defined as precisely the set of its predecessors. Thus, we define the zero of the ordering of the natural numbers as the empty set, and thus as that number that has no predecessor. Gödel mentions ordinals in *Maxims III*. Cf. *Maxims III*, pp. 236, remark 3; 237, remark 1; 288, remark foundations 2 and 3; 296, remark 1.
16 On manuscript page 219 in the remark foundations, Gödel considers Brouwer's definition of an ordinal.
17 A concept or term is called 'impredicative' if it is defined by means of a totality to which it itself belongs. Cf. manuscript pages 155, top margin of the page; 194; 201, remark foundations 1; 274 in this volume; and *Maxims III*, p. 314, remark philosophy.
18 According to the axiom of the sum set, also known as the axiom of union, the union of a set of sets is itself a set. Accordingly, one speaks of a 'union set' or a 'sum set'. Here, Gödel uses the concept of a 'sum species' in analogy with Brouwer's term 'species'.

2.) Definition of ordinal[19] (essentially as the intersection of all species closed under the two generating operations[20]).

[155]
{→[21] Assumption that the impredicative axioms are correct.}

Remark (Foundations): It seems to be impossible to construct a language in which two different expressions each have a different meaning. (This is shown by Chwistek's antinomies.[22]) The reason for this is likely that (as for the concept of truth) the relations between the signified objects are incomparably more complex than the combinatorial sign relations to which they are mapped. Example: $a \wedge b$ has a similar meaning to $b \wedge a$ but necessarily a different sign.

Remark (Foundations): There are probably synthetic and analytic propositions in mathematics as well.

Remark (Foundations): Example of a mere symbolic abbreviation (by which no concept is defined): $f(x\, y\, z)$ abbreviated by $A$.

---

19  Cf. Brouwer's extensive inductive definition of ordinals and well-founded ordinals in: "Begründung der Mengenlehre unabhängig vom logischen Satz vom ausgeschlossenen Dritten. Erster Teil: Allgemeine Mengenlehre" in: *Verhandelingen der Koninklijke Akademie van Wetenschappen te Amsterdam*, eerste sectie, 12, no. 5, pp. 3–43, here pp. 13–43. I am indebted to Maria Hämeen-Anttila for pointing out that Gödel read the paper "Begründung der Mengenlehre unabhängig vom logischen Satz vom ausgeschlossenen Dritten" in 1941 and that it is thus plausible that Gödel is indirectly referring to it here. According to Hämeen-Anttila, there are remarks on this paper by Brouwer in Gödel's *Working Notebook 12* on manuscript pages 3–12; the date of September 19, 1941, is specified on manuscript page 46 of Gödel's *Working Notebook 12*. It is also worth pointing out the passage on ordinals in "Intuitionism and Formalism" from 1912 on pages 85f. insofar as this essay contains the reference to the two generating operations mentioned in the next comment. "Intuitionism and Formalism" was published in the *Bulletin of the American Mathematical Society* 20 (1913), pp. 81–96, here pp. 85f.
20  In "Intuitionism and Formalism" from 1912, Brouwer states the following: "From the present point of view of intuitionism therefore all mathematical sets of units which are entitled to that name can be developed out of the basal intuition, and this can only be done by combining a finite number of times the two operations: 'to create a finite ordinal number' and 'to create the infinite ordinal number $\omega$' [...]", in: *Bulletin of the American Mathematical Society* 20 (1913), pp. 81–96, here p. 86.
21  Arrow from "remark foundations" on manuscript page 155 to this insertion.
22  Leon Chwistek thought that the so-called syntactical antinomies arise in a language $S$ when it is possible to formulate the syntax of $S$ in $S$.

Remark (Foundations): An abstract concept is a concept of the second type. Analogously, are there also "physically psychological" phenomena among the psychological phenomena?

Remark (Philosophy): Is not the highest (synthetic) principle (sense) of the world[23] aesthetical? And does this not yield a theory[24] of mathematics?

[156]
Remark (Theology): The *filii diaboli, viri, feminae, Dei* correspond to the wicked, the rich, the poor, the saints (cf. Psalm 10).[25]

Maxim (Work): Before going to the library,[26] the following should be set out on a piece of paper:
1.) A list of books that I should in any case take home with me or order, if they are not available [in a certain order, always have at least two books at home].
2.) A list of books that should be looked through [i.e., <u>table of contents</u> and sample] in order to determine whether they should be read [completely or in part]. The answer to this question has to be given on the basis of: <u>I. the purpose I am pursuing</u>; II. <u>the reasonableness of the</u> books. [When something is reasonable but not suitable for the purpose, put it back and take a note.]
3.) Which "bibliographical" preparations need to be done [i.e., read bibliographies, or "search" the shelves[27] of certain areas]. [How much time does one need to find out whether a book is suitable? [157] If it is suitable, it should be read either completely or in excerpts.]

---

23  Alternative reading: of the value. 'World' (*Welt*) and 'value' (*Wert*) are often indistinguishable in Gödel's Gabelsberger script. As a rule, alternative readings are not given in the translation, but here the alternative reading would make a significant difference.
24  Alternative reading: theology. The writing of 'theory' (*Theorie*) and 'theology' (*Theologie*) is sometimes very similar in Gödel's Gabelsberger handwriting.
25  Psalm 10 contains a lament on the deeds of the godless among the people, an entreaty not to forget about the poor and to overthrow the sinners, and assurance that God has not forgotten about the wretched and the poor.
26  Maxims concerning library visits: *Time Management (Maxims) I and II*, p. 328, non-normal activities; pp. 330–332; Addendum XI, 1, p. 518.
27  This word is written in English in the manuscript.

Remark (Maxim): One of the reasons why I cannot decide on anything: A decision on something specific (such as actually reading Jacques Herbrand[28]) implies renouncing all (or many) other things, and this renunciation is either unpleasant (theology) or goes against my conscience (publishing a paper[29] or reading Bernays[30]). It would be nice if I were in a situation where I could do only one [even the worst] of the things between which I waver for a long time [only something I am up to, something I "can do", obviously]. Because of this, it is very important to see that this or that is nothing.

Remark (Maxim): One should do what one is determined to do (even if other things that one is not determined to do are more important). This is a special case of the principle that one should only do what one can do. (The maxim that one should only do what one feels like doing is to a certain degree a consequence of this.)

Remark (Maxim): The best way to proceed may be [158] to give up on any task after a while (until a certain partial goal has been reached) and then do something else and then return. Because, in the meantime: 1. digested, 2. suggestions from other areas, which resolve a lot by themselves.

Remark (Foundations): General character of mathematical inventions:[31] By proceeding successively and systematically (with many calculations), a completely different idea often arises by itself, one which comprises everything and renders the calculations redundant (cf. Kummer's criterion for series[32] and Mostowski's order theorem[33]).

---

28  Cf. *Time Management (Maxims) I and II*, pp. 368, item 2c; 509, item 3.
29  Gödel did not publish anything between 1940 and 1944.
30  Cf. *Time Management (Maxims) I and II*, p. 368, item 2c, where Gödel alludes to the book *Grundlagen der Mathematik* by David Hilbert and Paul Bernays from 1934; also ibid., pp. 368, footnote 296; 441, footnote 615; and 517.
31  Cf. the general remark concerning *logica inventiva* on manuscript page 174, remark philosophy.
32  See Ernst Eduard Kummer, "Über die Konvergenz und Divergenz der unendlichen Reihen", in: *Journal für die reine und angewandte Mathematik* 13 (1835), pp. 171–184.
33  In his work "Über die Unabhängigkeit des Wohlordnungssatzes vom Ordnungsprinzip", in: *Fundamenta Mathematicae* 32 (1939), pp. 201–252, Andrzej Mostowski proved that there are models with urelements in which the axiom of choice fails while the well-ordering principle holds. On p. 204 of

Remark (Maxim): When one decides to do something and then proceeds with the implementation, the intensity of the decision decreases automatically over time* [perhaps because of the difficulties that arise and the absence of the expected pleasure]. This holds at least for cases where the decision did not come about through [159] abstract reflection, but rather through a "feeling". This is because feelings can well change even if the objective facts do not. Furthermore, an emotional decision tends towards the direction of the expected (immediate) pleasure.

* Thus, a "refreshment" is required from time to time.

Maxim: The most important thing is "objective" time management. That is, what is to be done next in the individual areas [namely, only those things that one has decided to do on the basis of abstract considerations should be written down]. The timing (when to do it) is much less important. <u>First objective time management and then timing!</u>[34]

Remark (Maxim): What could be the cause of my nervous unrest?:
I
B[35] 1. Going to New York, and what is there to expect at the German consulate?[36] Here or in Germany?[37]
1.' Rushed immigration (Rekawinkel).[38] Here or in Germany?[39]

---

this work, Mostowski points out that he received crucial stimulation for his work when he attended one of Gödel's lectures on axiomatic set theory at the University of Vienna during the summer semester of 1936/37. Mostowski apparently made a slip of the pen, here, as it should be "summer semester 1937".

34   Gödel is concerned with questions of objective time management and timing throughout *Time Management (Maxims) I and II*.
35   "B" is written on the outside of a curly bracket on the left-hand side, which extends from 1 to 1'.
36   Cf. the footnote concerning Gödel's earlier visits to the German Consulate in New York in *Philosophy I Maxims 0*, p. 222, footnote 341. See also *Kurt Gödel. Das Album/The Album*, edited by Karl Sigmund, John Dawson, Kurt Mühlberger, Wiesbaden (Vieweg) 2006, p. 84; Dawson, *Logical Dilemmas*, pp. 154ff.
37   "Here or in Germany?" is written on the outside of a curly bracket on the right-hand side, which extends from 1 to 1'.
38   Gödel had to terminate his stay at the Institute for Advanced Study (IAS) in September 1935 and returned to Europe, where he resided for a time in a sanatorium in Rekawinkel, Lower Austria. It appears that he worried that his rushed immigration might have a similar effect.
39   "Here or in Germany?" is written on the outside of a curly bracket on the right-hand side, which extends from 1 to 1'.

E. 2. Disordered financial and social conditions [Adele's wastefulness and no secure position].[40]
D. 3. Professional shortcomings and insufficient performance of duties (publications, own works, spent time on other things).
A. 4. Becoming Catholic (and not married to a divorced woman[41]) and lack of *weltanschauung*.
C. 5. Question of accommodation and health. [160]

II (current issues)
1. Packages to Vienna[42]
2. Tomorrow to New York
3. Plan summer retreat[43]
4. Visit dentist
5. Vitamins and belladonna[44] and doctor
6. What to work on next and how much?[45]
7. What to publish next and when?
8. Lectures in the next semester[46]
9. Preparing for a professorship
10. How much non-professional work is justified?
11. What to read in mathematics?
12. Learn and choose languages.[47]

<u>Maxim</u>: When something bigger needs to be done (e.g., going to New York), deal with it as quickly as possible. In order to 1.) prevent continual indecisiveness and 2.) calm "conscience".

---

[40] In 1946, Gödel became a permanent member of the IAS. On the stipends he received before 1946 at the IAS, see Dawson, *Logical Dilemmas*, pp. 154 and 159.
[41] This likely means that Gödel planned to convert to Catholicism but lived with a divorced woman to whom he had been married in a civil ceremony, not according to the Catholic rite.
[42] From 1940 on, the year of their arrival in Princeton, Kurt and Adele Gödel regularly sent packages to Vienna. Until the late 1940s, these mainly contained food. See Gödel's correspondence with his mother from this time.
[43] From July 1941 on, Kurt and Adele Gödel spent two months in Brooklin, Maine, at the Mountain Ash Inn. Cf. Gödel's table of contents above.
[44] Belladonna (*Atropa belladonna*) is a medicinal plant that can have a deliriant, hallucinogenic effect. For dealing with narcotics, cf. *Time Management (Maxims) I and II*, pp. 327, item 26 (narcotics); 322, top of the page; 328 (narcotics); 329 (intoxication).
[45] At this time, Gödel mainly tried to prove the independence of the axiom of choice and the continuum hypothesis.
[46] Gödel did not lecture from spring 1941 until fall 1946. Cf. Dawson, *Logical Dilemmas*, p. 159.
[47] In the manuscript, this is followed by two blank lines, likely to make it possible to continue the list if necessary.

Remark (Foundations): I should pay more attention to the "philosophical" side of mathematics, for example: essence, meaning and application of: partial relations, measure functions,[48] relations of equality, order relations,[49] etc.

[161]
Maxim: Rest = fun[50] = do what one feels like doing = play[51] and joke around.

Remark (Maxim): I feel like I have already "grown out" of certain books (Thomas,[52] Fries[53]). This means that one's own reflection is fruitful.

Remark (Foundations): Russell's vicious circle principle[54] is a <u>negative</u> criterion for the existence of concepts and for the applicability of "all", from which the non-existence of the set of all properties of natural numbers follows.

Remark (Foundations): Relation between classical and modern logic: The Aristotelian syllogisms[55] from classical logic are not need-

---

48  A measure function in particular has the property of mapping unions of countably many disjoint measurable sets to the sum of the single measures.
49  Order relations are transitive, reflexive, and antisymmetric relations; intuitively, they can be regarded as orderings of the elements of a set. After "order relations", space has been left for further insertions.
50  Written in English in the manuscript.
51  Concerning playing, cf. *Time Management (Maxims) I and II*, pp. 326, item 21; 327, item 28; 328, non-normal activities; 329, top of the page; 346, remark 1; 376, question; 388, remark 3, item 2; 433, remark 2.
52  The references to Gödel's reading of Thomas Aquinas are too numerous to be listed here.
53  Cf. *Philosophy I Maxims 0*, p. 181, remark 1; p. 216, before item 1.
54  Whitehead and Russell formulate the following solution to Russell's paradox: "The principle which enables us to avoid illegitimate totalities may be stated as follows: 'Whatever involves all of a collection must not be one of the collection'; or, conversely: 'If, provided a certain collection had a total, it would have members only definable in terms of that total, then the said collection has no total.' We shall call this the 'vicious-circle principle,' because it enables us to avoid the vicious circles involved in the assumption of illegitimate totalities" (*Principia Mathematica*, vol. 1, 1925, 2nd edition, pp. 37f.). The first edition from 1910, however, contains the following on p. 39: "An analysis of the paradoxes to be avoided shows that they all result from a certain kind of vicious circle. The vicious circles in question arise from supposing that a collection of objects may contain members which can only be defined by means of the collection as a whole."
55  This refers to the syllogisms, three of which are already described by Aristotle in the *Analytica priora*, while the fourth is only introduced later as a syllo-

ed. By contrast, the following are missing: $p,q \to p \wedge q$, $p \wedge q \to p$, $p \to p \vee q$, [162] and the rule: If $Q$ is deduced from $P$, then $P \supset Q$ holds, and placing the quantifier in front (if one is building up logic as a logic of assumption).

Remark (Foundations): In order to prove that $(\forall x)(A(x) \supset B(x))$, one needs to split $A$ and $B$ into sufficiently many subtypes and prove for the individual subtypes: $(\forall x)[A_i(x) \supset B_i(x)]$; or that each subtype of $A$ is one of $B$ (if these are "canonical" subtypes).

Remark (Philosophy): The tremendously rapid growth of the number of combinations is perhaps a measure of the tremendous power of understanding [namely, the ability to grasp tremendously many, tremendously big, and hidden combinations despite limited time, power of imagination and memory]. When God created the rapid growth of the number of combinations, he created the power of understanding. Understanding = understanding of concepts[*] + power of combination.

[*] Fundamental concepts.

Remark (Philosophy): Philosophical reading and discussion: Each individual proposition is to be scrutinized with respect to grammatical structure, meaning and correctness (each sentence for several minutes).[56]

[163]
Remark (Foundations): Idea for the systematic solution of all problems:[57] Every concept needs to be split up into its true "elements", then $(\forall x)(\phi(x) \supset \psi(x))$ only means that every element of $\psi$ also occurs in $\phi$. This means: Every proof[**] works with sufficient case distinctions. The ordinary concepts always combine several of these case distinctions. It is characteristic of a "conceptual el-

[**] In normal form. (= systematic proof.)

gism. Cf. *Time Management (Maxims) I and II*, pp. 369, item 3d; 380, item 7. For the comparison between traditional and modern logic, see also the notes taken on Schlick's lecture in *Philosophy I Maxims 0*, pp. 157, item 8; 158, item 14, and footnotes 59 and 65; 165, item 17, and footnote 107.

56 Alternative reading: each sentence, some minutely. Most alternative readings are not comprehensible as genuine alternatives in English, and thus they have generally not been provided. As this is not the case here, however, the alternative reading is indicated.

57 There are several remarks in *Maxims III* concerning this subject on heuristics; cf. the following, but also manuscript pages 221f. and 236ff.

ement" that it conveys "complete" knowledge of the objects that fall under it.
(Leibniz, Hilbert)

Remark (Foundations): Different idea for the systematic solution of all problems: starting from extreme cases (simple cases) that one surveys perfectly and then obtaining the complicated cases from these not through combination (that would be the idea of the [164] preceding remark) but through the "right generalization".
The simple case contains the very complicated case *in nuce*, provided it is "grasped" in the right way and the right correspondence between the individual elements of the simple and the complicated case is established. Perhaps there is a general law (resembling the one for the analyticity of a function[58]) which renders the generalizations unique (with respect to the corresponding concepts and the true propositions). The complicated "unfolds" from the simple. Example: analogizations of $e^x$, $\sin x$ on the one hand and elliptic functions on the other.

Remark (Philosophy): Essential philosophers[59] who need to be studied: Plato, Aristotle, Thomas, Descartes, Leibniz, Locke, Kant, Hegel, Plotinus (bibliography see lecture Gomperz[60]).

[165]
Remark (Philosophy): Schopenhauer's analogization of gravity and the human will[61] leads us to assign a force law to each living being (which, however, does not merely depend on the nature of the relevant particles, as it does in the case of physical and chemical laws, but in which the spatial coordinates or individual bod-

---

58  An analytic function is fixed by its values at 'a few' (although indefinitely many) points; the local behavior determines the global behavior to a large extent.
59  Cf. the respective lists in *Philosophy I Maxims 0*, pp. 154ff., 179ff.
60  This refers to Gödel's notes, taken during a lecture titled "Übersicht über die Geschichte der europäischen Philosophie" by Heinrich Gomperz in the winter semester of 1925/26 and the summer semester of 1926 at the University of Vienna. The notes are located in Gödel's *Nachlass* in box 6b, series III, folders 72.5 and 72.6, initial document numbers 030100.4 and 030100.5.
61  For the analogy between gravity and will, cf. Arthur Schopenhauer's extensive comments in the chapter "Physical Astronomy" of his work *On the Will in Nature* from 1836.

ies enter (*iniquitas*[62] of the individual existence)), hence a kind of "force field", which would be the soul and which could separate from the body at death.

[This law connects the brain states that express perceptions with those expressing intentions through a "uniform" law, "character".]

Remark (Foundations): Analogy between analytic number theory and physics:
1.) Successive approximation (when solving problems).
2.) An exact result is obtained at a certain degree of approximation.
3.) Everything that is not excluded by necessary laws behaves "statistically".[63]
5.) The existence of (simple) analytic functions[64] and "natural constants" that express the laws.
6.) The possibility of achieving surprisingly much with very rough approximations. [166]
7.) Reduction of the qualitative (e.g., prime, divisibility) to the "quantitative" [a very good example of this is Gauss's lemma[65] for quadratic residues].

Thus, analysis is the tool, the natural number the "object".

Remark (Foundations): When formalized, mathematical intuition (which generates conjectures) yields a "theory" of mathematics (without proofs). There are two kinds of intuitions, one of which also yields the intuition of the proof (it may consist in indistinctly seeing the proof); example: most set-theoretical intuitions. The other is an intuition without an intuition of the proof; example: prime number theorem.

The foundations of the intuitions are:
1. Geometric intuition (Jordan curve theorem[66]).

---

62 'Iniquitas' is often translated as 'injustice', 'wrong', and in some passages 'lawlessness'. Cf. also manuscript pages 272 and 276 below; *Time Management (Maxims) I and II*, p. 469, program; *Max V*, manuscript page 342, remark theology; ibid., manuscript page 343, remark philosophy.
63 Item 4 on the list is missing.
64 Cf. the explanation above.
65 In number theory, Gauss's lemma allows one to decide in many cases whether a number is a quadratic residue modulo a given prime number.
66 The Jordan curve theorem states that every simple closed curve divides the plane into two regions. The first (albeit incorrect) proof for this theorem was given by Camille Jordan in 1887.

2. <u>Generalization</u> (i.e., analogization[67]), for example building on functions with several variables (this is about <u>homomorphisms</u>[68]).
3. Assumption of rationality (in the sense of differentiability or the statistical equal distribution or the existence of a simplest solution). [167] Example: prime number theorem.
{<u>Mountain Ash Inn</u>, start: <u>ca. 1./VII 1941</u>[69]}

<u>Remark</u> (Philosophy): The (right) symbol is, as it were, the body of the concept, that is, of the concept "seen from the outside" or an aspect of the concept (the actual languages assign false bodies to the concepts, just as the souls receive unsuitable bodies (= desire)).

<u>Remark</u> (Philosophy): A concept, insofar as it appears in the place of a function (i.e., insofar as it is a predicate) is in a certain sense a different object than the same concept when it appears in the place of an argument (i.e., when it is a subject). May be as different as signifier and signified. In a way, the occurrence in the place of a function is the "dominant" position, the other the "subjected" one. Are these two aspects of the same thing [168] or two parts of the same object? (I.e., does the difference consist in a relation between something else, namely [between][70] a "knowing subject" and something that is known?)* Probably two properties that express themselves in two different relations to different things [everything is at the same time master and mastered].

* Individuals and states of affairs are the only ones that <u>only</u> appear in an argument position.

<u>Remark</u> (Philosophy): The body and the soul are two aspects of the same thing (from the outside and from the inside, i.e., through outer sense and inner sense,[71] respectively; self-perception is actually sensuous [not purely conceptual] perception, because one perceives oneself as real and as actually experiencing, in contrast

---

67   Cf. *Time Management (Maxims) I and II*, pp. 382, question; Addendum IIIb, 2v', item 5; *Maxims III*, pp. 232, item 11; 238, remark 1; 239, remark 1.
68   In mathematics, a homomorphism is a structure-compatible mapping.
69   See the corresponding explanation on Gödel's table of contents above.
70   Most editorial insertions into the German text are not indicated as such in the translation; as this is a case of interpretation rather than a straightforward insertion, however, we have made an exception here.
71   The concept of inner sense traces back to Aristotle (κοινὴ αἴσθησις, koinê aisthêsis) and refers to the type of inner perception that concerns perception of the sense organs. It thus stands for an organism's perception of its own perception. Cf. also *Philosophy I Maxims 0*, p. 208, problem 1.

to a merely abstract cognition, even if one thereby comes to know reality, because in the case of self-perception it [reality, insertion M.C.] is not deduced from concepts but "sensed"). The object underlying these two aspects is the "form", that is, the concept, which suffices for its unique characterization. But on the other hand, this form is an aspect of the object, namely insofar as it is perceived through understanding.

[169]
Remark (Philosophy): Are soul and body two parts or two aspects of the same object? Aristotle seems to teach the former, but the following conception is also conceivable: The vegetative, sensitive and the rational[72] soul are parts of the soul, the body is the external aspect of the vegetative soul, the nervous system is the external aspect of the sensitive soul. Thus, the thing in itself behind the vegetative and the sensitive soul is the form of the body and the nervous system (which is at the same time the form of the vegetative and the sensitive soul). By contrast, the rational soul is perhaps the form of the whole world (which is homomorphic to, but far richer than, the body). [The three aspects of the rational would be: the world, the inner light and reason.]

Remark (Philosophy): The object (substance) is not just the carrier of its qualities [for otherwise all objects, being objects, would be equal. This means that the following would hold: For every object $a$ and every (consistent) property $\phi$, it holds that $\phi(a)$ is possible]. Rather, the object is the carrier plus its [170] essential (substantial) →[73] (= analytic) qualities →,[74] or is the substance just the totality of the corresponding analytic states of affairs? Plus the corresponding existential statement? Thus, there are certain properties that an object cannot lose without ceasing to be that object. All others are called accidental →[75] synthetic. Hence, the difference between substance and accident is not exactly the same

---

72   Cf. *Maxims III*, p. 285, remark psychology. In Scholastic philosophy, a distinction is made between the *anima rationalis* (spirited soul or rational soul) as the capacity of reason, the *anima sensitiva* (sensitive soul) as the capacity of sense perception, and the *anima vegetativa* (vegetative soul), as the capacity of reproduction, growth and metabolism.
73   Arrow from "substantial" to "(= analytic)".
74   Arrow from "qualities" to "or is the substance …".
75   Arrow from "accidental" to "synthetic".

as that between object and state of affairs, but rather that between object and synthetic state of affairs. In a way, the analytic states of affairs[76] are nothing (or parts of substances?). That is, they are something in our cognitive faculty to which nothing in reality corresponds. Thus, "Socrates is human" is analytic, but "This is Socrates" is not analytic, because, when analyzed, it means: "At this specific time, Socrates is related to me in a certain way", where the occurring objects [point in time, Socrates, me] must be introduced through their substantial definitions. Or a different point of view: The effect of sensuousness is that many [171] objects are "given" to you, i.e., are perceived, before you "understand" them, that is, before you know their substantial definition. Those insights by which a sensuous fact is identified with the intellectual fact do not have a correlate in reality. But they are not analytic either, because they cannot be expressed in an objective language at all, i.e., one that contains no definitions by reference. →[77] Or = the state of affairs: The intensional[78] object (mental image) $A$ is an image of Socrates. Cf. p. 321, middle of the page.[79]

Remark (Philosophy): Nouns have a double meaning in the colloquial language: [They refer to] 1.) individual objects in an ambiguous way, 2.) the concept (but in the sense of "type", i.e., on a logical level). For example: "The Frenchman is more easygoing than the

---

76   On 'states of affairs', cf. the editor's note to manuscript page 153, remark foundations 1.
77   Arrow from "at all" to "Or = the …".
78   Alternative reading: intentional. On 'intensional object', cf. *Philosophy I Maxims 0*, pp. 186, remark 2; 189–190; 205, remark 3; 206, remark 1; 218, question 2; 219, remark 1; 221, question 1; *Maxims III*, pp. 271, remark 2; 279, remark 4; and manuscript page 173, remark philosophy 1, in this notebook. While 'intensional' is usually characterized negatively as non-extensional, Gödel takes it to mean that "which lies within the I" and as that "which is perceived by the understanding". He uses both the concept 'intensional object' and the concept 'intentional object'. For the latter, cf. manuscript pages 279f. in this notebook.
79   *Max V*, manuscript page 321: "Remark (Philosophy): The first thing that one perceives when one sees 'this is Socrates' is the following: One has taught me to call that which stands in front of me Socrates. This state of affairs is in a certain sense a replacement for an objective state of affairs: The object that satisfies the substantial definition of Socrates is located in the spatio-temporal coordinates […]. The latter state of affairs can only be perceived by someone who knows the substantial definition, etc. He can then conclude it from the former. The two states of affairs relate to each other as symbol and meaning. In a perfect world, they would be formally equivalent [i.e., in general and by law]."

German" (the respective universal statement would be false) or "Water is lighter than mercury" [no article for substance names, because all water is divisible]. The other, namely the first, meaning of "water" in: "This is water".

Remark (Philosophy): The "red" of this page is different from the fact that this page is red. The former contains the page as a part, [172] the latter does not.

Remark (Philosophy): Verbs refer to an *actus* plus the assertion sign [adjectives to the *habitus*, nouns to the substance]. The word "is" does not merely refer to the assertion sign.

Remark (Philosophy): The word that gives "life" to all other words is the word "is" [or "true" or "real"]. On the one hand it is nothing insofar as it does not change the objective meaning when it is added. But on the other hand it accounts for the meaning of the sentence; that is, it expresses the meaning explicitly. In a way, the other verbs are "images"* of this "primal life".

* And specializations.

Remark (Philosophy): Propositions relate to assertions as the dead relate to the living or the merely possible relates to the actual.

Remark (Philosophy): The first three of the four basic logical concepts, [173] $\in, \exists, \supset, \neg$, refer to "being", namely, $p \supset q$ means "$q$ is contained in $p$"; the fourth, to non-being.

Remark (Philosophy): Is it even possible for the same object to be perceived in different ways [i.e., as different intensional objects]? An example is when something is perceived with respect to something else (ground of knowledge) (e.g., inference on the basis of premises or perception on the basis of sensations). Then, the ground of knowledge[80] can be a different one, and the object can be the same.** According to this, the sensations would be the "subjective" element of perception, contrary to Kant.[81]

** That which is only perceived on the basis of something else is not perceived at all, but only assumed?

---

80   I.e., *ratio cognoscendi*.
81   According to Kant, sensation is the material of perception (KrV B 209).

Question (Philosophy): What are those elements of sensation on the basis of which we perform the temporal ordering? Could these also be such that an ordering would be impossible? We have theories in us, the axioms of which are evident to us, and also a complete conceptual scheme (cf. p. 322, bottom[82]).

Remark (Philosophy): The ∈ of logic would be better expressed as "has".

[174]
Remark (Philosophy): The essential point of the *logica inventiva*[83] (= methodology as opposed to "elementary doctrine"[84] = *logica analytica*) is the classification. The classification of the *genus* into the *species* has to be made in the "right" place, where the "solid furrow" in the structure of the space of concepts is. (The question is thus which differences are "essential"; which *species* are on equal terms, which is a difference in principle in contrast to a difference of degree?) Example:

| object | synthetic state of affairs[85] | analytic state of affairs |
|---|---|---|
| 0    1 | 2 | 3 |

The essential dividing line is at 2. and not at 1. [This scheme recurs frequently.] Cf. the next remark.

---

82  *Max V*, manuscript pages 322–323: "Remark (Philosophy): The Kantian explanation of the fact that *a priori* judgments about space and time are always confirmed empirically contains (among other things) the claim that conscious perceptions are already the result of a theoretical (but unconscious) manipulation of something more primitive, which is such that it can no longer refute the *a priori* judgments. That is, the given data, together with the inborn theories, no longer contains any [323] overdetermination. But the essence of knowledge appears to lie precisely in the recognition of overdetermination."

83  According to Leibniz, the purpose of the *logica inventiva* is (1) to find the species of the complexions when a principle of categorization is given; (2) to find the mixed species when several categorizations of a genus are given; (3) to find the subordinate subgenera for given species. G. W. Leibniz, *De arte combinatoria*, § 11.

84  According to Kuno Fischer, Leibniz calls the doctrine in which one proposition follows from the other the elementary doctrine of mathematicians. Cf. Kuno Fischer, *Gottfried Wilhelm Leibniz. Leben, Werke und Lehre*, 5th edition, Heidelberg (Carl Winters Universitätsbuchhandlung) 1920, p. 33. This volume is part of Gödel's private library.

85  On 'state of affairs', cf. the editor's note to manuscript page 153, remark foundations 1.

Remark (Foundations): When two concepts defined by certain words are given, one needs to distinguish what is objectively and what is merely subjectively* different about them.

* This means with respect to the mode of givenness.

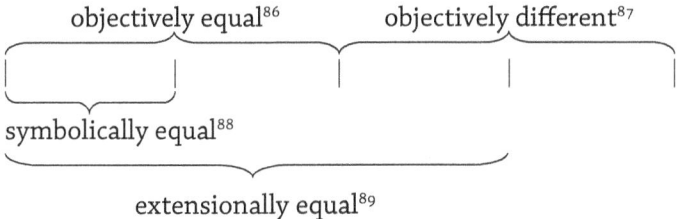

[175] Thus, the true concept of objective equality [which thus defines the real concepts] is approximated from two sides, through the concepts "symbolically equal" and "extensionally equal".

Remark (Philosophy): Perhaps all concepts of reality (in the colloquial language) are as precise as the mathematical concepts; it just cannot always be determined whether something falls under [one of] their concept[s]. (This, for example, also applies to the concept "bald head", assuming that one has the right definition [which is not trivial to find].) Cf. p. 178 bottom.

Remark (Foundations): In what sense is the negation of a mathematical theorem "possible"? We grasp not the meaning of the theorem but the following: For the concepts that I learned to use with the words A, B, it holds that ... And this is an empirically possible proposition. Is it not possible to obtain a decision procedure based on the psychological theory of a being that understands the meaning of the mathematical propositions itself? It would have to follow from this theory that every such being can decide all questions that it understands. [176] {Likewise?, all questions are decidable through the "right" language.}[90]

Remark (Philosophy): Someone can believe that the theory taught by Einstein[91] is correct without understanding that theory. He then

---

86  Above a curly bracket from the first to the third line.
87  Above a curly bracket from third to the fifth line.
88  Below a curly bracket from the first to the second line.
89  Below a curly bracket from the first to the fourth line.
90  Inserted in the top margin of the page.
91  This refers to Einstein's theory of relativity.

believes a proposition that is empirically equivalent to Einstein's theory, but he does not believe (or understand) the equivalence.

Remark (Philosophy): The possibility of speaking and thinking (that is, the possibility of "understanding" the world) rests on the fact that there is a systematic designation system for objects [with a few basic signs]. This, in turn, is based on the fact that objects have a common "genesis" [based on a few principles]. For example, states of affairs[92] are the result of a marriage between object and concept or several concepts, some of which occur as "objects". On the other hand, true propositions are connected by the relation "reason for being".[93] The world is not a pile but a system, and the putty of its constituents [177] is the relation "reason for being" (causation) {building block in the objective and subjective language, foundation of law[94]}, but perhaps to an even higher degree the relation of "analogy".* This generates new objects from given ones, but in a way that extends to the transfinite [for example, $\omega$ is related to all previous numbers as 2 is related to 1]; cf. p. 320, middle of the page.[95]

Remark (Philosophy): The properties (in the widest sense) of an object can be categorized as "external" [i.e., determined by relations to other objects] or "internal". Is "size" an external or an internal property? Science has the tendency to "externalize" everything, that is, to add new members of relation (relativization of time and space and perhaps the "change" in quantum mechanics and the addition of the observing subject as a part; plus cf. p. 178 top). In many cases, the procedure is enlightening, but there is almost always a sense for the corresponding concept of properties, [178] for example via $\exists$ or similar, plus the examples all refer to the introduction of the subject as part of a relation [that is, relativization and subjectivization].

---

* This means the "metaphysical" proportion $A : B = c : d$ or isomorphism or "parable" or "meaning relation". Remark E.-M. E.: On 'meaning relation', cf. manuscript page 153, insertion at the top.

---

92 On 'states of affairs', cf. manuscript page 153, remark foundations.
93 I.e., *ratio essendi*.
94 Inserted in the top margin of the page.
95 The relevant passage in *Max V* reads: "Remark (Philosophy): The fact that there are not merely objects but also states of affairs is the same as the fact that the world is a tissue [a structure] and not an unconnected set of objects.° This is at the same time an example of an identity between states of affairs that are described in different words. ° $\equiv$ with all objects having a common origin."

Remark (Philosophy): The auditory sense is the only sense whose objects cannot be localized in space immediately (but only through abstract reflections*). A musical instrument "makes" the music, while the objects "have" smells and tastes "on them". The objects of the auditory sense thus form a manifold in an "extrasensory" space, and their generation by bodies is merely accidental and perhaps not unexceptional (cf. spiritistic aural manifestations that are perceived by all psychics in the same way but not by others [who are not psychics]). An analogy is just "light" as such (inner light). But here, <u>several next to each other</u> are impossible.

* Not consciously, and not merely on the basis of local signs, but on the basis of causation, etc. Remark E.-M. E.: 'Local signs' is a concept used by Lotze and Wundt for perceptions that help to constitute the spatial ordering.

Remark (Philosophy): Perhaps there is an objectively correct and perfectly exact Latin language in the same sense as there is an objectively correct mathematics. And like the middle school books on mathematics, the textbooks and texts in Latin are partly (or even mostly) wrong.

[179]
Remark (Philosophy): The verb is the soul of a sentence insofar as it represents a relation plus a proposition sign [hence "verbum"[96]]. The substantives are the only words that mean something by themselves. The other parts of speech are "empty shells" (blank expressions), including in particular the adjective and the preposition, although each such shell is related to a certain concept (or a relation, respectively), but without representing it. In particular, prepositions express relations between activities (states of affairs) and objects, and $aRb$ (where $a$ is an ambiguous name and $R$ a relation) is an ambiguous name for the elements of the class $\hat{a}(aRb)$ ["leisure at the sea"**].

** But also: "riding a horse".

Remark (Foundations): Difference between the concept of space and actual space: The latter is similar to (or the same as) the *materia prima*,[97] and, as an intensional[98] object, it is the <u>intuition</u> of a structure of relations with immediate [180] evidence of the ratios

---

96  "Verbum" is an abbreviation of *verbum temporale*, i.e., *Zeitwort* in German, 'verb' in English.
97  In the Aristotelian tradition, the first or lowest matter is that which cannot be reduced to anything and thus forms the basic material of the elements.
98  Alternative reading: intentional. Cf. manuscript page 171 above for further information.

[cf., e.g., the evidence of the proposition that the curves AB, CD must intersect somewhere

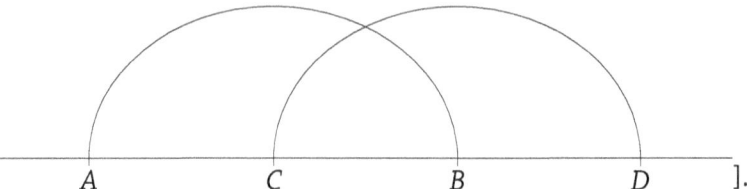

].

There is no corresponding space of intuitions of affinity relations or of number relations (but perhaps an objective one?). The fruitfulness of a geometric interpretation may be due to the fact that it is a mapping of a structure of relations to a part of the (surveyable) space structure.*

* The fact that all thinking is "spatial" in some way is also due to this.

Remark (Foundations): Perhaps the ideal elements that one should introduce into number theory are "formulas" [substitutions, for instance, would then be equal to $x$].

Remark (Foundations): The only concepts that occur in Russell's antinomy[99] are "is" and "not" – "all" does not occur but can be eliminated in the way described by Kaufmann[100] by using "equation of meaning" [181] {and meaning not determinable[101]}. Although these two concepts are contradictory, grasping them clearly is the basis of all thinking, and the "is" of the type level is only compre-

---

99  In his book *The Principles of Mathematics*, vol. 1, Cambridge (Cambridge University Press) 1903, Bertrand Russell described the antinomy in chapter 10, § 100, p. 101, as follows: "Thus (δ) if $u$ be any class-concept whatever, there is a class-concept contained in $u$ which is not a member of $u$, and is also one of those class-concepts that are not predicable of themselves. So far, our deductions seem scarcely open to question. But if we now take the last of them, and admit the class of those class-concepts that cannot be asserted of themselves, we find that this class must contain a class-concept not a member of itself and yet not belonging to the class in question." Concerning the antinomy of set theory, cf. *Time Management (Maxims) I and II*, p. 407, maxims; Addendum IIIb, 1v, p. 494, item 2; *Maxims III*, p. 251, last paragraph; and also *Max IV*, manuscript pages 231–232, remark foundations 1; 245, remark foundations 1 in this volume.
100 Cf. Felix Kaufmann, "Bemerkungen zum Grundlagenstreit in Logik und Mathematik", in: *Erkenntnis* 2 (1931), pp. 262–290, here pp. 273–275. Kaufmann gives the example "All colors have a certain brightness and saturation", in which the concepts of brightness and saturation are already included in "all colors".
101 Inserted in the top margin of the page, above the pagination.

hensible by means of a general "is". The proof that this concept does not exist is similar to Zeno's proof[102] that there cannot be movement or that there can only be one object (this world arose out of a "mistake").

Different view: The "is" is not one but many and cannot be regarded as "one", that is, as an "object", a "thing". Similarly, a universal sentence expressed through a free variable is not one and thus cannot be turned into an object (this is the flaw of Church's system,[103] namely in the proposition $p \supset_p (q \supset_q p \wedge q)$).

Remark (Foundations): $\in$[104] is not a fundamental concept for intuitionism, as it is not decidable. Neither [are] the fundamental concepts of geometry. Instead approximation, for example $F_n(ab) =$ distance between $a$ and $b$ with the approximation $\frac{1}{n}$.

[182]
Maxim: Quickly giving up on the impassable ways is the main point at work. By only doing what one can do, one obtains the right ideas for that which one cannot do.

Remark (Foundations): Somehow, intuitionism is more closely related to spoken language[105] than classical mathematics [is]: cf., e.g., quantifiers through two different variables. Difference between "all" and "each".[106] German words suggest themselves: com-

---

102 The most well-known of Zeno's paradoxes is that of Achilles and the turtle. It concerns a race between Achilles and a turtle; both start at the same time, but the turtle gets a head start. Although Achilles is faster, Zeno claims to demonstrate that he can never catch up with the turtle, because he first needs to get to the point where the turtle started while the turtle has proceeded, etc. The question whether Zeno intended to demonstrate with this example that there is no movement or that there is only one unchangeable whole has received different answers in the literature.
103 This is a reference to Alonzo Church's lambda calculus. Church developed it from the early 1930s on.
104 The notation $\in$ for the so-called $\in$-relation is due to Giuseppe Peano. $\in$ is a mathematical symbol that indicates that an object is an element of a set. The symbol $\in$ (abbreviation for the Greek ἐστί, esti) means 'is a' or 'is an element of'. It became more prevalent thanks to its use in Zermelo's papers and Whitehead and Russell's *Principia Mathematica*.
105 Cf. *Maxims III*, p. 315, item 3.
106 Cf. *Maxims III*, p. 274, remark 1. Brouwer writes in his dissertation: "Wheresoever in logic the word *all* or *every* is used, this word, in order to make sense, tacitly involves the restriction: *insofar as belonging to a mathematical structure which is supposed to be constructed beforehand*" (Engl. translation, p. 76). In the original: " … waar de logica het woord *alle* or *elke* gebruikt, deze woorden,

plete chain of arguments, level, offer more information, etc. The development of intuitionistic mathematics[107] has the effect that certain words in the German language need to be made precise.

Remark (Foundations): Is proof (in the absolute sense)[108] as contradictory an idea as true?* – Example of a contradictory and yet fruitful idea!

* Yes, as soon as it is reflexive; cf. résumé notebook I. Remark E.-M. E.: No such notebook has yet been found.

Maxim: With results it is as with lectures and learning; doing something accurately is what brings satisfaction.

[183]
Remark (Philosophy): Perhaps the separation of the given into subject and predicate corresponds to two possibilities of perception: through the senses and through understanding. → {Through understanding,[109] one perceives images of the objects in ourselves, through the senses the objects themselves?}[110]

Remark (Foundations): Mathematics and logic[111] are not distinct in degree but in the direction of abstraction (mathematics leads to the psychologically simplest,[112] logic to the objectively simplest).

om zin te hebben, de beperking van *voor zoover behoorend tot een als vooraf opgebouwd gedacht wiskundig systeem* stilzwijgend insluiten", p. 135 in *Over de grondslagen*. Russell also discusses the difference between 'all', 'every', etc., in the chapter "The Indefinables of Mathematics", in: *Principles of Mathematics*, vol. 1, Cambridge (Cambridge University Press) 1903, pp. 61f., no. 62.

107  Cf. *Maxims III*, pp. 244, remark 2; 310, remark foundations; 313, remark foundations. Intuitionistic mathematics is a direction in mathematical logic founded by L. E. J. Brouwer that opposes the traditional acceptance of the use of the law of excluded middle, the concept of infinity, and the continuum in the foundational discussion of mathematics. On this view, the objects of mathematics cannot be assumed as given but are created by mathematicians.
108  This is an anticipation of the so-called paradox of the knower, as formulated by David Kaplan and Richard Montague in their 1960 paper "A Paradox Regained". It was published in the *Notre Dame Journal of Formal Logic* 1 (1960), pp. 79–90. I am grateful to Leon Horsten for pointing this out to me.
109  On the understanding as the organ for the perception of concepts and states of affairs, cf. *Philosophy I Maxims 0*, pp. 192, remark 2; 201, question; 205, remark 2; *Maxims III*, pp. 229, remark 2; 236, item B; 284, remark psychology 1.
110  Inserted in the top margin of the page.
111  Cf. manuscript page 232, remark foundations 2.
112  Cf. manuscript pages 188, remark foundations 1; 198, remark foundations 1; 215f., remark foundations 1.

Remark (Theology): The acts of the soul fall into two classes: 1. acts of cognition (faith, assumption), and 2. actions. One "builds" one's worldview with acts of the first kind; with those of the second kind one builds "houses". Both can be done correctly or incorrectly. The correctness of acts of the first kind is defined transcendentally (by accordance with something else). The correctness of acts of the second kind is defined immanently (it leads to the good). But the converse is also possible: pragmatic concept of truth[113] and agreement with the will of God. For acts of the first kind, it is clear that one should strive for "correctness" in the sense of transcendence; [184] for those of the second kind, it is clear that one should strive for correctness in the sense of immanence. Is there perhaps an act of a third kind, such that: $3 : 2 = 2 : 1$? Whereby it becomes clear that the incorrect acts of the second kind are also nothing and run counter to the purpose of acting? – Among the *passiones*,[114] acts of cognition correspond to perception, and actions correspond to drives.[115] In addition, there are the "emotions". To these, "value judgments"[116] correspond in the realm of acts. The above dichotomy corresponds to the dichotomy between the *vita contemplativa* and the *vita activa*,[117] that is, "science" and "action"; "art" then adds "true", "good" and "beautiful". [Which is the highest?] Likewise: "ideas", "matter" and "psyche". The "being beside itself" of the idea corresponds to the moment when the *vita contemplativa* leads to the insight that something (non-epistemic) needs to be done.

---

[113] In the pragmatism of William James, the valid criterion of truth is not agreement between ideas and pre-existing states of affairs but the 'probation' of true ideas in praxis.

[114] For this concept, see *Philosophy I Maxims 0*, p. 183, remark parapsychology with the corresponding explanations; and *Maxims III*, p. 269, remark 1.

[115] Concerning 'drive', cf. *Philosophy I Maxims 0*, pp. 189, item 1b; 192 ("instinctual life"); *Maxims III*, pp. 220, remark psychology; 238, question; 255, remark psychology, ethics; 298; 301, remark psychology 2, item 1; 303, remark psychology; 305, remark 2.

[116] Concerning 'value judgment', cf. *Philosophy I Maxims 0*, pp. 208, remark 2; 213, remark 2; 216; 220, remark 2; *Maxims III*, pp. 214, remark psychology 2; 311, remark 2 (Gödel's definition of 'value judgment').

[117] The *vita contemplativa* is the contemplative, theoretically reflective life, while the *vita activa* is the active, practical-political life. In ancient Greek and medieval philosophy, these are the ideal forms of life.

[185]
<u>Remark</u> (Theology): It is the sin of man[118] that the will is directed not to the best but to something good (with more or less "deviation"*). The will of the demons[119] is directed to evil. <u>Is there also a sin of inanimate matter?</u> The world is set up in such a way that the will, if it is always directed towards something good, eventually leads to the best.

* Imperfection.

<u>Remark</u> (Theology): Take the following definitions of the colors:[120] white = light, black = non-light, blue = imperfect black, yellow = imperfect light, green = yellow + blue.** Colors appear when light or darkness is observed through something imperfect, transparent (border, fuzziness = imperfection). Explanation of the blue of the heavens: sky = place of the angels, angels = imperfect gods. Color of God = black (because he [186] is nothing in this world). This theory would yield much more "understanding" than the current physical one.

** Red = what pretends to be light and is not, brown = imperfect red.

<u>Remark</u> (Philosophy): Knowledge of something consists of: 1.) knowledge of facts, 2.) understanding, 3.) mastery. Science yields perfect mastery but imperfect understanding. It reduces everything to a few "incomprehensibles". It is only the reduction [perfect knowledge of facts is equivalent to mastery, but *in praxi* only possible through understanding***] that is understandable.

*** Perhaps also due to a false understanding?

<u>Remark</u> (Foundations): In order for a realm to be given <u>in the intensional sense</u>, the following must be determined:
1. What must be given so that an object is given?
2. When do two given conditions determine the same object?

---

118 The concept of sin occurs in numerous places in *Maxims III*, where it is also discussed in the introduction. See pp. 222, remark 2; 231, remark 3; 238, question 1; 251f., remark psychology; 255, remark psychology ethics; 265f., remark psychology 2; 270, remark psychology; 274f., remark 3; 279, remark psychology 5; 281, remark psychology; 283, remark theology; 284, remark psychology 3 and remark theology; 285, remark theology; 286f., remark psychology, remark 5 and remark psychology; 299, remark theology 1, 2 and 3; 121, remark theology 1 and 2; 320, item 2; 321, item 2; 322, axioms.
119 Concerning demons and demonology, cf. *Time Management (Maxims) I and II*, p. 374, l. 1; concerning witchcraft, see *Time Management (Maxims) I and II*, pp. 410, l. 1; 460, item 4; *Maxims III*, introduction; p. 293, remark theology.
120 Concerning color: *Philosophy I Maxims 0*, pp. 211, paragraph 3; 212, question; 217, remark; 218, remarks 1 and 2; *Maxims III*, pp. 248, remark 1, item 3; 257, item 7; 284, remark psychology 1.

This is not fulfilled for the intensional[121] concept of a function (which is mathematically useless).

The definition via equation is required in particular for defining "mappings", i.e., for mathematical work. In each single case, the determination of 1. and 2. provides an example of "carving" objects out of chaos; cf. p. 188, middle of the page.

[187]
Remark (Psychology): In order to learn, it is very important to choose the "right" symbols* and to hold on to them (for generating sensuous associations) and for one not to choose too many symbols. The opposite holds for mathematical and positivist work: wrong, changing and a plethora of symbols are chosen. A single correct symbol means tremendously much.

* With justification and belief in its correctness (otherwise, it is impossible to hold on to it).

Remark (Foundations): The intuition that the objects of mathematical knowledge do not exist leads to the truth definition (truth = perfectly clear evidence[122]). An error consists either in claiming something without perfect evidence or in believing that one sees something perfectly clearly without seeing it.

Remark (Foundations[123]): There are many things that hold in intuitionist mathematics[124] (although not in classical mathematics) because their assumption means that the provability of the assumption is assumed, for example: [188]
1.) Axiom of choice[125] $(\forall x)(\exists y)R(x,y) \supset (\exists f)(\forall x)R(x,f(x))$
2.) $(\forall a) Bew\ F(a) \rightarrow Bew(\forall x)F(x)$

---

121 Sets are usually described not extensionally, i.e., by listing their elements, but intensionally, i.e., by specifying a property that characterizes their members.
122 Franz Brentano's concept of evidence should be recalled here. According to this notion, perception of facts does not merely consist in external perception but also in what he calls introspective evidence, by which he means internal perception as the formation of judgment.
123 Cf. remark foundations 1 in *Maxims III*, p. 313.
124 In mathematical intuitionism, which was founded by L. E. J. Brouwer, all mathematical knowledge is reduced to constructions.
125 According to the axiom of choice, every set M of non-empty sets has a so-called choice function which maps every element N of M to a single element of N. Intuitionists were critical of the axiom of choice in its classical interpretation but not in its intuitionistic interpretation.

? 3.) If every descending sequence in a branching system terminates, then the proof by transfinite induction[126] works [here, one even needs to refer intensionally to the proof].

Remark (Foundations): The object is only made precise through the identity relation [which determines the "object" behind that which is "given"]. It is in the identity relation that the essence of the object expresses itself. Therefore, extension[127] is the essence of the mathematical, and for this reason it is fruitful to define operations in order to understand the essence of an object.

Remark (Foundations): 1.) Are there two different kinds of finitistic proofs?[128] Those in which higher numbers are constructed and those for which this is not the case? 2.) Are there formulas of the

---

126 Transfinite induction is a generalization of the induction principle for natural numbers to arbitrary well-ordered classes, for example to sets of ordinals or cardinals. In his proof that every total function is uniformly continuous, L. E. J. Brouwer uses the Bar Theorem, which is connected to transfinite induction. Roughly, the Bar Theorem can be understood as an induction principle for well-founded sets of finite sequences.
127 Cf., however, manuscript pages 215f., remark foundations.
128 Even David Hilbert himself was not clear about which mathematical operations and proof methods are to be called 'finitary'. Thus, Gödel writes in a letter to Jacques Herbrand from July 25, 1931: "I would like now to enter into the question of the formalizability of intuitionistic proofs in certain formal systems [...] since here there appears to be a difference of opinion. I think insofar as this question admits a precise meaning at all (due to the undefinability of the notion 'finitary proof', that could justly be doubted) [...]." In: Gödel, *Collected Works*, vol. V, pp. 20–24, here p. 23. Much later, in "On an Extension of Finitary Mathematics which Has Not Yet Been Used", he comments on this topic as follows: "At any rate Bernays' observations in his 1935, footnote 1, teach us to distinguish two component parts in the concept of finitary mathematics, namely: first, the constructivistic element, which consists in admitting reference to mathematical objects or facts only in the sense that they can be exhibited, or obtained by construction or proof; second, the specifically finitistic element, which requires in addition that the objects and facts considered should be given in concrete mathematical intuition. This, as far as the objects are concerned, means that they must be finite space-time configurations of elements whose nature is irrelevant except for equality or difference." In: *Collected Works*, vol. II, pp. 271–280, here p. 274. Joseph R. Shoenfield's attempt to define what a finitary proof is should be read against this background as well: "Proofs which deal with concrete objects in a constructive manner are said to be finitary. Another description, suggested by Kreisel, is this: a proof is finitary if we can visualize the proof. Of course, neither description is very precise; but we can apply them in many cases to decide whether or not a particular proof is finitary." In: idem, *Mathematical Logic*, Reading, Mass., inter alia (Addison-Wesley) 1967, p. 3.

propositional calculus that one cannot decide and where the decision is perhaps tremendously long?

[189]
Remark (Psychology): Understanding = {→[129] or ≡?} knowledge that it is either so or not [understanding of a sentence in the sense of a combination of signs]. → {But it suffices to see the existence of the designated state of affairs.}[130]

Remark (Foundations): An object, "insofar as" (inquantum[131]) it has a certain property (e.g., being human), is intensionally[132] different from the same object insofar as it has a different property (e.g., being white). According to Brouwer, elements of sets[133] perhaps form their own category of objects [namely entity plus proof that they belong to a set]. Hence, if something is assigned to every element of a set, the rule of the assignment could make

---

129  Arrow from "=" to "or ≡?".
130  Inserted in the top margin of the page. Arrow from the last sentence to the insertion at the top.
131  "Inquantum" is to be read as 'to the extent that', 'inasmuch as', 'insofar as'.
132  Alternative readings: intentionally; intuitionistically.
133  In Brouwer's handwritten 1929 corrections to his paper "Zur Begründung der intuitionistischen Mathematik I" we find: "Zwei Mengenelemente heissen gleich oder identisch, wenn man sicher ist, dass für jedes $n$ die $n$-te Wahl für beide Elemente dasselbe Zeichen erzeugt, und verschieden, wenn die Unmöglichkeit ihrer Gleichheit feststeht, d. h. wenn man Sicherheit hat, dass sich im Laufe ihrer Erzeugung nie ihre Gleichheit wird beweisen lassen. Die Identität mit einem beliebigen Elemente der Menge $M$ werden wir als Mengenspezies $M$ oder auch als die Menge $M$ bezeichnen." In: L. E. J. Brouwer, Collected Works, vol. 1, Philosophy and Foundations of Mathematics, ed. by Arend Heyting, Amsterdam/Oxford (North-Holland) 1975, p. 590. On p. 245 of his essay "Zur Begründung der intuitionistischen Mathematik I", published in 1925, it merely says: "Zwei Mengenelemente heissen gleich oder identisch, wenn man sicher ist, dass für jedes $n$ die $n$-te Wahl für beide Elemente dasselbe Zeichen erzeugt. Zwei Mengen heißen gleich oder identisch, wenn zu jedem Element der einen Menge ein gleiches Element der anderen Menge angegeben werden kann." First published in Mathematische Annalen 93 (1925), pp. 244–257; reprinted in op. cit., vol. 1, pp. 295–314, here p. 302. In a guest lecture that was not published in Gödel's life time, we find: "Zwei Mengenelemente heissen *gleich* oder *identisch*, wenn man sicher ist, dass für jedes $n$ die $n$-te Wahl für beide Elemente dasselbe Zeichen erzeugt, und *verschieden*, wenn die Unmöglichkeit ihrer Gleichheit feststeht, d. h. wenn man Sicherheit hat, dass sich im Laufe ihrer Erzeugung nie ihre Gleichheit wird beweisen lassen. Die Identität mit einem beliebigen Elemente der Menge $M$, bzw. mit dem Mengenelement $e$, werden wir als die Mengenspezies, oder kurz als die Menge, $M$, bzw. als die Elementspezies oder kurz als das Element $e$ bezeichnen." In: L. E. J. Brouwer, Intuitionismus, ed. by Dirk van Dalen and David E. Row, Berlin (Springer) 2020, p. 17.

the assigned element depend on the proof. Also in classical logic, two pairs of numbers can be different, *inquantum* pairs of numbers unequal *inquantum* rational numbers.

<u>Remark</u> (Psychology): Apparently, in order to "come up with a certain idea" it is usually necessary to be guided by some entirely inessential aspects (to which* one's attention is primarily directed but which "drop out" completely afterwards). Perhaps it is the same for physiological psychology[134] and the νοῦς ποιητικος.[135] We love the matter and not the ideas. For this reason, it is likely that it is physics alone that leads to mathematics. (We lack interest in the [190] purely abstract, which is our fault.)

* [190] Involuntarily (i.e., we approach the goal in spirals; at each point it is recognized that the last winding was superfluous, considering the radius).

<u>Remark</u> (Foundations): The analytic functions are the complex monotonic functions. Cf. in particular the fact that the uniqueness of the inverses spreads from the boundary.

{Mountain Ash Inn <u>end of August 1941</u>}

<u>Remark</u> (Foundations): The numbers $< \varepsilon_0$[136] are characterized by being "intuitively graspable", i.e., "surveyable" (under the assumption that $\omega$ is surveyable). In a way, they are a finite structure of $\omega$. The characterization through the self-application of transfinite recursion schemes of previously defined orders does not capture the right aspect. <u>Question</u>: Is it even provable within predicative intuitionism that induction holds for $\varepsilon_0$? (The termination of every descending sequence is provable.)

---

134 Another word for biological psychology or biopsychology, i.e., that subarea of psychology concerned with biological processes and structures that have an influence on behavior, thinking, and emotions.

135 The *nous poiêtikos* (νοῦς ποιητικός) is the active intellect, which creates thoughts out of the *nous pathêtikos* (νοῦς παθητικός), the 'thought material'. The purpose of this Aristotelean conception is to explain how the intellect or the understanding operates. Among those who strove for an interpretation are Thomas Aquinas in his work *De unitate intellectus contra Averroistas*, as well as Franz Brentano in his habilitation thesis *Die Psychologie des Aristoteles, insbesondere seine Lehre vom Nous Poietikos*, which appeared in 1867. To this day, the precise relation of these two capabilities is controversial.

136 $\varepsilon_0$ is the symbol that Cantor used to denote the number $\omega$ with an infinitely long iteration of exponentiation. Here, $\omega$ is the symbol for the smallest ordinal that is larger than all natural numbers; thus, it is the smallest or first infinite ordinal.

[191]
Remark: Gutmann German People's Pharmacy
1571, 1 Avenue;[137] 82nd Street, Bu 8 1711
Gutmann Altflorn Purifying Tea
Furniture store Rex, Jersey City

Remark (Hygiene[138]): Stomach pains likely come from not fasting. At least unless one does not err at all in selecting the food and the amount. When they are already there, the cure is probably to fast for a long time (Rekawinkel[139]). In general, perhaps any kind of hurting oneself on purpose (no matter how) may be good in order to make up for one's past mistakes.

Remark (Foundations): Different possibilities for defining $\iota x$.[140] (in particular with respect to Peano's formalism[141]):
I. (Russell) In the case that no $x$ exists, it means nothing, and a.) every expression in which it occurs is nonsensical;
In the case that no $x$ exists, it means nothing, and b.) every term in which it occurs is nonsensical and every atomic proposition[142] is false.
II. (Peano?) In any case, $\iota x$ means a particular object:
a.) Nothing is determined concerning which object. Then, the assumption [192] $E!^{143}(\iota x)$ can be expressed through a certain con-

---

137 In the New York emigrant newspaper *Aufbau*, J. Goodman's Volksapotheke (People's Pharmacy), located on First Avenue, Manhattan, is mentioned on December 27, 1946.
138 For the concept of hygiene, see the introduction to *Time Management (Max) I and II* and the detailed explanation on the inside cover of *Time Management (Max) I*.
139 After Gödel had to cancel his second stay at the Institute for Advanced Study in Princeton at the end of 1935, he visited the sanatorium in Rekawinkel, where Adele supposedly supplied him with food. Cf. Sigmund, Dawson and Mühlberger, *Kurt Gödel. Das Album/The Album*, p. 59.
140 The iota operator was introduced by Giuseppe Peano and adopted by Alfred North Whitehead and Bertrand Russell in the *Principia Mathematica*. It is a formal-semantical representation for definite descriptions and should be read as 'the individual for which it holds that'.
141 In metamathematics, the Peano formalism is a system of rules for deducing arithmetical and logical implications. As Gödel proved, it is incomplete.
142 An atomic proposition, also called an elementary proposition, is a proposition that does not contain other propositions or logical connectives and is logically primitive.
143 In the *Principia Mathematica* by Russell and Whitehead, E! stands for the existence of a class, provided it has exactly one element. $E!(\iota x)\phi(x)$ then means that there is exactly one $x$ to which $\phi$ applies.

cept that runs parallel to the definition of the function [for example: convergence, Riemann integrable,[144] etc.].*

b.) It is determined that, in the case $\neg E!(\iota x)$, $(\iota x)$ always means a certain object $u$ [nonsense], where $u$ belongs to none of the classes of objects used elsewhere; $u \notin N_0$, etc. Then the proposition $E!(\iota x)$ can be expressed as $(\iota x)\phi(x) \in N_0$ or something similar.

III. (Peano) For each $\phi(x)$, the existence of a certain something** $a$ is postulated, so that $(\forall x)[\phi(x) \leftrightarrow x = a]$ (or $\phi(a) \land (\forall x)[\phi(x) \supset x = a]$, where, however, $y \neq y$ for some objects and $=$ is not always transitive (or the theorems of propositional calculus do not hold for all objects). Then $E!(\iota x)$ can be expressed as $(\iota x) \in N$ and likely also as $E_1 (\iota x\ \phi(x))$, because it follows from $a \neq a$ that $a \notin (\iota a)$, that is, $\iota a = \Lambda$.[145] [193] This conception requires formulating the propositions about identity and perhaps also the axioms of propositional calculus with the assumption $x = x$ or something similar. The pseudo-objects thus introduced are likely to be understood as "multiplicities" or "0-ness". $\iota a$ for a multiplicity would be the class that consists of the elements of this multiplicity. A multiplicity is not identical to itself, and the transitivity law for equality does not hold; cf. pp. 213, 211.

* Not through $(\iota x)\phi(x) \in N$ or $E_1 [(\iota x)\phi(x)]$, as Peano does it.

** Pseudo-object.

<u>Remark</u> (Foundations): Constructivism,[146] in the sense that mathematics [assumes][147] the objects it treats, is equal to assuming the existence of an object which satisfies some condition $\phi(x)$, either assuming the consistency of $\phi(x)$ [or perhaps always, although the usual logic does not hold for all objects]. <u>Remark: The validity of the proposition $x = x$ or the identities of propositional calculus de-</u>

---

144  Step functions and continuous functions are examples of functions that are Riemann integrable on a real interval $[a, b]$. Step functions are special functions that assume only finitely many values and are piecewise constant.

145  Here, $\Lambda$ is a name (term): $\Lambda = \emptyset$. In some cases, it is also to be read as *falsum*.

146  Here, 'constructivism' is a new direction in logic and mathematics which arose as a reaction to the foundational crisis in mathematics at the beginning of the twentieth century. It is a common feature of these new directions that they aim to replace classical logic with a constructive logic. For example, *tertium non datur*, the law of double negation and proof principles such as *reductio ad absurdum* are rejected.

147  Insertion E.-M. E. As a rule, insertions by the editor are not made apparent in the translation, but here the insertion is more of an interpretation than an insertion, and therefore it has been noted.

fine "objects" (things) in the usual sense]. This is always possible because the concepts and functions occurring in φ are defined together with the newly assumed object $x$ (it is only the assumption that $x$ belongs to a certain previously introduced category (e.g., numbers) that can be inconsistent). Holding on to $x = x$ and [194] the fact that propositional calculus[148] is the same for all objects is similar to holding on to the usual arithmetic laws for infinite numbers and rejecting Cantor for this reason. This "creation" of new objects either happens "out of nowhere" (if $\neg(\exists x)\phi(x)$) or out of a multiplicity. The latter would be constructing a new unity (system, organism). The simplest example is definition by abstraction, where identity also needs to be defined with respect to previously introduced objects.* The impredicatively[149] used classes cannot be introduced in this way [through abstraction from propositional functions]. In a way, a $\phi(x)$ is an arrow that points to an object (by describing it). But this whole constructive approach is not arbitrary (even apart from consistency). [195] It is either an epistemological activity (which has an object) or an action which is also subject to the laws of "rightness". The set-theoretical approach to mathematics (Russell) reduces <u>every</u> construction to the construction of a unity out of a multiplicity. $\in$[150] is the identity relation when there is a multiplicity on the right-hand side and a unity on the left-hand side.

* Cf. Peano's introduction of the real numbers through $\sup(M)$ $M \subseteq R$.

<u>Remark</u> (Foundations): The essential point of understanding thus seems to be regarding multiplicities as new unities and regarding the nothing as a unity. Giving meaning to what was initially mean-

---

148  A propositional calculus is a calculus for propositional logic that allows us to derive new propositions from a given set of propositions. The classical two-valued propositional logic can be described by several propositional calculi. Since all of these calculi agree in the tautologies, they can be regarded as equivalent. Therefore, we can speak of the propositional calculus for two-valued propositional logic.
149  We usually speak of impredicative uses of concepts or terms. A concept is impredicatively defined or definable if it is only definable by recourse to a totality to which it belongs. Since the discovery of the antinomies around 1900, the concept of an impredicative definition plays an important role in the foundational discussions of modern logic. Cf. *Maxims III*, manuscript page 314, remark philosophy.
150  $\in$ is a mathematical symbol that is used to state that an object is an element of a set. The symbol $\in$ (abbreviation for the Greek *esti*) means 'is a' or 'is an element of'. It became more prevalent thanks to its use in the work of Ernst Zermelo and in Whitehead and Russell's *Principia Mathematica*.

ingless ($\imath x$) goes on and on but can never be completed in principle (also the measurable sets in Lebesgue's sense can be extended), or it can be carried out up to (essentially) a single case (cf. division).

Remark (Philosophy): The multiplicity – more precisely, the multiplicity whose parts are in turn multiplicities (i.e., which does not consist of units) – is the chaos (undetermined, unlimited) from which [196] the objects are gradually "carved out".

Remark (Foundations): A definition is a new proposition claimed (or found) to be true, namely 1.) a real definition, a proposition of the form $\phi(a)$ which only holds for $a$. This then means a definition of the object $a$;* 2.) a nominal definition is a semantic proposition of the form "the sign $a$ means the same as ..." or "certain combinations of the sign $a$ mean the same as ...". The character as a semantic proposition is concealed in the simplest case $a = $ ... but becomes apparent in the more complicated cases (e.g., ($\imath x$)), because then the semantics is necessary. (In the first case, the semantics is only required in order to generate evidence of correctness.) <u>One should build up logic and semantics simultaneously</u>. Meaning relation[151] and $\mathcal{W}$ as fundamental concepts with an axiom. In particular, this yields [197] a formalization of the derived inference rule, where the use of intuitive evidence would become apparent through concrete (individual) semantic states of affairs. Compared to the proof steps, the nominal definition exhibits 1.) much greater freedom (only limited by consistency, in a way), 2.) concerning correctness it is not absolute but dependent on previous definitions. Its essence is that it changes something about the meaning relation and the concept of truth. A real definition (or better, something that is both a real and a nominal definition at the same time) can also be defined as the introduction of a word for an object which is at the same time given by the description $\phi(x)$, together with the claim that this object exists.

* Cf. also the end of this remark.

Remark (Foundations): Certain "higher" theories are obtained from other theories (or a sequence of other theories) by [198] "inverting" something, for example: $x^n$, the next highest $e^x$; $a^\omega...\omega^a$;

---

151 On 'meaning relation', cf. the explanations on manuscript page 153, insertions at the top of the page.

the Lebesgue integral from the Riemann integral[152] and the Lebesgue measure[153] from that of Peano[154] [first an infinite sequence of polynomials[155] is formed and then used to cover]. This is a kind of diagonal procedure.[156] This diagonal procedure is often applied to a transfinite sequence of theories before one has an "overview" of them. This then leads to "unsolvable" problems [or finitistically unsolvable problems]. The overview can only be reached by taking into account the intensional, and this is not used in the diagonal theory. They are only built up as far as this is possible extensionally. Cf. p. 200 and p. 230, bottom of the page.

Remark (Foundations): Perhaps the reason why one does not make progress in mathematics (and there are so many unsolved problems) is because one restricts oneself to the extensional.[157] Hence too the feeling of disappointment with regard to [199] certain theories, for example propositional calculus and formalization in general. Cf. p. 215.

Remark (Psychology): It is the essence of the comical that although something looks as if it were complete nonsense, it actually has a (deep) meaning. The more obvious and abstruse the nonsense, the more distinct the sense; the more concise the expression, the better the joke. The apparent nonsense–actual sense relation can also be reversed (apparent sense–actual nonsense), and it can in this way hold equally from different perspectives (then all the better).

This theory of jokes also follows from the word 'joke' = 'not serious', that is, 'not actual' although similar to the actual in some

---

152  The Lebesgue integral is a generalization of the Riemann integral that was introduced by Henri Lebesgue. It extends the integral to a more extensive class of functions and allows for the integration of functions that are defined on arbitrary measure spaces.
153  The Lebesgue measure is a way of assigning measures to subsets of Euclidean space, in particular length, area and volume. It is used to define the Lebesgue integral. Concepts like area and volume can thus be described with mathematical precision.
154  Peano was one of the mathematicians who proposed solutions to the question of how to define the volume of arbitrary subsets of $\mathbb{R}^n$.
155  A polynomial is a finite sum of multiples of powers of a variable.
156  This refers to diagonal procedures as a general type of procedure. Cantor's diagonal procedure is a specific instance of this type. With it, Cantor proved the existence of infinite sets that do not correspond bijectively to the infinite set of natural numbers. As a general method, the diagonal method was used by Gödel for his first incompleteness theorem.
157  Cf. manuscript pages 188, remark foundations 1; 215f., remark foundations 1.

respects. Enjoying a joke is something similar; it looks like enjoyment, but it is not. (Examples: A medium is a walking haunted house, or definition of philosophy.) Some things can apparently be expressed best by expressing them in a paradoxical form. In the case of a joke, one laughs because it is nothing and only appears to be something (as in the case of mockery, when one laughs about someone's [200] suffering, that something appears or appeared to be good). Exaggeration is a simple special case of the comical.

Remark (Philosophy): Understanding anatomy = embryology.[158]

Remark (Foundations): Continuation from p. 198. In propositional calculus, the leap is accomplished by accepting the rule of import. But by what in recursive number theory?

Remark (Foundations): Maybe there are just as many solvable analytic problems as one needs in order to decide all number-theoretical [or physical?] problems. And maybe deciding number-theoretical propositions, even when done "right" (*lege artis*), can always be achieved by interpreting numbers as formula numbers. That is, by seeing the "meaning" of the numbers (and the number relations), cf., [201] e.g., the interpretation as a coefficient of a power series.[159] In the end, this is also an intensional meaning. <u>In particular, the meaning of the number-theoretical propositions (knowledge of which leads to their decision) would be meta-mathematical</u> (i.e., one of conceptual structure).

Remark (Foundations): The axiom of choice[160] is also an example of an axiom which is evident once one merely accepts certain concepts as meaningful. In this case: infinite lawless extensions; same

---

158 Embryology is a morphological sub-discipline of anatomy. It studies human development and the formation of anatomical structures during embryonic development from conception to birth. This could be a remark about philosophy insofar as Aristotle is regarded as the founder of embryology. With that said, René Descartes and Gottfried Wilhelm Leibniz also commented on embryology.
159 A power series is an infinite series the summands of which are power functions with appropriate prefactors (coefficients).
160 According to the axiom of choice, every set $M$ of non-empty sets has a choice function that maps every element $N$ of $M$ to some element of $N$.

intuition also for impredicative[161] definitions (or are the law-like ones sufficient in this case?).

Remark (Foundations): Example of intuitively evident propositions (but not topologically[162]): 1.) Every set of the line that possesses an accumulation point[163] at each point of the line can be decomposed into continuum many pairwise disjoint dense sets.[164] [202] {bicompact[165] and connectedness[166]} 2.) If every point of the Baire[167] 0-space is mapped to a dense countable set, there is not always a continuous choice function (but this is the case when the product set is a $G_\delta$).[168] On the line, the proof is trivial via connected sets; for the Baire 0-space, one needs to abstractly construct a class of forms that possesses the properties of the connected sets (in this case). These are the analytic sets.[169]

Remark (Foundations): A good example of how one "gets to know" an object (i.e., how one finds its proper definition and from this derives its properties) is analytic sets when defined as projections of Borel sets.[170] It is only the definition via the Souslin scheme[171] that yields all propositions: separation theorem,[172] bijective function = Borel, measurability, etc. What is [203] the right definition for higher projective sets?[173]

---

161 See the editor's note to manuscript page 194.
162 The subject of mathematical topology is a generalized concept of space. It was developed from concepts of geometry and set theory.
163 In modern analysis, the concept of an accumulation point of a set refers to a point to which the elements of the set come 'arbitrarily close'.
164 A subset $A$ of a topological (e.g., metric) space $M$ is called dense in $M$ if its closure coincides with $M$.
165 A set is said to be bicompact when every open covering possesses a finite subcover. Nowadays, bicompact sets are known as compact sets.
166 A topological space is called connected if it is impossible to divide it into two disjoint nonempty open subsets.
167 In mathematics, a Baire space is a topological space in which every intersection of countable open dense sets is itself dense.
168 Cf. the editor's note to manuscript page 209, remark foundations 2.
169 The analytic sets are obtained from the Borel sets (see below) through $^\omega\omega$-projection.
170 The Borel sets, named after Émile Borel, are specific subsets of $\mathbb{R}$.
171 A Suslin scheme is a family of subsets of a given set indexed with finite sequences of natural numbers. It is used to represent and define analytic sets (i.e., continuous images of completely metrizable, separable topological spaces) on a space.
172 The separability principle for analytic sets is due to Nikolai N. Lusin.
173 On 'higher projective sets', cf. the exchange of letters between John von Neumann and Gödel in: Collected Works, vol. V, pp. 362–365.

Remark (Foundations): If one takes $p \wedge q \wedge r \rightarrow t \vee s \vee v$ as fundamental concepts, then $\rightarrow$ is defined for any number of arguments (including 0 and 1) and can thus be taken as a single fundamental concept. Also, + applied to sets (in Peano's sense) is defined as a unary and a binary operation.

Remark (Foundations): The intuitionistic analysis[174] (general propositions about choice sequences) is a kind of ambiguous number theory [the choice is left undetermined, but it is about a universal quantifier that refers to countably many cases].

Remark (Foundations): Property is the most general concept that still says something. In arithmetic, these are only the concepts [204] $x \neq n$, where $n$ is a particular number. In geometry,* these are such concepts as: $\neq$, linear dependence and independence, etc. The properties are the points of the space of concepts (which is dual to the space of objects), and they are reached through approximation, similarly to the points of Brouwer's continuum.[175]

Remark (Philosophy): A state of affairs[176] is built up from its components (object and concept) in a totally different way than, say,

* Or in reality.

---

174  Another expression for constructivist analysis.
175  In the English translation of Brouwer's dissertation *Over de grondslagen der wiskunde* (*On the Foundations of Mathematics*, in: *Collected Works I*), we find the following passage on pp. 44f.: "Moreover, we have considered the intuitive continuum as a measurable continuum, and we have seen that every point on it admits an approximation by a dual scale. However, the *continuum as a whole* was given to us by intuition; a construction for it, an action which would create from the mathematical intuition 'all' its points as individuals, is inconceivable and impossible. The mathematical intuition is unable to create other than denumerable sets of individuals. But it is able, after having created a scale of order type η, to superimpose upon it a *continuum as a whole*, which afterwards can be taken conversely as a measurable continuum, which is the matrix of the points on the scale." The original text on p. 62 reads as follows: "Daarnaast hebben we het intuitief continuum beschouwd als meetbaar continuum, en gezien, dat zich elk punt daarop laat benaderen door een duale schaal. Het *continuum als geheel* was ons echter intuitief gegeven; een opbouw er van, een handeling die 'alle' punten er van geïndividualiseerd door de mathematische intuitie zou scheppen, is ondenkbaar en onmogelijk. De mathematische intuitie is niet in staat anders dan aftelbare hoeveelheden geïndividualiseerd te scheppen. Maar wel kan zij, eenmaal een schaal van het ordetype η opgebouwd hebbend, er een *continuum als geheel* overheen plaatsen, welk continuum dan achteraf weer omgekeerd als meetbaar continuum als matrix van de punten der schaal kan worden genomen."
176  On 'state of affairs', cf. the editor's note to manuscript page 153, remark foundations 1.

the pair. It is more than the sum of its components to a far higher degree (a totally new object). Hence, there are two essentially different ways in which the mind constructs new objects: 1.) the [205] "same sex" way (the pair*) and the "opposite sex" way, where two objects of opposite kinds (object and concept) need to be combined [as Empedocles says, through love,[177] the result of which is the child, but one can also construct the states of affairs through "separation", $a$ is not $b$, that is, through hatred]. Thus, in a certain sense, every higher type is "male" in relation to the preceding one in the hierarchy of types.

* This also applies to the construction of concepts from their properties.

Remark (Philosophy): The relation between object and concept is the same as that between object and function, woman and man, creature and creator, father and child, ruler and ruled, the object of knowledge and the one who knows, object and subject, agent [206] and effect, the one who does and the one who suffers, form and matter, reality and possibility, being and non-being, {good and evil,[178] symbol and symbolized, life and death →[179] but two different oppositions are apparently added here}.

Remark (Philosophy): According to Aristotle, knowledge of the essential definition (substantial definition) is the specific object of understanding[180] (just as color is the object of the eye). That is, correct definition of a previously known object. Question: Why does one know it without the definition? Either through the senses or the knowledge of the right definition is known in an unclear way.** (Is knowledge through the senses not a special case of indistinct knowledge?) And isn't knowledge of the right definition of an object given by the senses merely a continuation of knowledge that "It is a human being", "It is Mister A.", etc.?

** Or one knows a different, equivalent definition (but not the "right" one).

---

177 According to Empedocles, love (φιλότης, philótēs) is the unifying force.
178 "Good and evil" is written above "and effect", "symbol and symbolized" above "the one who does and the one who suffers", and "life and death" above "being and non-being".
179 The arrow points from "good and evil" to "are apparently" in the top margin of the page.
180 In De anima III, 4, 429b 12ff., the object of understanding is what it means to be an $x$, i.e., the essence (τό τί ἦν εἶναι) of the concept of an object. Aristotle compares the functioning of understanding to perception.

Remark (Philosophy): Isn't every problem and its solution simply [207] a progression from indistinct to distinct knowledge? That is, from incomplete to complete knowledge? Understanding the problem is the knowledge that it is either like this or not like this. Hence an unfeasible solution, and also "evidence" for a certain side.

---

Remark (Philosophy): Probability propositions, negative propositions, disjunctions and in general propositions with non-maximal information are specifically human. What are these propositions? ↑[181]

Remark (Philosophy): <u>Acting is knowledge seen from the outside</u>, but only a specific kind of knowledge. Roughly characterized as: knowledge about one's own will and the possibility of realizing it now. (This is not true.)

Maxim: The precise understanding of even a minor detail in a paper paves the way for understanding the whole paper. Passing over it (even unimportant points) without having understood it and without making sure that [208] one has understood it renders understanding the whole paper impossible.

Remark (Foundations): The transition from set and relations to "structure" [e.g., abstract group] is similar to the step from concept to set (extensions).

Remark (Foundations): Example, where a definition equation (although correct as a definition) cannot be stated as a proposition: if $A(x) =_{Df} \ldots \phi(x)$, but $\phi$ is not meaningful for all $x$ [in a proposition, everything needs to have a meaning, but the definition equation claims the substitutability even when no meaning is given].

---

[181] The arrow points to "non-maximal information".

Remark (Psychology): According to Aristotle, [209] fantasy[182] is an ability to judge at a low level. (The only ability to judge that animals have, insofar as they can only imagine what they expect?[183])*

* The same is the case for humans with respect to mathematical propositions (but here as well, it is possible to imagine the opposite symbolically).

Maxim: When reading a mathematical work, first grasp the skeleton of the proof (without proofs of lemmata and without precise definition of the concepts).

Remark (Foundations): $\subset$[184] is a transitive difference relation.

Remark (Foundations): Example which shows the mathematical method very clearly: equivalence of $F_\sigma \wedge G_\delta$[185] and the "developable" sets. The construction for a class of objects defined through "properties" is given, and the class is thereby "recognized" [similarly: construction of all possible Archimedean ordered fields[186] or Stone's [210] theorem about Boolean algebras[187]]. But here, the "properties" themselves are again given through constructions [as in general, for example, the property Borel set, Baire function, analytic set,[188] etc.], not through a simple construction but rather through a combination of several constructions [expressed by

---

182  For Aristotle, fantasy (or imagination) is an ability to create pictures of sensory perceptions and non-sensory representations. As a sensual ability, it also occurs in animals at its lowest level; however, only humans possess so-called 'logical imagination'. Cf. Aristotle, De anima III, 3, 428a 1ff. and 433b 29.
183  What "expect" could mean here can be seen in footnote 228 on page 151 of: Aristotle, Drei Bücher über die Seele, edited and translated by Julius Hermann von Kirchmann, Berlin (Heimann) 1871. Here, Kirchmann points out that a dog runs away from a club that is merely raised. Therefore, πίστις/pistis (De anima III, 3, 428a 20ff.) must mean something that does not relate to this actually observable behavior, since Aristotle denies animals πίστις. In modern dictionaries, ἡ πίστις is translated as trust, belief, confidence, or faithfulness.
184  Mathematical symbol for containment or subset relation, used for example in the Principia Mathematica, where $\subset$ stands for 'proper subset of'.
185  $F_\sigma$-sets and $G_\delta$-sets are certain subsets of topological spaces. An $F_\sigma$-set in a topological space $(X,O)$ is a set $F \subseteq X$ which is a union of countably many closed sets in $X$. A $G_\delta$-set is an intersection of countably many open sets in $X$.
186  An ordered field is a field $K$ equipped with a linear order relation $\leq$ on $K$ that is compatible with addition and multiplication. An ordered field is Archimedean if it satisfies the Archimedean axiom that for all $x, y > 0$, there is $n \in \mathbb{N}$ such that $x < ny$. The field of real numbers $\mathbb{R}$ is an example of an Archimedean ordered field.
187  By Stone's representation theorem for Boolean algebras, every abstract Boolean algebra is isomorphic to an algebra of sets.
188  Henri Léon Lebesgue proved that the set of Baire functions coincides both with the set of Borel-measurable functions and with the set of analytically representable functions.

the ∧ in $F_\sigma \wedge G_\delta$]. The sets of the I. Category[189] are also determined through a simple construction. Example of the fruitfulness of an "unconcerned" constructive definition: my proof of the decidability of all algebraic propositions[190] or definition of the residue symbol.[191]

<u>Remark</u> (Foundations): A characteristic kind of proof is:
1.) Every proposition can be restated in the form $(\forall \phi)(\exists \psi)\ \phi(\phi\psi)$ [with $\phi \neq 0, \psi \neq 0$].
2.) Every $F_\sigma$-set[192] $A$ in which $M$ is everywhere uncountable can [211] be represented as a sum of closed sets, in which every $M$ is everywhere uncountable.
3.) Herbrand's proof:[193] $P \vee P \vee \ldots \vee P \to P$.

This proof reduces something simple to something complicated and is therefore not "elegant", and I have an inhibition as I have in the case of the "unconcerned" constructive definition (cf. end of the previous remark).

---

189 Following Baire, a union of countably many nowhere dense sets is called a 'set of first category'. A set is nowhere dense if its closure has an empty interior.
190 In the preface to his dissertation *Über die Vollständigkeit des Logikkalküls* [*On the Completeness of the Calculus of Logic*], Gödel comments on the concept of decidability as follows: "For what is to be proved can, after all, be viewed as a kind of decidability (every expression of the restricted functional calculus either can be recognized as valid through finitely many inferences or its validity can be refuted by a counterexample)." In: "On the Completeness of the Calculus of Logic", reprinted in: idem, *Collected Works*, vol. I, pp. 60–100, here p. 63. Gödel himself told Hao Wang in 1967 that his completeness theorem was a mathematically almost trivial consequence of Thoralf Skolem's work *Einige Bemerkungen zur axiomatischen Begründung der Mengenlehre* from 1923. Cf. Burton Dreben and Jean van Heijenoort, "Introductory Note to 1929, 1930 and 1930a", in: *Collected Works*, vol. I, p. 52.
191 In number theory, the residue symbol is used for the Legendre symbol and its generalization, the Jacobi symbol. The Legendre symbol indicates whether an integer $a$ is a quadratic residue modulo a prime number $p$.
192 Cf. the editor's note to manuscript page 209, remark foundations 2.
193 The theorem by Jacques Herbrand is the following: Let $\phi$ be a closed formula of predicate logic without equality. Then there is a quantifier-free formula $\psi$ which is computable from $\phi$ such that $\phi$ is a tautology if and only if there are quantifier-free substitution instances of $\psi$ the disjunction of which is a tautology of propositional logic.

Remark (Foundations): Peano's definition of ιx[194] (and in general of arbitrary operators):
For every propositional function φ(x), the following axiom can be assumed:
$$(\forall y)[\phi(y) \leftrightarrow y = a] \leftrightarrow a = \iota x\ \phi(x) *$$
or, if it is proved that there is at most one x φ(x)
$$\phi(a) \leftrightarrow a = (\iota x)\phi(x) ** [212]$$
[The transition from ** to * has the consequence that every φ is to be transformed into one with at most one solution.]

If there is no or if there are several solutions, then the following is provable:
$(\iota x)\phi(x) \neq (\iota x)\phi(x)$, that is, $x = x$ is not taken as an axiom, but for every category of objects a separate axiom of this kind [is taken, insertion M.C.]. By contrast, $x = y \supset \phi(x) \leftrightarrow \phi(y)$. In general: The substitution rule also holds generally for arbitrary formulas (meaningless terms can also be substituted). Now, an existence operator for objects can be introduced: $E!a \leftrightarrow a = a$.

Question: Is this whole theory consistent? [213] It implies that every nonsense is different from every other nonsense, and even from itself.

Remark (Foundations): The "right" definition of (ιx) in the case that there is no x is probably *non-sense*[195] (in Peano's sense, cf. the previous remark). But if several objects exist, then it is the "type" of these objects [consider the use of the definite article in "the Frenchman is more passionate than the German"]. Every proposition that is meaningful for a single object of the type is also meaningful for the type and then has the meaning: holds for an object insofar as (*inquantum*[196]) it belongs to this type. That is: provided the object has no other "positive" properties. For example: A number > 10 is odd (insofar as [214] it is greater than 10) [because "even" is the positive property*], and it is > 1000 [because < 1000 is the positive property].

Question: Is it true that either φ or ¬φ is a positive property for every property φ? – This way of treating types is also used in

* The odd numbers are closer to chaos.

---

194 The inverted ι-operator, which was introduced by Giuseppe Peano, is the formal semantic representation for definite descriptions and should be read as 'that individual which'.
195 Written in English in the manuscript.
196 See the above explanation.

jurisprudence: Murder is forbidden in principle (i.e., insofar as it is murder; that is, unless there are special circumstances) and also in the structure of the laws of nature: A stone falls to the ground unless there is a miracle [or interference from above]. In mathematics, one also needs to determine first what "holds in general" [i.e., unless there are special circumstances]. Extensionally, the propositions about types should be regarded as propositions about the average.

[215]
<u>Remark</u> (Foundations): Cases in which recourse to the intensional may be necessary in mathematics:
1. Continuum problem[197] and axiom of choice.[198]
2. Unique characterization of an analytic function[199] which is given at the integer points [e.g., $\Gamma(x)$].
3. The "right" representatives for the orders of growth[200] (in the same sense as $x^n$, $e^x$) [the $\omega^{\text{th}}$ differential quotient defined by approximation with the function $e^{-x^{-\frac{1}{2}}}$]. These are likely the functions that are necessary for analysis as well. Perhaps the next is the $\theta$-function?[201]
4. In general, the definition of a function on $\omega_1$,[202] when one has a method for defining it on the segments and for proceeding further and further (Souslin problem,[203] "right" representations of ordinals[204] $<\omega_1$ [216] as sums of smaller ones), perhaps using

---

197 Georg Cantor's continuum hypothesis is the claim that there is no set with a cardinality strictly between the cardinality of the set of natural numbers and the (greater) cardinality of the set of real numbers.
198 According to the axiom of choice, every set $M$ of non-empty sets has a so-called choice function that maps each element $N$ of $M$ to an element of $N$.
199 A complex function that can be expressed locally as a convergent power series is called an analytic function.
200 Orders of growth characterize functions by their growth rate.
201 Carl Gustav Jacob Jacobi introduced infinite products, the quotients of which represent the elliptic functions, into analysis as transcendental elements. He represented these products as series. The infinite series thus obtained are known as theta functions ($\theta$-functions) of a single variable. Cf. *Maxims III*, p. 254, remark mathematics.
202 $\omega_1$ is the smallest uncountable ordinal.
203 The Suslin problem, or the Suslin hypothesis, concerns the characterization of the real numbers by their properties as an ordered set. According to the Suslin hypothesis, every linearly ordered, unbounded, dense, and complete set that satisfies the Suslin condition is isomorphic to the set of real numbers with their usual ordering. The hypothesis is now known to be neither provable nor refutable in the system of Zermelo–Fraenkel set theory.
204 Cf. manuscript page 154 above.

its invariance under "analytic" ordinal functions[205] or the fact that it can be represented analytically in the form $f^n$.[206]

Remark (Foundations): The structure of mathematics using my hypothesis A is the extensional one (bottom-up);* the usual structure of mathematics is the intensional one (top-down), starting with "chaos".

* Starting with nothing.

Remark (Psychology): There are three ways of arriving at a decision:
1.) aversion and desire concerning what needs to be done immediately, [217]
2.) evidence of correctness,
3.) abstract (linguistic) reflection;**
and two kinds of psychological causation:
1.) with occurrence*** of the reaction (the act),
2.) without this: for example, when I have seen something, I do not remember it, no matter whether I consciously focused my attention on it or not (namely, during the perception).

** In the case of 3., the force comes "from me"; in the case of 1. and 2., it comes from outside, namely 1. based on an assumption, 2. based on an action.
*** That is, through a conjecture.

Remark (Foundations): Essence of the operations that bind variables: These are infinite operations $\phi(a_1) \wedge \phi(a_2)...\phi(a_n)$, hence part of the language with infinite intensions.

Remark (Foundations): 1.) Are there irreducible combinations? For example: $a + b$, but perhaps $= a(+ b)$ or $= +(a, b)$.
2.) Is $a + b$ a combination of [218] three or of four things? (The 4th "thing" would be the application, which does not lead to an infinite regress of the elements but at most to an infinite regress of the structure of the construction out of partly identical elements.)

Remark (Foundations): The equivalence: $x \in afb \leftrightarrow (\forall u)[u \in b \rightarrow xu \in a]$ only holds if writing next to each other† = application; but often it does not, for example: $\underline{a} +\underline{b}$ (here, writing next to each other makes no sense) or $a \times b = ab$.

† That is, "combining".

---

205  For every class $K$ of ordinals there is exactly one order isomorphism, i.e., a strictly monotonic bijection, from an initial segment of the ordinals to $K$.
206  Space is left after this, likely in order to be able to continue the list if needed.

Remark (Foundations): Perhaps the identification of the positive numbers with the absolute numbers and the integers with the natural numbers, etc., is a way to get to know the "essence" of the absolute (natural) numbers. These are operations [219] that can also be applied to themselves. This means that an operation of application is defined for them or they are recognized as identical to something else in a philosophical sense (whereby this other thing could contain them).

Remark (Foundations): Brouwer's definition of ordinals:[207]
1.) 0 and 1 are ordinals.
2.) If $f_i$ is a sequence of ordinals, then so is $f_1+f_2+...+f_i+...$ [Here, the category to which the ordinal belongs can either be the infinite branching system or an integer function of an arbitrary type; that is, $f(i_1)...(i_n) \in \mathbb{N}$ for the initial segment of every sequence $i_1...i_n$.]
3.) Only that which can be obtained in this way is an ordinal.
3 can only mean: When one introduces the symbol Ord,[208] [220] then an object $a$ is an ordinal if and only if one can prove purely formally (but intuitionistically formally), on the basis of axioms 1, 2, that $a \in$ Ord, that is, on the basis of the intuitionistic conditions of formal implication:
$x \in \text{Ord} \leftrightarrow 0,1 \in K \wedge (\forall f)[(\forall i)[f_i \in K] \supset f \in K] \supset_K x \in K.$

Remark (Philosophy): Propositional sign:
1. Objective meaning:
$\vdash A$ [209] refers to an actual state of affairs or to nothing.
$A$ means a possible state of affairs.

---

207 Brouwer rejects Cantor's transfinite ordinals since they are not constructible. Cf. Brouwer's elaborate inductive definition of ordinals and well-ordered ordinals in: "Begründung der Mengenlehre unabhängig vom logischen Satz vom ausgeschlossenen Dritten. Erster Teil: Allgemeine Mengenlehre", in: *Verhandelingen der Koninklijke Akademie van Wetenschappen te Amsterdam*, eerste sectie, 12, No. 5, pp. 3–43, here pp. 13–43. I am indebted to Maria Hämeen-Anttila for informing me that Gödel read the paper "Begründung der Mengenlehre unabhängig vom logischen Satz vom ausgeschlossenen Dritten" in 1941. Cf. the corresponding editor's note to manuscript page 154 above.
208 'Ord' is the symbol used for the totality of ordinals, which is not a set but a proper class since the assumption of a set of all ordinals leads to contradictions. In intuitionistic logic, the totality of ordinals needs to be a finite construct.
209 In Frege's formal notation, the performative act of asserting is denoted by this judgment stroke.

2. Psychological meaning: It is the purpose of $\vdash A$ (as such, in principle, insofar as it is claimed) to create belief. Insofar as something is not actually claimed, its meaning is the possibility of creating belief. By contrast, the purpose of $A$ is to create understanding.

[221]
Remark (Foundations): Method for solving every problem (continuation from pp. 163f.). The problem is approximated by weakenings and proof ideas (a proof idea is a strengthening, namely, a conjunction of a finite set of necessary lemmata). The refutation of a proof idea should bring to light a weaker one, as should the proof of a weakening. After finitely many steps (applied to single proof ideas and the weakenings themselves), either the refutation or the success of a proof idea occurs, provided that one always takes the next "reasonable" weakening (proof idea). The reasonable (i.e., most obvious) proof idea is probably obtained by ascending to the next type [222] when one subsumes the proposition under a class of propositions and thereby simplifies it (e.g., in the case that a single polynomial is given) and then attempts to prove all propositions in this class simultaneously.* The individual steps must be simple [this cannot be mechanized, but only understood]. This method can likely be accelerated by applying it to itself.

A problem regarded as unsolvable is one where one has unsuccessfully applied the method for many steps. This is why even a proof idea that turns out to be false usually yields results and eventually perhaps the solution of the problem. Continuation, p. 236.

* Thus, if $P(x) \supset Q(x)$ is to be proved, then the proof ideas are $P_i(x) \supset Q(x)$, where $P(x) \supset P_i(x)$. The $P_i$ become systematical through the "natural classification" [...]; cf. p. 228 [the continuation of the proposition].

[223]
Maxim: When several proof ideas are possible, do not neglect one at the expense of the others, or the proof of $P$ at the expense of $\neg P$.

Remark (Philosophy): There are two simple relations between concepts and objects: 1.) $\in$,[210] 2.) the natural meaning relation.[211] Perhaps these coincide in some sense** (they certainly do in the case of pictographic writing). Understanding any area consists in finding the concepts under which its phenomena can be subsumed (history). Perhaps also those concepts which the phenomena "symbol-

** This is the case for individual states of affairs and accordingly for general laws.

---

210  Cf. the editor's note to manuscript page 195 above.
211  On 'meaning relation', cf. also the editor's note to manuscript page 153, inserted at the top of the page.

ize"? This may be the better approach. Perhaps all historical phenomena are merely a* system of theological (moral) propositions. In mathematics, the concepts of lower types also fall under the higher ones and likewise symbolize them. There are certain things under which nothing falls (which are mere objects and no longer concepts): the unformed matter and such, which are mere concepts and cannot be made into objects (the universal set).[212]

> * "That which has become flesh".

<u>Maxim</u> (Philosophy): Perhaps the right question that leads to the understanding of an area is: What does it mean? What is the meaning of this matter? Cf. p. 226.

<u>Remark</u> (Foundations): Perhaps there is a "natural" definition for every integer, which allows it, for example, to immediately obtain the natural definition of the product from those of the factors and, moreover, to determine the $n^{\text{th}}$ digit of the respective number. Perhaps the method used by mathematical wizards to memorize arbitrarily long number sequences is that they memorize the natural definition of the sequence (which, e.g., also allows one to recite the sequence in reverse order). Obviously, the natural definition, when expressed in words, cannot be substantially shorter than the number itself, but it is "more comprehensible" (perhaps even the specific definition under consideration from the situation in which it occurs). This is the same as the difference between memorizing a poem in a foreign language and in one's mother tongue. Or if one were supposed to memorize the true propositions in a foreign language "mechanically" as phonetic combinations. This is also the reason why one easily memorizes the "right" proof, and in general this is likely the secret of memory and imagination. Also in blindfold chess,[213] this likely works by grasping the idea of the position. Likewise for historical events.

---

212 Cantor's second antinomy already showed that there is no set of all sets, because the assumption of its existence leads to contradictions.

213 In blindfold chess, at least one player plays without seeing the board and hence needs to remember the positions of all of the chess figures in the game. The moves are announced using chess notation.

Remark (Philosophy): The meaning (sense)* of historical events is moral truths. But what, for example, is the sense of mathematical states of affairs[214] (what do they teach)?

*This means: What does history (mathematics) teach?

Perhaps:
1. Understanding completely rules in its own realm (can solve every problem concisely and elegantly, provided that one approaches it in the right way).
2. The actual realm of human understanding is the natural numbers and only these.

?[3. The higher ideas completely dominate the lower ones.]

4. It is only by means of an objective and unbiased attitude that one can achieve success, but then perfect success.
5. To him who has shall be given.[215] The smallest actual success already yields the solution of the problem.
6. No matter how clumsily one approaches something, if one only proceeds without becoming dissuaded, one eventually achieves the goal. [227]
7. Modesty contributes to success.
8. (= 1′) There are always too many relations to see through everything.

objectively[216]

9. Everything is ordered in a perfectly aesthetic way.
10. (= 2′) Also in areas that transcend human understanding, one can prove enough to clearly see what is true (without being able to prove it).
11. It is only the understanding of a thing – that is, the spirit of God – that opens the way to knowledge. But then it is also perfect. →[217] [228]

objectively[218]

12. Everything exists either perfectly or not at all (everything is either perfectly true or perfectly false).
13. Man is nothing by himself (that is, without external instruction).

---

214 On 'mathematical states of affairs', cf. manuscript pages 248, remark foundations 1; 250, remark philosophy 1; 262f., remark foundations 1.
215 The so-called Matthew effect refers to Matthew 13:12 and Matthew 25:14–30. Here, the reference is to Matthew 13:12.
216 'objectively' is written before '9.' in the manuscript.
217 The arrow points to the continuation of the list on the next page.
218 'objectively' is written before '12.' in the manuscript.

Only 9. and 12. express something that concerns mathematical states of affairs themselves, in contrast to the others, which express their relation to understanding. Namely, they express: One has received the strength that one needs.[219] In order to achieve a goal, it is necessary and sufficient to properly apply it, and this does not require much (but something is actually required). And that this is the case is not "natural" but "supernatural" [i.e., only possible with the help of God].[220]

[227]
Remark (Foundations): In the realm of natural numbers, one can likely not only decide all propositions but also define all concepts. This means that the quantifiers suffice [because it is by these means alone that concepts are defined through infinity]. In the higher theories, the quantifiers likely no longer suffice [different logic of the angels].

[228]
Continuation p. 220

The $P_i$ are systematically obtained through a "natural classification" of the category of the $P(x)$ and through an approximation of the concept $P$ [e.g., $P(x) = x$ is an integer, $P_1(x) = x$ is a real number, $P_3(x) = x$ is a real number $|x| \geq 1 \vee x = 0$]. A different proof idea emerges from the right "classification" of the category $P$, that is:
$P(x) \supset Q_1(x) \vee Q_2(x)$
$(Q_1(x) \supset Q(x)) \wedge (Q_2(x) \supset Q(x))$

[229]
Remark (Foundations): Cases in which it is doubtful what the order of the symbols in the right designation is:
1. $xRy$ or $(x,y) \in R$?
2. $fx$ or $xf$?
3. $a^b$ or $b[a]$?
4. Is the triple to be defined: $\langle\langle x,y\rangle,z\rangle$ or $\langle x,\langle y,z\rangle\rangle$?
5. Is $R'x = \imath y^{221}$, $yRx$ or $= \imath y\ xRy$?

219 Cf. *Maxims III*, p. 213, remark theology.
220 Space for further entries is left after this.
221 The inverted iota is the iota operator, also known as the definite description operator. It is used for definite descriptions and is to be read as 'the unique

6. For ordered set:[222] Is $a \times b$ the lexicographically[223] or the antilexicographically ordered set?

[[224]5′ It should be $xRy \leftrightarrow x = R'y$
or $xy \in R \leftrightarrow x = yR?$]
Perhaps there are two systems that are internally consistent, the "right-handed" and the "left-handed".

Remark (Foundations): $a \times b$ has two meanings:
1. $b$ taken $a$ times. [230]
2. $a$ taken $b$ times. (Difference between the "known" unknown[225] factor and difference for ordered sets.)

In the first case, $b$ is the argument and $a$ is the function; in the second case, it is the other way around. In $a^b$, it is clear that $b$ is the function and $a$ is the argument (in the definition of $a^b$). On the other hand, one needs to iterate the function $a^x$ for the definition of the operation of the next level (the function $x^a$, when iterated, yields $x^{(a^n)}$ and can thus be expressed by the preceding function, in contrast to the cases of multiplication and addition, where both iterations cannot be expressed by means of the lower ones). In order to arrive at something new, one thus has to reverse the argument–function relation as it appears in the definition [take the function as the argument, which is the diagonal procedure[226] and the next higher type].

[231]
Remark (Foundations): That one has an "intuition" of the continuum and "evidence" of the propositions about it means that here an idea (the arbitrary set of integers) is perceived by an organ other than abstract understanding[227] [it has become "flesh" in a way, and

object that'. It became more prevalent thanks to its use in Whitehead and Russell's *Principia Mathematica*.
222  An ordered set is a set together with a reflexive, antisymmetric, and transitive relation on that set.
223  One example of a lexicographically ordered set are the words in a dictionary, which constitute an ordered set with the relation 'comes before'. In a lexicographically ordered set, one passes from an ordering of individual symbols to an ordering of the symbol strings formed from them by ordering them by the symbols in the leftmost place at which they differ.
224  Square bracket on the right and left around both lines.
225  Alternative reading: and known.
226  Cf. remark foundations on manuscript pages 197f.
227  The understanding is the organ for perceiving concepts. Cf. *Philosophy I Maxims 0*, pp. 192, remark 2; 220, remark 3.

the intuitive continuum is in a certain sense the "right" symbol of this idea, just as the lion is the symbol of strength]. In particular, the fact that the continuum is an object of a higher type manifests itself in an intuitive way in the fact that it is not the "sum" of its points. The difference between $p$ and $\{p\}$[228] is one between a point as a "position in space" and a point as a part of space.

Remark (Foundations): The antinomies[229] of set [232] theory are not antinomies in mathematics but at the border of mathematics.[230]

Remark (Foundations): It is astonishing that one can define in finitely many (and not even very many) words a number that exceeds the number of grains [atoms] of sand in the whole world (and even far bigger numbers). This means: The idea perfectly dominates the material world.

Remark (Foundations): If a language is a system of signs together with a meaning relation[231] (this refers to a relation independent of empirical factors), then a real definition of a concept $A$ in this

---

228  Here, not to be read as an insertion but as the set $\{p\}$, which contains only the element $p$.
229  Concerning the antinomies of set theory, cf. manuscript pages 180, remark foundations 2; 245, remark foundations 1 in this volume. See also *Time Management (Maxims) I and II*, p. 407, maxims; Addendum IIIb, 1v, p. 494, item 2; and *Maxims III*, pp. 251, last paragraph; 281, remark foundations; 318, remark foundations.
230  This remark resembles Hermann Weyl's opening in "Über die neue Grundlagenkrise der Mathematik", in: *Mathematische Zeitschrift* 10 (1921), pp. 39–79, here p. 39: "Die Antinomien der Mengenlehre werden gewöhnlich als Grenzstreitigkeiten betrachtet, die nur die entlegensten Provinzen des mathematischen Reichs angehen und in keiner Weise die innere Solidität und Stabilität des Reiches selber, seine eigentlichen Kerngebiete gefährden können." However, the Weyl quote continues as follows: "In der Tat: jede ernste und ehrliche Besinnung muß zu der Einsicht führen, daß jene Unzuträglichkeiten in den Grenzbezirken der Mathematik als Symptome gewertet werden müssen; in ihnen kommt an den Tag, was der äußerlich glänzende und reibungslose Betrieb im Zentrum verbirgt: die innere Haltlosigkeit der Grundlagen, auf denen der Aufbau des Reiches ruht. Ich kenne nur zwei Versuche, das Übel an der Wurzel zu packen. Der eine rührt von Brouwer her; schon seit 1907 liegen gewisse richtunggebende Ideen der von ihm angestrebten Reform der Mengenlehre und Analysis vor; doch hat er erst in den letzten Jahren seine Ansätze zu einer konsequenten Lehre ausgebildet." "1907" refers to Brouwer's doctoral dissertation *Over de grondslagen der wiskunde*.
231  On 'meaning relation', cf. also the editor's note to manuscript page 153, insertion at the top of the page.

language is a proposition of the form $A=B$, where $A$ and $B$ have the same meaning. [233] A nominal definition, on the other hand, is a relation between the expressions of two languages [the nominal definition $A$ extends the language $B$ to the language $C$]. That is, it is language-creating. A proposition of the form "$A$ defines the sign $B$ through $U$" means: $A$ proposes a language extension (or <u>uses a language extension</u>* for a proof, etc.). <u>Problem</u>: One creates a systematic theory (i.e., definition through each other and simplest relations) for concepts such as: belief, assertion, language, meaning, axioms, proof, inference, definition, precise language, basic concept.

<u>Remark</u> (Foundations): One can express every proposition by using only the basic symbols almost as concisely as using the definition by first writing the definition as an *implicans*.[232]

[234]
<u>Remark</u> (Foundations): In the sentence: "Lebesgue proves for his integral", "his integral" means the one defined by him here and there.

In the sentence: "$A$ proves for the Lebesgue integral", it means the integral defined in such and such a way.

<u>Remark</u> (Foundations): For every problem, there are likely only finitely many (or countably many) possible ways in which the constructions can occur in a proof [in the sense that they occur in a certain way in all of the axioms and this property is preserved by the inference rules]. A concept of "absolutely" provable,[233] which reduces this to "absolutely definable or constructible", is that a [235] proposition is certainly not provable if no corresponding definable functions exist for any of the possibilities with respect to the occurrence of the constructions. This presupposes that one has first made precise the concept "definable function" in the absolute sense. Which may not be hopeless, considering Church's results[234] and the completeness of the language of absolute set theory.

---

* [234] The strange thing is that the language extension can be precisely described in the old language [unless it is about a new basic concept, then without meaning relation]. This sheds interesting light on the construction of a language "*ab ovo*". But even for a new basic concept, the description is possible, namely as: that $y$ for which $a:b = c:y$, where $a\ b\ c$ are known.

---

232 The implicans is the antecedent of an implication.
233 Cf. the addendum "Results Foundations IV" following the introduction to this volume.
234 This refers to work by the logician and mathematician Alonzo Church.

Question (Foundations): Can one perhaps prove the axiom of choice for appropriate occurrences of the constructions? [This would perhaps not necessarily yield a proof in the usual sense?]

Remark (Foundations): In order to be able to ask the question which applications of constructions are possible in the first place, the proposition first needs to be written using existential quantifiers in the right way. [For example, Fermat's theorem[235] is not a proposition without existential quantifiers, [236] which becomes apparent when one, e.g., expresses it as a question about a polynomial.]

Remark (Foundations, continuation of p. 221): Method for solving every problem: The objects (concepts) that are related to each other in the theorem first need to become "known". This is done by showing how the partly indeterminate ("chaotic") objects (e.g., topological space) can all be obtained from more structured (more ordered) ones (e.g., from metric spaces). These are then the fruitful existence theorems (e.g., the well-ordering theorem). When one has advanced to maximal structural richness, it is easiest to see the relations (these are then only propositions of the form $A \vee B \supset A \vee B \vee C$). [237]

In particular, for example, the Souslin problem[236] can be solved by showing that one can introduce an algebra. In particular, for every natural number there is likely a certain maximal structure that determines that number, namely such that the relations of the maximal structure are easy to see [and the simple concepts of addition and multiplication then break down into much weaker (i.e., more structured) ones]. In particular, the mapping from the enumerations to the ordinals is likely also such a structure in the realm of the initially "chaotic" ordinals (which also defines a structure in every single one; each one can be obtained in this way). The representation of integers as $1+1+1+...+1$ is a wrong and misleading representation by the structure (every number can be obtained in this way, but the structure thus given [238] does not reveal anything).

---

235 Fermat's theorem states that there are no natural numbers $n > 2$ for which the equation $x^n + y^n = z^n$ is solvable for natural numbers $x, y, z$. It was proved only in 1994 by Andrew Wiles.

236 Cf. the editor's note to the remark foundations on manuscript page 215.

Remark (Foundations): Some proofs certainly do not show the true reason but owe their development to a "coincidence" [e.g., Dirichlet's proof that the series[237] $\sum_n \left(\frac{D}{n}\right)$ does not vanish. The proof already stops working when one takes any partition of the residue classes into +1 and −1 rather than $\left(\frac{D}{n}\right)$; the proof from the true reasons should somehow proceed starting with the fact that a "determinant" (in the widest sense) does not vanish, similarly to the true proof of the transcendence of π].[238] These proofs feign a lawful relation where in reality there is none. But perhaps this kind of proof yields "incomprehensible" abbreviations. For proofs of the above kind [i.e., for $a \neq 0$], it suffices to draw some lines in the chaos, just in order to survey the relevant manifold of possibilities. [239] Such specific regularities as those used here are superfluous. The "right" lines are those where one can conclude something from both sides of the division [i.e., halving?].

Remark (Philosophy): Circular definition (e.g., of the basic concepts of philosophy or logic), that is, definitions of the form $\phi = F(\phi, \psi,...)$, makes sense as an approximation method. That is, when one substitutes merely approximate (or indeterminate) concepts for $\phi$, $\psi$, then the $\phi$, $\psi$ thus obtained are more precise, and this can be iterated.

Remark (Philosophy): Thomas's equation: Idea = mind[239] can be understood thus: Understanding an idea $A$ amounts to having an instinct that induces one to say "est $A$" in certain situations,* in certain others to say "non est $A$". This is a [240] kind of reaction that forms the mediation for an "intervening" way of acting. Namely, these reactions form a net, and the reactions are accordingly *bonum (malum) est*. With respect to executable actions, this has the consequence [or at least a "tendency" towards this]: It follows: ?If our judgment is entirely passive, then we do not "act" at

* [240] That is, in view of certain perceptions of reality or possibility.

---

237  In the proof of the prime number theorem named after him, Peter Gustav Lejeune Dirichlet showed that certain infinite series do not vanish.
238  One of the proofs of the transcendence of π is due to David Hilbert. We must leave open whether this is the 'true' one. Cf. his paper "Über die Transcendenz der Zahlen e und π", in: *Mathematische Annalen* 43 (1893), pp. 216–219.
239  In a well-known passage by Thomas Aquinas, we find: "[...] as when a likeness of a house preexists in the mind of the builder. And this likeness can be called an idea of the house, since the builder intends to assimilate the house to the form that he mentally conceives." See idem, *Summa theologiae* I, q. 15 art. 1, co, translation by Alfred J. Freddoso.

all (or at least not rationally). {Or would it then be a "giving in" or a choosing of the good?}

If there is "objectively" no foundation [i.e., none in sense perceptions] [because there are different reactions for equal sense perceptions, or because the differences are too small to justify a difference, or because the idea yields the obviously artificial classification as immediately perceivable], then this is a mind and not an idea.

The feeling for language is probably objectively founded (brain, perception[240]). Some metaphysical ideas are perhaps "evil spirits". The objectively founded ideas are inspired by the Holy Spirit? – The ideas inspired by the lying spirits [and the associated evidence] correspond to hallucinations and dreams in sense perception. Continuation p. 432.[241]

[241]
Remark (Philosophy): Main characteristic of the religious worldview, in contrast to the scientific one:

1. Existence of anything:

A. Beyond this life: *toto genere* different and existing more intensely, and we can enter this world.[242] In a certain sense, our world is an illusion.

B. Beyond this world.

2. The belief in "higher" powers,* in relation to which human understanding and human power is nothing (humility).

[? 3. Significance of morality in the world, the laws of which are opposed to the mechanical laws and even to the laws of human logic.]

* In this world (namely, rational beings [without bodies?], which are not merely more highly developed humans). Remark E.-M. E.: In item 4 of "Meine philosophischen Ansichten", Gödel says: "Es gibt andere Welten und vernünftige Wesen der anderen und höheren Art" (in Gödel *Nachlass*, box 11b, series VI, folder 15, initial document number 060168).

240 Alternative reading: brain perception.
241 In the continuation on manuscript page 432 in *Max VI*, we find: "Continuation: Finally, this leads to the false judgment '*bonum est*' with respect to our actions [433] because the concepts appear as middle terms and the premises are verified inductively or by immediate evidence which is also 'given'. The concepts are then not merely artificial* but impossible. Furthermore, there needs to be evidence not merely with respect to $a \in b$, but also with respect to $a \subseteq b$, etc. Why is it that greater suspicion is appropriate here than in the case of sense perceptions? Because we are 'blind' in this area, because we 'sinned' as children at our first perception, therefore, the consistency and formal coherence and beauty of the theory are the most important truth criteria, rather than 'evidence'. In the purely logical (but not in the mathematical), our evidence is contradictory. Similar conditions as with spell books and spiritistic prophecies. *And not founded in sense perceptions."
242 This sentence is written beside a curly bracket that joins A and B.

Remark (Philosophy): If one could construct a contradiction in mathematics, then this result would make a strong case for the religious and against the scientific worldview, as this fact would be directly equivalent to certain strengthenings of religious propositions. [242]

Namely:[243] {This means that the world is nothing and that our reason is nothing. Hence, there is a higher world and a higher reason, and the moral law even withstands the logical law.}

1. This world has an end [even necessarily so, and the world of ideas also has an end] [*caelum et terra transibunt, verba autem mea non transibunt*]?[244]
2. Man cannot know anything [even where one appears to know the most, one knows the least, namely contradiction possible].
3. Science is a scam (as 2.), and this world is an illusion.

Remark (Philosophy): One can prove from continuity[245] and the Archimedean axiom[246] that, for any arbitrarily great amount of suffering, which, for example, has a greater duration, there is an arbitrarily small amount that is equivalent to it if it lasts long enough. Likewise: For every intellectual pleasure, there is a physical suffering which, when combined with it, yields a suffering greater than any fixed physical one. The negation of these propositions is plausible (perhaps non-Archimedean or not finite in the first place?). The voluntary suffering [i.e., voluntary during suffering] [243] has a special position, as it appears to be smaller than any involuntary one.

Remark (Foundations): Absolute provability, cf. pp. 182, 234.[247]

---

243 An arrow points to the inserted sentence at the top of the page.
244 Mark 13:31: Caelum et terra transibunt, verba autem mea non transibunt. *Biblia Sacra secundum Vulgatam Clementinam edita*, vol. 5, *Novum Testamentum*, ed. by Michael Hetzenauer, Regensburg (Pustet) 1922, p. 111. ("Heaven and earth will pass away: but my words shall not pass away." Holy Bible. King James Version.) Cf. manuscript page 264.
245 Concerning Dedekind continuity and the non-Archimedean continuum in Brouwer, cf. *Over de grondslagen* on pp. 72f. (or pp. 49f. in the English translation). Cf. also manuscript page 242, problem.
246 According to the so-called Archimedean axiom, the set $\mathbb{R}$ of real numbers possesses an Archimedean ordering and is thus an Archimedean ordered field. For an explanation of 'Archimedean field', cf. manuscript page 209, remark foundations 2.
247 Gödel comments on the concept of absolute provability on manuscript pages 182, remark foundations 2; 234, remark foundations; 254, item 3.

Start reading Brouwer, ca. end of March 1942[248]

Remark (Philosophy): The derivation of coordinate geometry (introduction of the measure) from topology and the group of motions[249] or from marking off line segments[250] is the birth of quantity out of quality (so is the theory of measure[251] in physics). This means that they show the essence of numbers. Is there no analogous derivation of the quality from "nothing" (or chaos, the "unformed")? That would illuminate the essence of concepts. →[252]

Remark (Foundations): From the condition that every physically meaningful local! property is continuous [i.e., $\hat{x}\phi(x)$ und $\hat{x}\neg\phi(x)$ are not both dense in the interval {[253] or in a closed set}], it probably follows that every [244] physically meaningful function is composed of countably many analytic functions.[254] [For non-local

---

248 See the related editor's notes at the beginning of this notebook and in the introduction.
249 The Euclidean group of motions is the group of all mappings of Euclidean space to itself that leave the distances of arbitrary points invariant. It contains rotations, shifts, reflections, and arbitrary products thereof.
250 In David Hilbert's axiom system of Euclidean geometry, axiom III.1 is as follows: If $A$ and $B$ are two points on a line $a$ and $A'$ is a point on the same or a different line $a'$, then one can find on a given side of the line $a'$ a point $B'$ such that the segments $AB$ and $A'B'$ are of equal length.
251 Measure theory is concerned with the question of how to measure the volumes of arbitrary kinds of sets. The measures should be consistent with measuring methods for lengths, areas, or volumes known from physics and should be founded on a mathematical definition. In measure theory, measures are maps. Measure theory is applied in physics, for example, where point masses are considered.
252 An arrow points to the second remark foundations on manuscript page 244.
253 Here, the curly brackets do not indicate an insertion but are Gödel's own.
254 In the English translation of Brouwer's *Over de grondslagen der wiskunde* (*On the Foundations of Mathematics*), op. cit., we find the following on p. 55: "To be able to apply a large number of processes which are dependent on the measurable continuum, the discrete observations are in the first place completed to continuous functions [...] That again is an arbitrary act which is only justified because it apparently 'works'. Rendering the observed functions continuous is done by means of the well-known method of interpolation. This is again an arbitrary act which is not refuted by practice. By interpolation one obtains analytic functions, which one is inclined to use exclusively in the study of nature anyhow. Why? [...] Mainly because of an arbitrary act of interpreting nature anthropomorphically [...]." In the Dutch original on p. 85: "Vooreerst worden, om de groote menigte bewerkingen, die afhankelijk zijn van het meetbaar continuüm, te kunnen toepassen, de discrete waarnemingen aangevuld tot continue functies [...]; dat is een willekeurige daad, weer alleen gerechtvaardigd, om dat ze blijkt, te 'gaan.' Het continu maken der waargenomen functies doet men door de bekende methode der interpolatie, weer een willekeurige daad, die zich weer in de praktijk niet straft. Bij

ones, this does not hold.] A property is physically meaningful if it is invariant under linear transformations of the variable. Because this merely corresponds to an insertion of the arbitrary unit of measure.

Remark (Foundations): If the arithmetic operations are introduced via group theory[255] [Brouwer], then the two numbers in $a + b$ do not appear to be on an equal footing, but one as the subject (superordinate), the other as the object (subordinate).

Remark (Foundations): The introduction of the same for the ordinals of the 2nd class[256] would likely also bring order to this chaos.

Problem: Arithmetically defining geometry in such a way that the points [245] become indistinguishable by definition[257] (due to the existence of a definable class of "lawless" sets; does this imply the

---

het interpoleeren krijgt men analytische functies; en zulke heeft men toch reeds neiging, in de natuur beschouwing uitsluitend te gebruiken; waarom? [...] Voornamelijk door een willekeurige daad van anthropomorphiseering der natuur [...]." In mathematics, an analytic function is one that is locally given by a convergent power series.

[255] Cf. Brouwer, *On the Foundations of Mathematics*, in: *Collected Works I*, pp. 19 ff.; *Over de grondslagen der wiskunde*, pp. 13ff.

[256] In his dissertation, Brouwer had already defended the claim that Cantor's second number class does not exist as a completed totality: "The next two statements are *false*: 1°. The second number class is conceivable and denumerable. 2°. The second number class is conceivable and there is a cardinal number between its power and that of the first number class." In: *On the Foundations of Mathematics*, p. 82. In: *Over de grondslagen der wiskunde*, p. 147: "Onwaar zijn de beide stellingen: 1°. De tweede getalklasse is denkbaar en aftelbaar. 2°. De tweede getalklasse is denkbaar, en er ligt een machtigheid tusschen de hare, en die der eerste getalklasse." On Cantor's second number class, see also *On the Foundations of Mathematics*, p. 81; *Over de grondslagen der wiskunde*, pp. 144ff.

[257] Brouwer quotes Henri Poincaré in his dissertation: "Space is continuous and indefinitely divisible; the result of infinite division, the zero of extension, is called a point. All points are qualitatively similar and can only be distinguished by the fact that they are mutually external to one another." In: *On the Foundations of Mathematics*, p. 65. In: *Over de grondslagen der wiskunde*, p. 107: "L'espace est continu et divisible a l'infini; le zéro d'étendue, résultant d'une division infinie, est appelé *point*. Tous les points sont qualitativement semblables, et se distinguent entre eux par le seul fait qu'ils sont extérieurs les uns aux autres."

non-definability of the Hamel basis[258] and the measurability of every definable set?[259]) Cf. p. 252.[260]

Remark (Foundations): The antinomies[261] can probably be avoided by a positive propositional calculus with "types" of implication. (From the positive propositional calculus alone, the provability of every proposition already follows.)

Remark (Foundations): Proof of the transcendence of $\pi$[262] by considering the multi-valued function $(-1)^x$ [$1^\pi$ has infinitely many values, and so does $1^{g(\pi)}$)]?

Maxim: It suffices to do what is <u>in the direction</u> of the right.[263] That is, without abruptly changing the previous behavior.

[246]
Remark (Foundations): The most characteristic feature in mathematics is that little follows from the unequal and much follows

---

258  $\mathbb{R}$ can be regarded as a vector space over the rational numbers. The corresponding bases are called Hamel bases.

259  If one accepts it as an axiom that all sets are constructible, one obtains a definable well-ordering of $\mathbb{R}$ and thus a definable non-measurable set. Gödel himself used this axiom when he proved the consistency of the axiom of choice in 1938. Here, however, he seems to assume that there may be situations in which all definable sets are measurable.

260  Concerning this topic, we find the following on manuscript page 252: "The right definition of a point (so that each two points are indistinguishable) [...]."

261  Concerning the antinomies of set theory, cf. *Time Management (Maxims) I and II*, p. 407, maxims 1; Addendum IIIb, 1v, p. 494, item 2; *Maxims III*, pp. 251, last paragraph; 281, remark foundations; 318, remark foundations. See also manuscript page 180, remark foundations 1, and pp. 231–232, remark foundations 1, in this volume. By contrast, Brouwer wanted to respond to the set-theoretical antinomies with his intuitionism and the criticism of infinity associated with it, not with a "positive propositional calculus with 'types' of implication". According to Brouwer, the subject matter of mathematics is mental constructions, not actual infinities; for him, infinity can only be grasped as the iterated application of operations without an upper bound.

262  Cf. manuscript page 238, remark foundations.

263  In the notebook *Resultate Grundlagen IV* (Gödel Nachlass, box 6c, series III, folder 86, initial document number 030119, manuscript pages 320ff.) from January 1942, we find the following on this topic on manuscript page 280 (here in translation): "Characteristica universalis can thus only give instructions to look in a certain direction, after certain physical and mental exercises have been completed."

from the equal: For example, the group germ[264] of the Euclidean motions[265] already suffices to turn the chaos into a perfect cosmos.

Remark (Foundations): Exact mastery of an inexact (continuous) given such as sense perception, or that which is evident, or empirical concepts in their application. [The inexactness is that in certain cases one does not know, in others with more or less probability, but in some cases with certainty. The absolute not knowing and the certain knowledge are objectively determined, but it is possible that one knows and does not know that one knows. But here, knowledge is defined by the following: <u>One knows and knows that one knows</u>, where the second implies the first.]

One divides the continuum into partially overlapping intervals in such a way that, for any observation, one can specify an interval that one knows it will fall into. Or into intervals that are such that one or two adjacent intervals can always be specified as having the property that the observed is certainly not outside of them. In this way, it is possible to assign measures [247] in a merely topologically given (i.e., given through orders of magnitude) continuum. In general, this procedure means: <u>restriction to such propositions that one knows (and of which one knows that one knows them): this already likely yields surprisingly many consequences.</u> Cf. p. 248.

Remark (Foundations): In order to show that there is a set of orders of growth of cardinality $\aleph_1$[266] which is not surpassed by any order of growth, it suffices to map every (monotonic) sequence $\{f\}$ of positive numbers that converges to 0 to an ordinal $O(f)$ such that:
1. $f \prec g \rightarrow O(f) \leq O(g)$
2. for every ordinal $\alpha$, there is an $f$ such that $O(f) \geq \alpha$.

Such a map could perhaps be obtained as follows: One maps every interval $I$ on the line to a number $n(I)$, namely the smallest number of a rational number that is contained in $I$, and maps every interval to a division, namely in the ratio [248] $1 : f_{n(I)}$. Let $O(f)$ be that ordinal which tells us how often one has to iterate this

---

264 A group germ is an equivalence class of local groups.
265 An Euclidean motion of a Euclidean vector space is defined as a distance-preserving, bijective, conformal, and affine map.
266 As already noted, Brouwer defended the claim that Cantor's second number class is not empty but does not exist as a completed totality.

\* On the one for all final segments of the sequence $f$.

division procedure in order to obtain a dense set of division points (perhaps the upper bound of all $O(f)$ for rational subintervals on the line\*).

Remark (Foundations): Every perception of a state of affairs is something positive. [Realizing that something is not perceived is perceiving other things that were perceived instead. Perhaps, negative judgments can only be recognized as true by recognizing sufficiently many positive judgments as true. In mathematics, the positive corresponds to the construction.[267] The non-presence of a construction can only be recognized by means of a construction.] When I successively direct my attention to the object and to my relation to the object, it is not clear *a priori* that anything at all must be perceived about this.\*\* [In this case, one would have to show: Unless one wants to lie, truthfully stating the proposition "I don't know" [249] implies a positive perception of my relation to the object.] But practically, there is always at least one proposition that I can truthfully make about the object or about my relation to it [e.g., in the above case, "I don't know for sure"]. But there are never two propositions of which I can always state exactly one [but likely two of which I can always state at least one] or three of which two are mutually exclusive.

\*\* This actually happens when one considers the sequence $P, \neg P$, I perceive $P$, I perceive $\neg P$, etc.

Remark (Foundations): Constructive introduction of coordinates: if a topology in the sense of an approximate distance is given. That is, refers to a transitive asymmetric relation $ab < cd$ (that is: is substantially smaller) on the basis of the axiom, if
$a \neq b$, then there is $c$ such that
$ac < ab$  $bc < ab$, and there is $d$ such that
$ab < ad$  $bd < ad$
[In the context of the above remark, this means: There is $cd$ for which this can be determined positively.]

[250]
Remark (Physics): Is there no existence proof for solutions, e.g., of the hydrodynamic equations,[268] which one obtains by assuming a

---

267  On 'mathematical state of affairs', cf. manuscript pages 226ff., remark philosophy 1; 250f., remark philosophy 1; 262f., remark foundations 1.
268  The most fundamental equations of hydrodynamics are Euler's equation for ideal fluids and Bernoulli's equation for steady flows of viscosity-free incom-

state of rest, then applying the existence theorems for analytical initial conditions (and analytical equations), and then forming $\lim_{t\to\infty}$ (but then the solution is perhaps not uniquely determined)? (Cf. the function $e^{-\frac{1}{|t|}}$)

Remark (Philosophy): In mathematics (at least in logic and arithmetic), there are very few perceivable states of affairs[269]. Therefore, it happens that $P$ and $P \supset Q$ are perceivable, but $Q^*$ is not (although $Q$ is comprehensible, i.e., the possibility of $Q$ is perceivable). Then the existence of $Q$ is perceivable,[270] although $Q$ itself is not (that is, an object is not identical to the existence of that object). What does one actually "see" [251] when one has demonstrated a proposition $A \subseteq B$ (where $A$, $B$ were defined in a complicated way) by a long proof at the moment one draws the last conclusion? Are there as few sensually perceivable states of affairs that one sees directly as there are mathematical ones?

* This likely does not exist, because $Q$ is simpler, but: $(\forall x)\phi(x)$ and not $\phi(a)$.

Question (Philosophy): 1. Is there also a "pure" psychology, which is a priori and to which the inner perceptions belong, just as there is a pure physics (doctrine of space and time)?**
2. The objects and states of affairs*** fall into three groups:
A.   sensual ones, which I see and thus also understand (and therefore also accept),
B.[271] sensual ones that I understand (i.e., I see the possibility).

** Concepts: time, *actus*, memory, perception.
*** Object = object and concept; the state of affairs is the composite of these elements.

---

pressible fluids. Other hydrodynamic equations include the Navier–Stokes equations, which extend Euler's equation of fluid mechanics.
269 On 'mathematical state of affairs', see above.
270 At the beginning of *Over de grondslagen* (*On the Foundations*), lower half of page 52, Brouwer comments as follows not on the perceptibility of mathematical states of affairs but on its consequences: "These sequences thereupon concentrate in the intellect into mathematical sequences, not *sensed* but *observed*. And human behaviour includes attempts to observe as many of these mathematical sequences as possible, in order, whenever in the real world intervention at an earlier member of such a sequence seems more successful than at a later member, to choose the earlier one as the guide for his actions, even when his instinct is only affected by the later one." In *Over de grondslagen*, p. 81: "[...]; die vervolgens zich in het intellect concentreeren tot niet *gevoelde*, doch *waargenomen* wiskundige volgreeksen. En het levensgedrag der menschen zoekt zooveel mogelijk van die wiskundige volgreeksen te kunnen waarnemen, om telkens, waar in de werkelijkheid bij een vroeger element van zulk een reeks met meer succes schijnt te kunnen worden ingegrepen, dan bij een later, ook dan, wanneer alleen bij dat latere het instinct wordt aangedaan, het eerste te kiezen als richting voor hun daden."
271 Curly bracket on the left, after which is written "B, C".

This implies that 1. I see the objects and concepts that occur in them and

2. the combinations in which they appear are not too complicated. Obviously, A ⊆ B (but perhaps also B ⊆ ¬A).

C. Those that I do not see, but which I understand and accept. (Does C exist?) [251'²⁷²]

D. Those that I neither see nor understand but accept (in a symbolic sense).

Fundamental problems of knowledge:
1.) What are the elements of the classes $A$ and $B$?
2.) And what are the reasons that induce me to accept anything else?
3.) Are the states of affairs and objects that one sees even expressible in our language in simple words (or at all)?
4.) Is the class of those that are seen and understood (in the light of ever new sense perceptions*) unchangeable, or can one "learn" to see new ones?

ad 2.) One reason is the inference $A$ is true → $A$ (this holds for *modus ponens*).[273]

Another one is that certain areas are isomorphic to certain others (e.g., sense perceptions and innate intuition of space) that induce me to accept that $A \to A'$. (The second reason is irrational?)

ad 4.) Apparently, one succeeds in discovering a new state of affairs by [252] directing one's attention to two previously seen ones →²⁷⁴ $A$, $A \supset B$) at the same time. Then, one sees the truth of $B$. Once a state of affairs is seen, one can observe it again purely from memory (in this way, the extension of the states of affairs that one sees? would be similar to the construction of a Möbius net[275]).

Remark (Foundations): The right definition of a point (so that each two points are indistinguishable[276]) should also have the con-

---

* In any case, sense perceptions are perceived objects, even if not yet the true "meanings" of these objects. This means that the relation to others is perceived, and the meaning cannot be perceived at all (but only assumed).

---

272 This page is not paginated by Gödel. The pagination only starts again on the next page and then with "252".
273 Ever since the Scholastics, the cut rule in formal logic has been known as modus ponens; it allows us to infer a proposition $B$ from the propositions $A$ and $A \to B$.
274 The arrow points to the bracket at the end of the remark.
275 A Desarguesian projective plane that is generated by four points is called a Möbius net.
276 See manuscript page 245 above.

sequence that only those properties that are orthogonally invariant[277] [or projectively invariant[278]] are definable. Moreover, perhaps also solution of the group-theoretical characterization and in general, this may be the key to solving geometrical problems. Here, a point must somehow be defined as a germ[279] of a Lie group.[280]

Problem: Does Dedekind continuity[281] follow from 1. homogeneity,[282] 2. density,[283] 3. density of a countable subset?[284] No (counterexample η). [→ bad.[285] But perhaps it follows from the fact that every countable dense subset is isotopic[286] to every other and that,

---

277 This means that the properties of mathematical objects are preserved by orthogonal transformations.
278 This means that the properties of mathematical objects are preserved by projective transformations.
279 Cf. remark foundations 1 on manuscript page 246.
280 A Lie group is a group on a differentiable manifold with smooth (differentiable) basic group operations.
281 Dedekind comments on this in *Continuity and Irrational Numbers*, translated by Wooster Woodruff Beman, Chicago (Open Court Publishing Company) 1901, p. 20: "Beside these properties, however, the domain ℝ possesses also continuity; i.e., the following theorem is true: IV. If the system ℝ of all real numbers breaks up into two classes $\mathcal{A}_1, \mathcal{A}_2$ such that every number $a_1$ of the class $\mathcal{A}_1$ is less than every number $a_2$ of the class $\mathcal{A}_2$ then there exists one and only one number $a$ by which this separation is produced." On 'continuity', cf. also manuscript page 242.
282 Cf., e.g., Arthur Schoenflies, "Geordnete Mengen", in: idem, *Die Entwicklung der Lehre von den Punktmannigfaltigkeiten. Zweiter Teil*, Leipzig (Teubner) 1908, p. 60: "Historisch geht die vorstehende Auffassung des Stetigkeitsbegriffs bekanntlich auf Dedekind zurück, der in dieser Weise eine strengere Theorie der Irrationalzahl begründete. Man kann seinen Grundgedanken folgendermaßen verallgemeinern. Man kann verlangen, eine gegebene linear geordnete Größenmenge durch Adjunktion neuer Größen zu einer ebenfalls linear geordneten Menge so zu erweitern, daß die erweiterte Menge gewisse Stetigkeitseigenschaften besitzt. Insbesondere wird man sich zweckmäßig auf Mengen homogener Natur beschränken."
283 Density means that, between any two elements of a set, there is always a third one; in this case, the ordering is called dense.
284 Karl Menger, *Dimensionstheorie*, Leipzig/Berlin (B. G. Teubner) 1928, p. 51: "Ist M eine gegebene Teilmenge des Raumes, so heißt die Teilmenge M' von M in M dicht, wenn jeder Punkt von M entweder Punkt oder Häufungspunkt von M' ist, [...] In jedem separablen Raum R existiert eine in R dichte abzählbare Teilmenge. Wählt man nämlich in jeder Menge des den Raum R definierenden abzählbaren Mengensystems S einen Punkt, so ist die Menge der so bestimmten Punkte abzählbar und, wie man leicht verifiziert, im Raum R dicht. – Jede Menge M ist dicht in ihrer abgeschlossenen Hülle $\overline{M}$."
285 An arrow points from the opening square bracket to "bad".
286 Cf. Karl Menger, *Dimensionstheorie*, Leipzig/Berlin (B. G. Teubner) 1928, p. 264: "Zwei Teilmengen A und B des Raumes R heißen *isotop*, wenn eine topologische Abbildung von R auf sich selbst existiert, welche A und B aufeinander abbildet. [...] Satz von der Isotopie der abzählbaren dichten Teilmen-

[253] for any point, one can construct a countable dense subset in which this point has a given approximation sequence.] <u>Or, every isomorphism of two dense countable subsets can be extended to one of the whole continuum.</u>

<u>Remark</u> (Philosophy): Is the relation of sensory impressions to the mathematical [conceptual] element the same as the relation of signified to sign? The "word" is higher, compared to the object. The $\in$-relation[287] would thus somehow be a special case of the meaning relation[288] [in any case, it is in close relation to the concept of truth]. Perhaps an iteration of *meta-* leads to a very simple system, which is the core of everything (like matter to form; the mathematical <u>is</u> the structure of the sensual; the sign is only what they have in common*).

* But the matter of the word is irrelevant; therefore directly: means the same as $\in$.

<u>Remark</u> (Foundations): Concepts that one should treat axiomatically (considered as basic concepts):
1. <u>rational language</u> [i.e., a meaning relation and evident axioms], thus, ultimately two sequences of propositions $p_a$  $p_{a_i}$, so that the $p_{a_i}$ is provable [on the basis of certain evident inference rules], [254]
2. absolutely definable,
3. absolutely provable (this is definable from 1.),
4. proposition,
5. concept (= 2.?).

<u>Remark</u> (Foundations): Perhaps having the right attitude towards a problem [seeing the problem in the right way] means seeing where the construction has to start. This is often different from the existential signs of the proposition, for example:
1.) Hahn's theorem,[289] according to which every larger system can be represented by well-ordered subsets of an ordered set of co-

---

gen von $R_n$: Je zwei abzählbare im $R_n$ dichte Teilmengen des $R_n$ sind isotop." Here, 'topological' means 'continuous'; cf. ibid., p. 288.

287 The relation 'is an element of the set' is expressed by the element symbol $\in$.
288 Cf. also the editor's notes to manuscript page 153, insertion at the top of the page.
289 Cf. theorem 1 by Hans Hahn in: idem, "Über lineare Gleichungssysteme in linearen Räumen", in: *Journal für die reine und angewandte Mathematik* 157 (1927), pp. 214–229, here p. 215. I am indebted to Karl Sigmund for pointing this out.

ordinates. Right attitude: Each such larger system of sufficient cardinality is universal for all those with a sufficiently smaller cardinality, that is: [255] The given proposition has the form $(\forall G)(\exists H, F)...$, where $H$ is a larger Hahn system and $F$ is an isomorphism to a part of it. However, what is proved is $(\forall G)(\forall H)[[\overline{G} \leq \overline{H} \to (\exists F).....]].$*

*And $(\forall G)(\exists H)[\overline{G} \leq \overline{H}]$.

2.) Construction of a circle that passes through a point and touches two lines [Apollonius' problem[290]]. One first constructs a circle that touches the two lines and then shifts it around.

In both cases, an auxiliary object is first constructed, one which satisfies a weaker condition and where the construction is trivial and infinitely ambiguous, and then an object satisfying the theorem is constructed for every object that satisfies this weak condition.

Psychological meaning: "for all there is" [256] is a construction which assigns one to any. By contrast, $(\forall x)\neg(\forall u)\neg$: the reductio ad absurdum[291] of $(\forall u)\neg$ for every single $x$.

Remark (Foundations): In order to make a proof surveyable and memorizable and "beautiful", one often needs to strengthen the lemmas (even though only a part of them is used). For example: introduction of dimension in projective geometry[292] through isometry of $(ab\ b)$ and $(a\ a + b)$, although this is only needed if $b$ is an immediate successor of $ab$. [It can also be necessary to split lemmas when different things are mixed together?]

Program (Philosophy): One should consider the most general concepts of psychology, logic, semantics, etc., and try to clarify their sense and to determine their mutual relations. And one should only assume as true [257] what is perfectly clear and explicitly formulate even trivialities and their consequences. Cf. p. 263.

290 The Apollonius problems are among the most famous problems of ancient geometry. The aim is to construct circles with a rule and compass that are tangent to three arbitrary given circles. Brouwer only mentions the Apollonius problems on p. 126, footnote 3, in *Over de grondslagen* (Engl. transl., p. 72, footnote 3).
291 A method for proving a proposition by demonstrating the inconsistency of its negation.
292 Projective geometry is concerned with invariant properties of geometric figures. These properties are invariant under projections of figures to another plane. In contrast to Euclidean geometry, there are no parallels in projective geometry.

Remark (Foundations): About meaning relation and denoting relation [*Bezeichnungsrelation*]:[293]

1. A reasonable requirement for the meaning relation $B$ is:
$B(\imath x)\phi(x) = (\imath x)W(\phi(x))$. Another is:
$B(a) = B(a') \to B\,\mathrm{Subst}\left(c\,\genfrac{}{}{0pt}{}{a}{a'}\right) = Bc$.

2. The same language can have different meaning relations, and even though one understands that language, it can be unclear which is the meaning relation of that language. Example: intensional and extensional interpretation of the *Principia* [through concepts and classes]. The extensional interpretation arises by identifying in the first one everything that is not distinguishable in the language. [258]

3. The meaning relation has nothing to do with psychology (also not with idealized psychology) [except that for Brouwer, the meanings of the mathematical propositions are psychological objects, as they are in psychology]. By contrast, Frege's "sense relation"[294] is not a meaning relation in this sense. This is because it does not meet requirement 1. and has something to do with psychology. Namely: sense($P$) = the psychological image of $P$ [which is immediately perceived] = the imagination induced by $P$.

End of reading Brouwer end of March 1942

Remark (Psychology): Example of false evidence: Even achieving eternal happiness[295] feels useless and pointless [when I do not feel well].

---

293   See above, manuscript page 253, remark philosophy. Cf. also Heinrich Gomperz, *Weltanschauungslehre, vol. 2, Noologie*, Jena (Eugen Diederichs) 1908, pp. 132ff. and 248ff.

294   In Gottlob Frege's essay "Sense and Reference", the following is stated on pp. 210–211 of the English translation: "The sense of a proper name is grasped by everybody who is sufficiently familiar with the language or totality of designations to which it belongs; but this serves to illuminate only a single aspect of the referent, supposing it to exist." Then on page 213: "The referent of a proper name is the object itself which we designate by its means; the conception, which we thereby have, is wholly subjective; in between lies the sense, which is indeed no longer subjective like the conception, but is yet not the object itself." And then on p. 215 of the English translation: "The thought, accordingly, cannot be the referent of the sentence, but must rather be considered as the sense." In footnote 5 on page 214, explaining 'thought', he writes: "By a thought I understand not the subjective performance of thinking but its objective content, which is capable of being the common property of several thinkers." The translation by Max Black appeared in: *The Philosophical Review* 57 (1948), pp. 209–230.

295   "Eternal hapiness" is written in English in the manuscript.

Remark (Philology[296]): Difference between perfect and imperfect (in German and English). Perfect = the present's past [hence, the being-no-more is emphasized]. [259] Imperfect = the past's present [hence, the previous being is emphasized]. Therefore, the imperfect is the narrative time.
In Greek:
aorist[297] → imperfect
perfect → perfect.
In Latin, both correspond to the perfect. Time is expressed through different kinds of truth [or of claims].

$\vdash_g P$    P is.[298]
$\vdash_v P$    P was.[299]

[These propositional signs can be iterated?]

Moreover, the time can be specified in the sentence itself, either by specifying a point in time or by the tense of the verb, and therefore:

$\vdash_g P_v$ = perfect[300] [301]
$\vdash_v P$ = imperfect[302]
$\vdash_v P_v$ = past perfect[303]

When one iterates their formation, then, for each sentence, there is a set of times which make the sentence true when inserted into the sentence; namely, the sentence is true [260] at certain times. →[304] {In the case of the perfect, the object of the proposition is the "shadow" of the event in the present,[305] hence the effect and not too long ago; considering the *aorist*, it is the past event

---

296 Alternative reading: Philosophy. This remark would seem to concern grammar, but as it is associated with a philosophical topic (the question of truth), this reading is also plausible.
297 The aorist is a past tense form in Ancient Greek. In Adolf Kaegi's *A Short Grammar of Classical Greek*, St. Louis, Mo (Herder) 1909, 5th edition, which is contained in Gödel's private library, we find the following on p. 42: "The indicative of the aorist has its proper place in narrative. It corresponds to the historical perfect in Latin."
298 'g' stands for 'present' (Gegenwart).
299 'v' stands for 'past' (Vergangenheit).
300 'g' stands for 'present' (Gegenwart).
301 'v' stands for 'past' (Vergangenheit).
302 'g' stands for 'present' (Gegenwart).
303 'v' stands for 'past' (Vergangenheit).
304 An arrow points from "certain times" to the following insertion at the top of the page.
305 The Greek perfect expresses the present result of a previous action. Due to the missing augment, it is not a past tense in the proper sense.

itself.³⁰⁶} But some combinations are meaningless [the point in time is only possible by specifying a simultaneous and preceding or succeeding event].

The imperfect, the present tense and the future tense, and only these, are meaningful without specifying a point in time [but also with such specification, assuming the point in time is appropriate]. A completely different distinction is that between ongoing and momentary [am reading³⁰⁷ and Latin imperfect]. The English present tense is timeless?

Remark (Philosophy): One sometimes feels that language is an imperfect image of the world of concepts in which many important things are missing, some things appear twice, and certain parts are overemphasized, and that the causes of this are very similar to those of visual sensory delusions [i.e., confusing concepts that are close to each other or at least in a relation of isomorphy]. On the other hand, the following knowledge rests on the identification of very isomorphic objects: [261] psychological images of objects and their relations = objects and their relations, word = meaning. Example of a flawed identification: vagueness and generality of a concept. Hence, the insight: "This is not the same" is very enlightening.

Reading Zweig³⁰⁸ (Mesmer, Baker, Freud)

Remark (Psychology): The observations of those who were born blind seem to demonstrate that there are indeed inborn relations between the different sensory spheres (and sensory spheres and concepts), albeit wrong ones: The morsel brought to the mouth appears to be tremendously big, distant objects appear smaller,

---

306   Page 133 of Adolf Kaegi (op. cit.) contains the following: "Historical Aorist: Being the tense of narration, it merely chronicles events that once came to pass." The aorist expresses an action as having occurred and as having been brought to a close.
307   "Am reading" is written in English in the manuscript.
308   This refers to Stefan Zweig's *Die Heilung durch den Geist*, Leipzig (Insel) 1931 (*Mental Healers. Franz Anton Mesmer, Mary Baker Eddy, Sigmund Freud*, New York (Ungar Publishing) 1962). Here, Zweig deals with the thinking of Franz Anton Mesmer, Mary Baker Eddy, and Sigmund Freud, whom he views as being connected to the extent that they were all concerned with healing through the spirit. The following remarks by Gödel are indirectly connected to Zweig's work.

the objects appear to move closer when one approaches them, the fence that one walks along appears to go along, ?also in the realm of emotions: the human face appears to be both ugly and frightening (the nose in particular), certain facial features appear "good-natured". The mirror image (in particular the fact that it mimics everything, e.g., comes closer) induces amusement.

[262]
Question (Jurisprudence): Is it possible to acquire something in a dishonest way without knowing it? For example, by not acknowledging someone as having stimulated certain thoughts, one has further ideas.

Can one publish things that were obtained in a dishonest way under one's own name?

In what sense is the acquisition in a spiritistic circle dishonest?

Dishonest acquisition = caused (by mechanical or legal laws) by things that one should not do (and of which one knows (*in abstracto* or in the particular case) that one shouldn't do them).

Remark (Psychology): If one wants power and believes that one wants truth, one will achieve neither one nor the other, because the upper and the lower psyche will work against each other in the cognition (imagination and decision) of the means.

Remark (Foundations): That which one calls an "idea" (proof idea) in mathematics is actually a state of affairs,[309] and in particular a state of affairs of the form $(\exists x)\phi(x)$. Thus, insofar as one identifies an object $\{\rightarrow^{310}$ (concept)$\}$ with [263] its existence, it is still an object, but together with its definition. (Elaborate more closely on the basis of an example.)

Remark (Philosophy): Examples where empirically given objects become "known":
1. all possible crystal systems,[311]
2. perhaps all possible languages?

---

309 On 'mathematical state of affairs', cf. manuscript pages 226ff., remark philosophy 1; 248, remark foundations 1; 250f., remark philosophy 1.
310 Arrow points from "object" to "concept".
311 There are seven crystal systems that are all related to the same axes of coordinates but differ with respect to their lattice parameters. They are applied in mineralogy, solid state physics, and solid state chemistry.

For example, the right grammar of the Latin language would then follow from the right definition of the Latin language. [The actual language is a mixture of the right language and human imperfection.] Moreover, one could perhaps read off the definition of the people from the definition of the language and the deficiencies of the people from the deficiencies of the language.

"Knowing" an object thus consists in finding the right definition [the right name] for it.

Perhaps it is possible to systematically answer such questions as: What are space and time? What is mathematics?[312] What are states of aggregation? etc. (From which basic concepts do the definitions then start?)

The knowledge of the first cause (of the primordial ground) [264] apparently makes it possible* to "know" all things (because whoever precisely knows the cause also knows all of its effects) and to "understand" all things. (Understanding is more than knowing insofar as understanding them also determines my behavior towards them.)

* This first cause is apparently a state of affairs and not an object.

The materialist worldview also yields an ultimate reason (the basic laws of physics), but this first cause is not at the same time a "primordial sense", but rather nonsense.

Remark (Philosophy): There may be a consistent theology [science of "being"[313] with evident axioms] in which the following is a theorem: There is no evil. This would permit the building-up of the empirical world, but incorrectly. Perhaps this is the basis of the Greek idea that God is "external" to the world[314] and also of the Bible's

---

312 Concerning the question of what constitutes mathematics, cf., for example, manuscript pages 183, remark foundations 1; 188, remark foundations 1; 198f.; 215, remark foundations 1; 216, remark foundations 1; 231f., remark foundations 2.

313 On the concept of God as the abstract being, see: Karl Rosenkranz, *Encyclopädie der theologischen Wissenschaften*, Halle (Schwetschke) 1845, 2nd edition, p. 19.

314 Cf. *Max XI*: "Remark (Theology): Leibniz's view that all substances except [15] God have bodies is a way of expressing the fact that God is 'outside the world'." And further: "Remark (Theology): That God stands 'outside the world' is shown by the following: [150] 1. He exists prior to all time. 2. He permanently creates all things. 3. He alone is necessary, but everything that is coincidental is anchored in Him. 2. and 3. show that God is principally different from all created beings."

words: *cognovit populum suum*,[315] *numquam cognovi vos*,[316] *verba mea non transibunt*.[317] [265] Hence, this appears to be the true theology (in contrast to the Manicheans).

Remark (Theology): Does "When I testify about myself, I do not speak the truth"[318] perhaps refer to theological paradoxes?

Remark (Theology): Is the principle of healing in Christian Science[319] perhaps the following?: One generates in the patient a belief in his recovery in such a way that he is right in believing in it. Then he must recover, as subjective and objective "right" need to agree (error only arises out of sin). [In particular, if the patient

---

315   No Bible passage containing "He knew his people" could be found.
316   "Numquam [cog]novi vos" (I never knew you) can be found in Matthew 7:21–23: "Non omnis, qui dicit mihi, Domine Domine intrabit in regnum caelorum: sed qui facit voluntatem patris mei, qui in caelis est, ipse intrabit in regnum caelorum. (22) Multi dicent mihi in illa die, Domine, Domine nonne in tuo nomine prophetavimus, et in tuo nomine daemonia, eiecimus et in tuo nomine virtutes multas fecimus? (23) Et tunc confitebor illis: Quia numquam [cog]novi vos: discedite a me, qui operamini iniquitatem." In: *Biblia Sacra secundum Vulgatam Clementinam edita*, vol. 5, *Novum Testamentum*, edited by Michael Hetzenauer, Regensburg (Pustet) 1922, p. 20. In the English translation, the text of Matthew 7:21–23 reads: "Not every one that saith unto me, Lord, Lord, shall enter into the kingdom of heaven; but he that doeth the will of my Father which is in heaven. Many will say to me in that day, Lord, Lord, have we not prophesied in thy name? and in thy name have cast out devils? and in thy name done many wonderful works? And then will I profess unto them, I never knew you: depart from me, ye that work iniquity" (Holy Bible, King James Version).
317   "Caelum et terra transibunt, verba autem mea non transibunt" (Mark 13:31). In: *Biblia Sacra secundum Vulgatam Clementinam edita*, vol. 5, *Novum Testamentum*, edited by Michael Hetzenauer, Regensburg (Pustet) 1922, p. 111. The English translation reads: "Heaven and earth shall pass away: but my words shall not pass away" (Holy Bible, King James Version).
318   John 8:13–14: "The Pharisees therefore said unto him, Thou bearest record of thyself; thy record is not true. Jesus answered and said unto them, Though I bear record of myself, yet my record is true: for I know whence I came, and whither I go; but ye cannot tell whence I come, and whither I go" (Holy Bible, King James Version).
319   The founder of this church, Mary Baker Eddy, believed that illness was an illusion that could be overcome through prayer. Cf. her book *Science and Health*, which appeared in 1875 (in German *Wissenschaft und Gesundheit mit Schlüssel zur Heiligen Schrift*, 1898), as well as *Die Heilung durch den Geist* [Mental Healers] by Stefan Zweig, op. cit., pp. 225ff. Gödel owned a copy of Mary Baker Eddy's *Science and Health, with Key to the Scriptures*, Boston (Trustees under the Will of Mary Baker G. Eddy) ©1934; and idem, *Unity of God and Other Writings*, Boston (Trustees under the Will of Mary Baker G. Eddy) ©1919.

believes: 1. All diseases are only caused by aberrations[320] and cease once the aberration ends. 2. In particular, giving up an erroneous opinion with respect to proposition 1. suffices for healing all diseases.[321]] Thereby, the sick person is raised to a higher level, and thus the healer is pushed out. If this cannot happen (for moral reasons), then animal magnetism[322] likely interferes, which "puts" the sick person "to sleep" and lets him hear something other than what [266] he is told. (But still recovery. But not lasting?)

<u>Remark</u> (Philosophy): Essence of time:* It allows for the identification of one thing with another [i.e., recognition] in the realm of mere sense data, insofar as the later experience is recognized as

* At the same time, the "purpose" of time thereby becomes known.

---

320 Cf. Stefan Zweig, *Mental Healers. Franz Anton Mesmer, Mary Baker Eddy, Sigmund Freud*, New York (Ungar Publishing) 1962, translated by Eden and Cedar Paul, p. 166: "What, in essence, is the world-shaking discovery […] One idea, and one only, is comprehensible in the formulation: 'unity of God and unreality of evil,' this meaning that nothing exists but God, and if this God is goodness there can be no such thing as evil. Consequently pain and illness are impossible; and if they appear to exist, that is due solely to the 'error' of the human senses."

321 Furthermore in Zweig's *Mental Healers*, p. 168: "Only Christian Science can help man by convincing him of his 'error,' by proving to him that illness and old age and death do not exist. As soon as the patient has grasped this 'truth,' this unprecedented new truth, as soon as he has heartily accepted it, his pain, his ulcer, his inflammation, his infirmity, whatever it may be, will have disappeared. 'When the sick are made to realize the lie of personal sense, the body is healed.'" On p. 168 of the English translation, Zweig calls this doctrine a turn to the absurd, an abandoning of the world of reason.

322 Mesmer wrote about 'animal magnetism'. According to him, an invisible *fluidum* can affect the nerves and the interior of the organism, and doctors can treat those who are ill by influencing this *fluidum* through magnetic forces or the laying on of hands. On pp. 48–49 of his book, Stefan Zweig simply cites Mesmer as follows with respect to this term: "Animal magnetism is not what medical men call a secret remedy. It is a scientific fact, whose causes and effects can be studied. I admit that so far I have not been able to unravel the whole mystery. And it is precisely because we are still in ignorance that it would be most unfair if men should set themselves up as judges in a matter they fail to understand. I do not need judges, but pupils. My whole object is to secure the support of some government courageous enough to give my methods a trial, to inaugurate a house where the sick may be treated and the claims I have made for animal magnetism be tested to the full. Further, I want to train a number of medical men in my methods, and I would leave it to the government to spread a knowledge of our discoveries. The manner of spreading such information, whether to the general public or to a restricted circle, whether slowly or rapidly, would be for the aforesaid government to decide. […] Conscious of my own rectitude of purpose, secure from any self-reproach, I am convinced that I shall be able to gather a small company around me […], and then I shall need no one's advice, and no one's interference with what I undertake. If I were to act otherwise, animal magnetism would become no more than a passing fashion."

identical to the earlier one. The memory of a former is the predicate. This is likely the only way in which different things can be perceived at the same time [spatially, there are also only comparisons, namely the memory of one is compared to the other = one-dimensionality of consciousness]. However, a third is also perceived at the same time, namely the "ground of knowledge",[323] and in the case of two premises, even several such reasons. But the "ground of knowledge" (the grounds of knowledge) are perhaps located in the subject, namely a disposition to make certain judgments without perceiving the cause of that disposition while making the judgment. This is at least the case in "natural"* thinking. Not so in the realm of the formal, where properties of signs [the premises] are perceived.

\* Contentual.

Question: Do the syllogisms play a role in natural thinking?

[267]
Remark (Philosophy): Because of the one-dimensionality of consciousness, only simple things can be perceived [perhaps two simple things, subject and predicate as actually one thing]. Hence, it is possible to perceive an object with parts as a whole without perceiving the parts. Or what is perceived of a composed object has no parts** (it is different from the object itself, just as images of the objects of the external world are different from those objects themselves).

\*\* Note the "overall impression" of an object, which is the simple image of the composed object.

Perhaps no object has parts in the actual sense, but only multiplicities have parts. The multiplicities, however, are not immediately perceived, but only their images. Or even the parts*** of the composed objects are not actually in them, but only in relation to them. They are only the multiplicity of parts corresponding to the composed object [thus, only this multiplicity has parts in the actual sense].

\*\*\* That is, that which one calls parts.

Understanding the proposition $\phi(a)$ would then mean: perceiving the unity that belongs to the multiplicity $\phi, a$ [by contrast, the pair would be this multiplicity].

---

323  I.e., *ratio cognoscendi*.

[268]
Remark (Psychology)?: In actual thinking, every proposition likely has the form $\phi(a)$, and the inferences are those of Aristotle,[324] or even fewer [therefore, the whole mathematical formalism must in principle be reducible to this].

Remark (Foundations): The concept is a unity by which the corresponding set (multiplicity) is grasped [because of the one-dimensionality of consciousness, only unities can be grasped].

But there is a difference between formal (mathematical) and empirical concepts.

Remark (Philosophy): Purely conceptual knowledge = not sensually (including inner sense[325]) perceivable ≡ a priori (apodictic) knowledge. ↑[326] This is different from sensual knowledge insofar as one cannot perceive arbitrary elements of the conceptual world in an arbitrary order, but one builds on the other [the conceptual world forms a web or a structure, not a multiplicity of objects]. More precisely, this means that only very little is actually perceived, and the rest is constructed (posited, assumed), for example by inferring $p$ from the perception of "being of $p$".

Positing (constructing) objects [269] that are different from sensations does not merely refer to the physical objects, the heteropsychological,[327] the "soul", but above all also to concepts and states of affairs.[328]

What is actually given (i.e., perceived) is only the sensory sensations and some (or very few) initial concept and initial state of affairs. But it is only the perception of these initial concepts and states of affairs* that induces me (on the basis of the sensations) to "posit" new concepts and states of affairs. For example: The sen-

---

* These give meaning to the proposition in the first place.

---

324 Aristotle's treatise of syllogistic inference is contained in Book I of his *Analytica priora*, chapters 1, 2, 4–7 and 45.
325 The concept of inner sense traces back to Aristotle (κοινὴ αἴσθησις, koinê aisthêsis) and refers to the type of inner perception that concerns perception of the sense organs. It thus stands for an organism's perception of its own perception. Cf. also *Philosophy I Maxims 0*, p. 208, problem 1.
326 Arrow points from below to "but there is a difference between formal (mathematical) and empirical concepts".
327 Cf. *Philosophy I Maxims 0*, pp. 184ff.; *Maxims III*, pp. 230, at the top; 322, item 8.
328 On 'states of affairs', cf. the editor's note to manuscript page 153, remark foundations 1.

sory perception that I have posited $P$ and $P \supset Q$ induces me to posit $Q$. [Perhaps on the basis of the further perception: I have posited: If $P$ and $P \supset Q$, then $Q$ for arbitrary $P, Q$.]

In this way, one constructs a "web" according to fixed rules, which reflects the whole world.[329] (Continuation p. 273.)

[270]

Remark (Foundations): The natural interpretation of the *Principia Mathematica* is the psychological one. That is, a class of natural numbers is a "way of behaving" [= procedure*] which allows it to construct from an arbitrary given number 0 or 1. The individual acts consist of material actions (which are determined by the given, the previous actions and the results of the previous actions), like a procedure for forging a ring from a given piece of gold.** A second interpretation is the "nominalistic" one, where classes are combinations of symbols (but where certain combinations of symbols are "understood" as propositions). A third interpretation is the "idealistic" one, where classes are "ideas" or "concepts" in the objective world of ideas. A fourth interpretation is the "extensional" one, where classes are infinite extensions.

* [271] More precisely, a construction procedure (or creative procedure).

** The theorems all have the form: When something is given and one applies a certain procedure, one obtains a certain result.

[271]

Insertion (Theology): At first it seems that evil exists, then it does not exist but the belief in it exists, then the iterated belief, etc. Does this not ultimately mean that the evil never exists in the object, but only in the subject? It vanishes once one makes it an object.

The objects of the nominalistic interpretation relate to those of the idealistic one [or the extensional one; those are the two "objective" ones] as signs relate to the signified; by contrast, the objects of the psychological interpretation relate as effect and cause, insofar as the concept is the regulator of the way of behaving. The way of behaving only becomes possible by having the concept "in front of you". But on the other hand, when one introspectively looks back on a way of behaving, one only sees this or the object to which it is directed, but not the object by which one is guided.

329  Cf. *Time Management (Maxims) I and II*, p. 469, remark 1.

Reason:

1.) Perhaps it does not exist, but one is driven by a dark instinct (created by the imagining of the descriptive symbols [272] and the intention (choice) to follow it).

2.) Perhaps the regulating concept is not an object at all but is located in the subject (in a way, one becomes this concept).

3.) Perhaps we only overlook this object due to the *iniquitas*[330] of observing, because it catches the eye less and lies outside of the *ego*.

The psychological interpretation is likely Frege's "sense". [More precisely, if $\phi(a)$ does not mean the application of the procedure $\phi$ to $a$ but the specific way of behaving that results from it, then this is the sense.]

It holds that: the sign determines the idea, the idea determines the behavior, the behavior determines the class [but not in the reverse order]. Hence, concerning degrees of "separation" into different categories, we have the following sequence:

word, idea, behavior, class. This likely corresponds to: divine, mental, spiritual, material.

Furthermore, there is the structure to the right of the class, but this is somehow very similar to the word (language structure).

It follows from the above sequence that ideas are not extensional, because [273] ways of behaving are not extensional.

Remark (Philosophy): {→[331] Extensions are pure multiplicities; insofar as they are units, they are not purely objective.} ?Perhaps identifying is the essence of the extensional, that is, an equation definition and therefore that which underlies all knowledge? (Or perhaps the "pure object" that is free of all subjective aspects (= meaning).)

Continuation of p. 269: The difference between that which is seen and that which is posited is easily overlooked in introspection, as 1. they determine the same behavior on my part, 2. in positing something, one also sees something [although not that which is posited], namely that this positing is reasonable. 3. Also, in seeing something, the proposition is "posited" but with a different

---

330 Cf. manuscript page 165, remark philosophy.
331 The arrow points from "Remark (Philosophy)" to the sentence in curly brackets, which is inserted at the top of the page.

ground of knowledge,[332] and it is appropriate to forget the grounds of knowledge because they play no role in the application [purpose of knowledge].

Remark (Philosophy): Are the extensions (= classes) definable from the ideas? The concept of class and the individual class [not by abstraction, as this presupposes the concept of class]. The definability of an object $a$ from others $b_1, \ldots, b_k$ can mean:
1. There is a unique description of $a$ using a combination of the [274] $b_i$,
2. $a$ is a combination of the $b_i$.

In the first sense, there can be different correct definitions; in the second sense, there can only be one. For 2., this must be a composition without "descriptions". An example of 2. would be the definition of a concept of class $K$ by $K(x) =_{Df} \phi(x)$ [composition of properties]. This equation can be correct while still being an incorrect definition [only extensionally, but not intensionally correct*]. Only if it is intensionally correct is it a definition in the sense of 1.

1. relates to 2. as an impredicative and a predicative definition. An impredicative definition (in the usual sense) in the idealistic interpretation describes a concept (not even uniquely), but it does not define it. <u>Are there</u> cases where 1. is possible and 2. is impossible? That would be biuniqueness and an existence proof without construction. 2. is an analysis and 1. a characterization; p. 277, bottom.

* That is, only for equivalence, but not for identity. In this case, $K$ is also not composed of the $b_i$.

The impredicative axioms do not hold for the psychological interpretation [Chwistek's [275] antinomy].[333] The false evidence that they still hold is exactly the same as Russell's antinomy in the extensional realm** [forming the set of all ways of behaving, or perhaps an overly strong "idealization" of the way of behaving] [one can decide whether something holds for all ways of behaving]. If one only assumes that, for a class of ways of behaving, one can decide for which members sets have a representative, then this leads to the axiom of reducibility, provided that the right side is extensional [contains no =]. (How about the nominalistic interpretation?)

** Thus also does not force one to give up the psychological interpretation.

332 I.e., *ratio cognoscendi*.
333 Cf. manuscript page 155 above, remark foundations 1.

Remark (Philosophy): What is the meaning of "idealization"?: thinking of something better than reality, replacing reality with it, and then behaving as if this better something were real [although it is not].

Here, the improvement consists in 1. omitting inessential aspects, 2. (and this is the main point?) supplementing in the sense of completeness by means of analogy and extrapolation* (analogy yields existence, extrapolation the essence of the $4^{th}$ member of a proportion).

Principles of sufficient reason are a special case.

$x : x' = y : y' \wedge x = x' \rightarrow y = y'$.

* Simplified. That is, identifying certain parts in the structure that are actually different (but not very different). This is ultimately the basis of conceptual thinking.

Remark (Philosophy): The psychological interpretation yields the right axioms on the basis of [276] two errors in reasoning: 1. One interprets psychologically, 2. one idealizes too strongly. General principle for nullification of two errors? That means: The world is constructed in such a way that, <u>when someone makes a mistake,</u>** <u>this has the consequence that he ends up in a situation where this mistake is an advantage</u>. Thus, one eventually reaches the goal if one continues in a similar way*** (just with a detour: logical spiral). All roads lead to Rome [?Perhaps it also follows from this that imprecise observations have the same result as precise ones↓334? No.]

** Check! Error in the choice of means is meant.

*** Does anything at all and does not lose sight of the goal.

Self-correction (self-annihilation) of error. Imprecision is not a mistake (*iniquitas*); thus it must lead to correct but imprecise results. It is just a less intensive observation.†

† This must yield a less intensive but correct picture.

Remark (Foundations): The concepts ($\exists x$), $\vee$, $\rightarrow$ are good; the concepts $\neg$, $\wedge$, ($\forall x$) are bad.

Remark (Foundations): It is conceivable that there is a layer of set theory for which everything is still decidable from an (albeit unprovable) axiom, for example the maximality axiom.[335]

---

334 Arrow from "as precise ones" to "imprecision" in the line below.
335 Rudolf Carnap, for example, used the term 'maximality axiom' to describe axioms such as Hilbert's axiom of completeness, which states that the objects of an axiomatic theory possess a certain maximality property in the sense that there is no more comprehensive system of objects that also satisfies the axioms of the theory. Cf. Rudolf Carnap and Friedrich Bachmann, "Über Extremalaxiome", in: *Erkenntnis* 6 (1936), pp. 166–188, here p. 166.

[277]

Remark (Foundations): Let us define: A symbol combination has a meaning if it is part of a sequence of syllables which, when listened to (with the intention of understanding), can change people's behavior, and two symbol combinations have the same meaning if they are substitutable for each other without changing the effect on the behavior. Thus certainly not all propositions have the same meaning. The meaning of a description is not the described object. All mathematical propositions mean the same thing to "idealized" humans, provided mathematics is tautological. Does everything that has a meaning stand in the meaning relation[336] to something?

Remark (Philosophy): An object $a$ is logically dependent on $b_1, \ldots, b_k$ if there is a correct explicit definition: $a = \phi(b_1, \ldots, b_k, b_{k+1}, \ldots, b_n)$* [and then only one]. That is, if $a$ can only be perceived [constructed]** after $b_1, \ldots, b_k$ have been perceived (constructed). The $b_i$ are then called <u>logically primary</u> (more fundamental, simpler) in relation to $a$. $a$ is then either composed [278] out of the $b_i$ or "generated" by the $b_i$ (i.e., the $b_i$ are the reasons for the existence of $a$; $a$ is the "child" of the $b_i$). That is, $a$ was created because of (or with regard to) $b_i$. The purpose of the being of $a$ lies in the $b_i$. [This relation is related to the fundamental relation of superordination, rule, ∈, meaning.] Obviously, the axiom of foundation[337] holds for this relation (at least, there are no circles).***

* Or perhaps a correct description of $a$ by its "essential" properties.
** "$a$" can be understood.

*** Definition: An object is called irreducible if it is not generated by anything → [279] or <u>primitive</u> or undefinable or simple.

p. 490[338]

---

336 On 'meaning relation', cf. the editor's note to manuscript page 153, insertion at the top of the page.
337 The classical formulation of the axiom of foundation is the following: Every non-empty class $K$ contains at least one element $x$ such that $K$ and $x$ have no elements in common. This excludes, inter alia, so-called circular sets, that is, sets that are (indirectly) elements of themselves. Gödel proved that the axiom of foundation for sets and the axiom of foundation for classes are equivalent.
338 The following remark can be found on manuscript page 490 of the notebook Max VII: "Remark (Philosophy): If $b$ is composed of $a_1, \ldots, a_k$, it does not yet follow that the substantial definition of $b$ is $b = a_1 + \ldots + a_k$. For example: Socrates consists of body, soul and mind, but the substantial definition needs to state his characteristic features. In a way, the parts are externally attached and only in a close interrelationship with him. On the other hand, an isomorphism between the parts of the essence and the external parts (physiognomy). A definition by means of the parts usually does not yield the essential definition. For example: St. Stephen's Cathedral is the church built by this or that ruler for this or that purpose. The property that it is still [491] standing

Remark (Philosophy): The finite extension and even the structure are immediately perceived. By contrast, an infinite extension can only be constructed by means of a concept or <u>by means of a way of behaving</u>.

Remark (Philosophy): In order to understand the psychological interpretation, the following is presupposed:
A.) In order to perceive the individual elements: certain forms of psychological objects [namely goals ↑[339]], where infinite (i.e., infeasible) goals appear as well. Finite extensions occur in the individual goals.
B.) In order to understand the states of affairs[340] that are expressed in the propositions,* one must perceive (or have constructed) the concept of these "forms of goals". [279]

    * Because of the quantifiers.

Every single such goal (and the concept of all of them) is tremendously complicated [insertion: <u>beauty is the unity in the multiplicity and the simplicity in the complexity</u>], but we are very familiar with it because we practice ways of behaving from early childhood on.

The simplicity** of an object and its psychological images have nothing to do with each other. 1.) the psychological image is something completely different; {[341]? 2.) the simplicity of an intentional[342] object means that we do not perceive parts in inner perception when the state is gone [not that none are present].} Thus, there can be very many <u>psychologically simple</u> or primitive objects, although there is perhaps only one irreducible object.

    ** = irreducibility.

Since every intentional object is a state of affairs that concerns the soul (more precisely, suffering), this means that $\phi$ is psychologically irreducible, unless there are $\phi$-distinct $\psi_1$ $\psi_2$ such that $\phi(S) = \psi_1(S) \wedge \psi_2(S)$. [The $\phi$ which correspond to the intentional objects are not closed under $\neg$, $\vee$, etc.]

---

is accidental. But the parts can usually be deduced from its substantial definition."
339  Arrow pointing upwards to "by means of a way of behaving".
340  On 'states of affairs', cf. the editor's note to manuscript page 153, remark foundations 1.
341  These curly brackets are Gödel's own.
342  Gödel uses the term 'intensional object' in particular in *Philosophy I Max 0*; cf. the editor's note to manuscript page 171. Here and below, however, it is written as 'intentional object', and thus 'int' is interpreted as 'intentional' here.

[280]
<u>Remark</u> (Philosophy): The analogy with oneself yields not only knowledge of what the other objects really are, but knowledge of the states of affairs concerning the other objects. →[343] {But perhaps the knowledge that the other objects are "souls" only means that they are active and suffer.} Those that concern myself* fall into two groups: perceiving (suffering) and acting. (The intentional object is merely a predicate that expresses suffering and applies to the soul.)

\* Elementary (irreducible) (primitive).

In Newtonian physics, the force acting on an atom is** the elementary suffering state of affairs, while the self-acceleration and effecting force is the active one. [?Or state of motion and position is the suffering, force (including inertia) is the active? (Or without inertia?) Every goal is directed towards others?] What actually happens is a mean of the goals of all atoms (with respect to oneself, the goal is to maintain the state of motion). In truth, the force further depends on the forces.

\*\* And the position of the atom relative to others.

<u>Remark</u> (Philosophy): One could also think that the intentional objects[344] are something physical (in the brain), but then the possibility that one perceives something contradicting to the brain state would be [empirically[345]] excluded. That is, an error with respect to intentional objects would be logically possible, which contradicts the concept of the intentional object.

<u>Question</u> (Philosophy): Is the state of affairs *cogito ergo sum*[346] (more precisely, the three [281] states of affairs *cogito, si cogito sum*,

---

343   Arrow points to the sentence inserted at the top of the page.
344   Alternative reading here and in the following: intensional objects. Cf. manuscript page 171. As mentioned there, Gödel uses the term 'intensional object' for the object that "lies within the I" and as that "which is perceived by the understanding", while 'intentional object' refers, e.g., to the perceived object or, as he writes above, "a state of affairs that concerns the soul".
345   Insertion E.-M. E. Most editorial insertions into the German text are not indicated as such in the translation; as this is a case of interpretation rather than a straightforward insertion, however, we have made an exception here. This insertion is motivated by a deleted phrase by Gödel which is placed behind "excluded" and reads as follows: "That is, there is or there would be (but only empirically)". "That is, there is or there would be" is crossed out, "(but only empirically)" is rubbed out.
346   For René Descartes, *cogito ergo sum* is the Archimedean point of thinking. It is Descartes' self-evident principle, contained in the *Meditationes de prima philosophia* in the sentence "ego sum, ego existo", because even when one

*sum*) perceived or constructed? In particular, is the *ego* perceived or constructed? – Similar to inner perceptions in general. →³⁴⁷ {In truth, one first perceives "something is there", then "I am", then "I think". The "ergo" is thus not the ground of knowledge (also not the real ground³⁴⁸) on the basis of which we first perceive it – also not the natural reason for knowing. Is the I a category of thinking or an object of inner sense?³⁴⁹}

<u>Question</u> (Philosophy): Are the objects or the states of affairs logically primary? Likewise: Are the points or the figures primary? – The same questions could perhaps be asked for the psychologically primary.

<u>Remark</u> (Foundations): Nominalistic interpretation: Let a language $S$ be given, one in which one can express everything. [Then the set of meaningful expressions is not recursive.] Furthermore, let a class $I$ of objects [called individuals*] be given [which have names in the above language, because everything is expressible]. Definition: An expression** (! belonging to $S$) $A$, which contains only symbols from $S$ and the symbol $x$ and is such that the meaning of $\text{Subst}(A_N^x)$ is a state of affairs for every name $N$ of an individual in $S$*** [i.e., there is $\alpha \in I$ such that [282] $NB_S\alpha$ →³⁵⁰ {$B_S$ is the meaning relation in $S$}]: then $A$ is called a propositional function of the 1ˢᵗ type.† Obviously, there is a state of affairs $\neg a$ for every state of affairs $a$, so that $a \in W \leftrightarrow (\neg a) \notin W$; likewise for $\vee, \wedge$. Furthermore, if $A$ is a propositional function of the first type, then there is a state of affairs $a$ such that $a \in W \leftrightarrow (\forall N)[N \in$ individual name $\rightarrow \text{Subst}(A_N^x) \in$ name of a true state of affairs].

If a function $f$ is defined such that, for every individual $a$, $f(a)$ is a state of affairs, then there is a propositional function $A$ such that $(A_N^x) \in Na$³⁵¹ of a true state of affairs $\leftrightarrow f(B_S(N)) \in W$ for all $N \in Na$ of an individual.

---

\* This could perhaps also be the class of all things, but then there is perhaps no propositional function of a higher type.
\*\* That is, a finite sequence of signs.
\*\*\* Hence, a class $T$ of [possible] states of affairs is also given, along with a sub- [283] class $W \subset T$ of the true states of affairs.
† Likewise for several variables and for variables other than $x$.

---

thinks that one is being deceived, one is thinking something – and there must be something that is deceived in its judgments.

347 The arrow points to the sentence inserted at the top of the page.
348 In German, both the reason for being (*ratio essendi*) and the reason for becoming (*ratio fiendi*) are called real grounds [*Realgründe*].
349 See the editor's note to manuscript page 268, remark philosophy.
350 An arrow points to the next sentence, inserted in the margin at the top of the page.
351 "Na" stands for 'name'.

Question Foundations: What can be derived in a system with the fundamental concepts?: $I$ {individual}, $T$ {state of affairs}, $W$ {true state of affairs}, $B_S$ {meaning}, $S^\dagger$ and the operation of concatenation * (from which substitutions are definable), [283] and the axioms?:

$\dagger$ $S$ set of sign combinations [closed [238] under *] from $S_p$ (set of meaningful sign combinations definable; i.e., $S_p$ is the set of meaningful sentences).

{0. $W \subseteq T \subseteq I$}

1. Set of states of affairs closed under $\neg, \vee, \wedge$ with corresponding definition.

2. If $f(x)$ for every $x \in I \in T$, then there is a state of affairs $u$ such that $u \in W \leftrightarrow (\forall x)[x \in I \supset f(x) \in W]$.

3. Every object and every concept has a name, from which it follows that:

3.' If $f(x) \in T$ for every $x \in I$, then there is a propositional function $A$ such that:

$\left(A_N^x\right) \in$ name of a true state of affairs $\leftrightarrow f(x) \in T$

and $\left(A_N^x\right) \in$ name of a state of affairs for all $N \in$ name of an individual.

3." There is a propositional function $\mathscr{L}$ with two variables $\{x,y\}$, such that

$B_S[\mathscr{L}(\underset{Na(a)}{x} \underset{Na(b)}{y})] \in W \equiv a\, B_S\, b$.[352]

This system is obviously inconsistent. But, if 3. is given up and replaced by: (Leśniewski?) [284]

1. Closure of $S_p$ under $\neg, \vee, \wedge$, that is, for every $x \in S_p$ there is $y \in S_p$ such that
$y \in W' \leftrightarrow x \notin W'$.**

** $x \in W' \leftrightarrow_{Df} B_S(x) \in W$.

2. If $K$ is a syntactically characterizable class of sign combinations and $K \subseteq S_p$, then there is $a \in S_p$ such that $a \in W' \leftrightarrow (\forall x)[x \in K \to x \in W']$.

3. The set of individual names (or object names?) is syntactically characterizable.

4. The syntactical propositions about sign combinations are expressible in the language. This likely yields a system with a simple type theory (without type-commingling***) and with the axiom of reducibility, but the following is likely necessary:

*** In Frege's sense.

5. If every individual $a$ is assigned an $f(a) \in S_p$ in a syntactical way, then there is a propositional function $\phi$ such that: [285]

---

352 Cf. example page from *Max IV* at the beginning of this volume.

$\phi\binom{x}{a} \in W' \equiv f(a) \in W'$ [and generalizations for higher types].

[286]
Strange coincidences:[353]
1. Tarski is just talking about what is wrong or unclear in my remarks {about conversations with him}.
2. Poem about a soldier in the field [left alone].
3. On the day after I start reading Baker's biography,[354] I feel especially good.

[Addendum 1]
1. Antinomy of the existence of evil and freedom of the will solved by the theory of types [what is the right answer in this or that world?].
2. Replication and reflection of the beings (images of God).
3. Fatigue of feeling for language similar to that of the eye.
4. Analysis of object and adverbial determinations (difference).
5. Literal insertion only needs to respect the "context of meaning".

A: 0. Refutation of: not ill, disingenuous, reluctant to sleep next to her, martyr, bed psychosis.[355]
1. I see certain things clearly through science.
2. The world is ugly, if: eyes open or temptation? No right?
3. Truth is the nutrition of the soul.
4. Two human beings of the same character.
5. I indolent.

---

353 Cf. also 'strange coincidences' in: *Time Management (Maxims) I and II*, pp. 474f., l. 8ff.; addendum II, 6, p. 480, l. 5 f; *Maxims III*, p. 320, first and last paragraphs.
354 Gödel owned a copy of Mary Baker Eddy's *Retrospection and Introspection. Rückblick und Einblick*, English–German Edition, Boston (Trustees under the will of Mary Baker G. Eddy) 1934. However, this could also refer either to the respective passage on Mary Baker Eddy in Stefan Zweig's book *Die Heilung durch den Geist* or to the biography *A Life Size Portrait* by Lyman P. Powell, New York (The Macmillan Company) 1930, for which, however, Gödel filled in a request form only in 1942, or to *The Life of Mary Baker Eddy* by Sibyl Wilbur, New York (Concord Publishing) 1908.
355 Probably a general mental disorder is meant here that is associated with restlessness and insomnia.

[Addendum 2[356]]

11. ~~Perhaps all propositions of set theory are decidable on the basis of a maximality axiom.~~
12. This is all already contained in the concept of extension?
13. Understanding the psychological interpretation presupposes zero understanding of "extension"?
14. The infinite extensions are no worse extrapolations of that which is physically given than the psychological interpretation is of that which is psychologically given, and it is the more direct way.
15. ~~The concepts $\exists, \vee, \rightarrow$ are good; the concepts $(\forall x), \wedge, \neg$ are bad.~~
16. ~~Chwistek's antinomy is nothing but Russell's antinomy for the intentional (thus also does not force us to give up the psychological interpretation).~~
17. ~~A proposition is meaningful because used in communication; therefore, it means something (something non-material).....~~

---

356  At the top of the page, Gödel has drawn seven stars, one 'house of Santa Claus', one pentagon and three formulas. The 'house of Santa Claus' (*Haus vom Nikolaus*) is a puzzle, well known in Germany, the task of which is to draw a certain house-like figure composed of six straight line segments in one stroke and without repeating a line.

# Biographische Skizzen – Biographical Vignettes

**Aristoteles/Aristotle:** Stagira (Thrakien) 384 v. Chr. – Chalkis (Euböa) 322 v. Chr. *Griechischer antiker Philosoph.*
384 BC in Stagira (Thrace) – 322 BC in Chalcis (Euboea). *Ancient Greek philosopher.*

**Baire, René Louis etc.:** Paris 21. Januar 1874 – Chambéry 5. Juli 1932. *Französischer Mathematiker. Baire ist vor allem für den Baireschen Kategoriensatz bekannt.*
January 21, 1874 in Paris – July 5, 1932 in Chambéry. *French mathematician. It is the Baire category theorem for which he is mostly known.*

**Baker Eddy, Mary:** Bow, New Hampshire 16. Juli 1821 – Chestnut Hill, Massachusetts 3. Dezember 1910. *Amerikanische Autorin, Religionsoberhaupt und Gründerin der Church of Christ, Scientist.*
July 16, 1821 in Bow, New Hampshire – December 3, 1910 in Chestnut Hill, Massachusetts. *American author, religious leader, and founder of the The Church of Christ, Scientist.*

**Bernays, Paul:** London 17. Oktober 1888 – Zürich 8. September 1977. *Deutsch-Schweizer Mathematiker und Logiker. Bernays war neben seinen mathematischen Arbeiten zu den Grundlagen der Mathematik und zur axiomatischen Mengenlehre philosophisch engagiert. Er unterstützte die Verbreitung der Philosophie von Leonard Nelson und war Mitbegründer der philosophischen Zeitschrift ›Dialectica‹.*
October 17, 1888 in London – September 8, 1977 in Zurich. *German-Swiss mathematician and logician. Besides his work in the foundations of arithmetic and axiomatic set theory Bernays was engaged in philosophy. He supported the philosophy of Leonard Nelson and was co-founder of the philosophical journal ›Dialectica‹.*

**Borel, Félix Édouard Justin Émile:** Saint-Affrique (Midi-Pyrénées) 7. Januar 1871 – Paris 3. Februar 1956. *Französischer Mathematiker. Nach ihm sind die Borel-Mengen benannt.*
January 7, 1871 in Saint-Affrique (Midi-Pyrénées) – February 3, 1956 in Paris. *French mathematician. The Borel sets are named after him.*

**Brouwer, Luitzen Egbertus Jan:** Overschie (Rotterdam) 27. Februar 1881 – Blaricum 2. Dezember 1966. *Niederländischer Mathematiker und Philosoph, Begründer des Intuitionismus in der Philosophie der Mathematik, bedeutender Topologe und Mengentheoretiker.*
February 27, 1881 in Overschie (Rotterdam) – December 2, 1966 in Blaricum. *Dutch mathematician and philosopher, founder of intuitionism in the philosophy of mathematics, eminent topologist and set theorist.*

**Cantor, Georg Ferdinand Ludwig Philipp:** Sankt Petersburg 19. Februar (jul.) / 3. März (greg.) 1845 – Halle (Saale) 6. Januar 1918. *Deutscher Mathematiker. Cantor ist der Begründer der Mengenlehre.*
March 3, 1845 in Saint Petersburg – January 6, 1918 in Halle (Saale). *German mathematician. Cantor is the founder of set theory.*

**Church, Alonzo:** Washington, D.C. 14. Juni 1903 – Hudson, Ohio 11. August 1995. *US-amerikanischer Mathematiker, Logiker und einer der Begründer der theoretischen Informatik. Bekannt ist er u. a. für die Entwicklung des Lambda-Kalküls, die Church–Turing-These, den Nachweis der Unentscheidbarkeit des Entscheidungsproblems sowie den Satz von Church–Rosser.*
June 14, 1903 in Washington, D.C. – August 11, 1995 in Hudson, Ohio. *American mathematician, logician, and one of the founders of theoretical computer science. He is inter alia known for the lambda calculus, the Church–Turing thesis, for proving the undecidability of the Entscheidungsproblem, and the Church–Rosser theorem.*

**Chwistek, Leon:** Krakau 13. Juni 1884 – Barwicha bei Moskau 20. August 1944. *Polnischer Mathematiker, Logiker, Maler, Kunsttheoretiker und Philosoph.*
June 13, 1884 in Kraków – August 20, 1944 in Barwicha near Moscow. *Polish mathematician, logician, painter, theoretician of art, and philosopher.*

**Dedekind, (Julius Wilhelm) Richard:** Braunschweig 6. Oktober 1831 – Braunschweig 12. Februar 1916. *Deutscher Mathematiker. Er leistete wichtige Beiträge u. a. zur abstrakten Algebra, zur axiomatischen Begründung der natürlichen Zahlen, zur algebraischen Zahlentheorie und zur Definition der reellen Zahlen.*
October 6, 1831 in Brunswick – February 12, 1916 in Brunswick. *German mathematician. He made important contributions inter alia to abstract algebra, axiomatic foundations for the natural numbers, algebraic number theory, and the definition of the real numbers.*

**Descartes, René:** La Hayne (Touraine) 31. März 1596 – Stockholm 11. Februar 1650. *Französischer Philosoph, Mathematiker und Naturwissenschaftler.*
March 31, 1596 in La Hayne (Touraine) – February 11, 1650 in Stockholm. *French philosopher, mathematician, and scientist.*

**Dirichlet, Johann Peter Gustav Lejeune:** Düren 13. Februar 1805 – Göttingen 5. Mai 1859. *Deutscher Mathematiker, zu dessen Spezialgebieten die Analysis und die Zahlentheorie gehörten.*
February 13, 1805 in Düren – May 5, 1859 in

Göttingen. *German mathematician, his areas of expertise were analysis and number theory.*

**Einstein, Albert:** Ulm 14. März 1879 – Princeton, New Jersey 18. April 1955. *Deutsch-amerikanischer Physiker. Begründer der Relativitätstheorie.*
March 14, 1879 in Ulm – April 18 1955 in Princeton, New Jersey. *German-American physicist. Developed the theory of relativity.*

**Fermat, Pierre de:** Beaumont-de-Lomagne Ende 1607 – Castres 12. Januar 1665. *Französischer Mathematiker und Jurist, vor allem in der Zahlentheorie einflussreich.*
1607 in Beaumont-de-Lomagne – January 12, 1665 in Castres. *French mathematician and lawyer, especially influential in number theory.*

**Frege, (Friedrich Ludwig) Gottlob:** Wismar, 8. November 1848 – Bad Kleinen, 26. Juli 1925. *Deutscher Mathematiker, Logiker und Philosoph.*
November 8, 1848 in Wismar – July 26, 1925 in Bad Kleinen. *German mathematician, logician, and philosopher.*

**Fries, Jakob Friedrich:** Barby (Elbe) 23. August 1773 – Jena 10. August 1843. *Deutscher Philosoph, Logiker, Mathematiker und Physiker.*
August 23, 1773 in Barby – August 10, 1843 in Jena. *German philosopher, logician, mathematician, and physicist.*

**Gauß, (Johann) Carl Friedrich:** Braunschweig 30. April 1777 – Göttingen 23. Februar 1855. *Deutscher Mathematiker und Physiker.*
April 30, 1777 in Braunschweig – February 23, 1855 in Göttingen. *German mathematician and physicist.*

**Gödel, geb. Porkert, geschiedene Nimbursky, Adele:** Wien 4. November 1899 – Princeton, New Jersey 4. Februar 1981. *Ehefrau von Kurt Gödel von 1938 bis 1978.*
November 4, 1899 in Vienna – February 4, 1981 in Princeton, New Jersey. *Wife of Kurt Gödel from 1938 to 1978.*

**Gomperz, Heinrich:** Wien 18. Januar 1873 – Los Angeles, Kalifornien 27. Dezember 1942. *Österreichischer Philosoph, Begründer des Gomperz-Kreises, an dem auch einige Mitglieder des Wiener Kreises teilgenommen haben. Heinrich Gomperz war Sohn des Altphilologen Theodor Gomperz. Gödel führt Gomperz im Grandjean-Fragebogen neben dem Mathematiker Philipp Furtwängler als einen der beiden Lehrer an, die ihn in seinem Denken beeinflusst haben.*
January 18, 1873 in Vienna – December 27, 1942 in Los Angeles, California. *Austrian philosopher, founder of the Gomperz Circle that was also attended by some of the members of the Vienna Circle. Heinrich Gomperz was a son of the classical philologist Theodor Gomperz. Gödel describes Gomperz in the Grandjean questionnaire, besides the mathematician Philipp Furtwängler, as one of the two teachers who influenced his thinking.*

**Hahn, Hans:** Wien 27. September 1879 – Wien 24. Juli 1934. *Österreichischer Mathematiker und Philosoph, Doktorvater u. a. von Kurt Gödel und Karl Menger. Mitbegründer des Wiener Kreises.*
September 27, 1879 in Vienna – July 24, 1934 in Vienna. *Austrian mathematician and philosopher, Ph.D. supervisor of Kurt Gödel and Karl Menger inter alia. Hahn was one of the founders of the Vienna Circle.*

**Hegel, Georg Wilhelm Friedrich:** Stuttgart 27. August 1770 – Berlin 14. November 1831. *Deutscher Philosoph.*
August 27, 1770 in Stuttgart – November 14, 1831 in Berlin. *German philosopher.*

**Herbrand, Jacques:** Paris 12. Februar 1908 – La Bérarde 27. Juli 1931. *Französischer Logiker, Algebraiker und Zahlentheoretiker.*
February 12, 1908 in Paris – July 27, 1931 in La Bérarde. *French logician, algebraist, and number theorist.*

**Hilbert, David:** Königsberg 23. Januar 1862 – Göttingen 14. Februar 1943. *Deutscher Mathematiker.*
January 23, 1862 in Königsberg – February 14, 1943 in Göttingen. *German mathematician.*

**Jordan, (Marie Ennemond) Camille:** Lyon 5. Januar 1838 – Paris 21. Januar 1922. *Französischer Mathematiker, der für seine Beiträge zur Analysis, Gruppentheorie und Topologie bekannt ist.*
January 5, 1838 in Lyon – January 21, 1922 in Paris. *French mathematician He is known for his contributions in analysis, group theory and topology.*

**Kant, Immanuel:** Königsberg 22. April 1724 – Königsberg 12. Februar 1804. *Deutscher Philosoph.*
April 22, 1724 in Königsberg – February 12, 1804 in Königsberg. *German philosopher.*

**Lebesgue, Henri Léon:** Beauvais 28. Juni 1875 – Paris 26. Juli 1941. *Französischer Mathematiker, Begründer der Maßtheorie, bekannt für seine Integrationstheorie.*
June 28, 1875 in Beauvais – July 26, 1941 in Paris. *French mathematician, founder of measure theory, known for his theory of integration.*

**Leibniz, Gottfried Wilhelm:** Leipzig 1. Juli 1646 – Hannover 14. November 1716. *Deutscher Philosoph und Universalgelehrter.*
July 1, 1646 in Leipzig – November 14, 1716 in Hanover. *German philosopher and polymath.*

**Locke, John:** Wrington (Somerset) 29. August 1632 – Oates (Essex) 28. Oktober 1704. *Englischer Philosoph.*
August 29, 1632 in Wrington (Somerset) – October 28, 1704 in Oates (Essex). *English philosopher.*

**Mesmer, Franz Anton:** Iznang (Bodensee) 23. Mai 1734 – Meersburg (Bodensee) 5. März 1815. *Deutscher Arzt und Naturphilosoph.*
May 23, 1734 in Iznang (Lake Constance) – March 5, 1815 in Meersburg (Lake Constance). *German physician and natural philosopher.*

**Mostowski, Andrzej:** Lemberg 1. November 1913 – Vancouver 22. August 1975. *Polnischer Mathematiker und Logiker. In vorliegendem Kontext sind insbesondere seine Arbeiten zum Zermelo–Fraenkelschen Axiomensystem, zur algebraischen Deutung der Logik und zur mehrwertigen Logik zu erwähnen. Zudem hat er eine umfassende Darstellung des Gödelschen Unvollständigkeitssatzes verfasst.*
November 1, 1913 in Lvov – August 22, 1975 in Vancouver. *Polish mathematician and logician. In the given context his work in Zermelo–Fraenkel set theory, in algebraic set theory, and in many-valued logic is especially noteworthy. Moreover, he has presented a comprehensive presentation of Gödel's incompleteness theorem.*

**Neumann, John von (Baron Johann von, bzw. János Lajos Neumann von Margitta):** Budapest 28. Dezember 1903 – Washington, D. C. 8. Februar 1957. *Ungarisch-amerikanischer Mathematiker. Bekannt für seine Beiträge zur Logik, Funktionalanalysis, Quantenmechanik und Spieltheorie.*
December 28, 1903 in Budapest – February 8, 1957 in Washington, D. C. *Hungarian-American mathematician. Known for his contributions in logic, functional analysis, quantum mechanics, and game theory.*

**Newton, Isaac:** Woolsthorpe-by-Colsterworth in Lincolnshire 25. Dezember 1642 (jul.) / 4. Januar 1643 (greg.) – Kensington 20. März 1726 (jul.) / 31. März 1727 (greg.). *Englischer Naturforscher.*
January 4, 1643 in Woolsthorpe-by-Colsterworth in Lincolnshire – March 31, 1727 in Kensington. *English natural scientist.*

**Peano, Giuseppe:** Spinetta 27. August 1858 – Turin 20. April 1932. *Italienischer Mathematiker und Logiker. Die Standardaxiomatisierung der natürlichen Zahlen ist nach ihm mit Peano-Axiome benannt.*
August 27, 1858 in Spinetta – April 20, 1932 in Turin. *Italian mathematician and logician. The standard axiomatization of the natural numbers is named the Peano axioms.*

**Platon/Plato:** Athen (oder Ägina) 428/427 v. Chr. – Athen 348/347 v. Chr. *Griechischer antiker Philosoph.*
428/427 BC in Athens (or Aegina) – 348/347 BC in Athens. *Ancient Greek Philosopher.*

**Richard, Jules Antoine:** Blet 12. August 1862 – Châteauroux 14. Oktober 1956. *Französischer Mathematiker, der insbesondere für das Richardsche Paradoxon bekannt ist.*
August 12, 1862 in Blet – October 14, 1956 in Châteauroux. *French mathematician, who is known for Richard's paradox.*

**Riemann, (Georg Friedrich) Bernhard:** Breselenz bei Dannenberg (Hannover) 17. September 1826 – Selasca (Lago Maggiore) 20. Juli 1866. *Deutscher Mathematiker, mathematischer Physiker und Naturphilosoph, der bahnbrechende Leistungen auf dem Gebiet der Geometrie, der Funktionentheorie, der Zahlentheorie und der mathematischen Physik erbracht hat.*
September 17, 1826 in Breselenz (Hanover) – July 20, 1866 in Selasca (Lago Maggiore). *German mathematician, mathematical physicist, and natural philosopher who made major contributions to geometry, complex analysis, number theory, and mathematical physics.*

**Russell, Bertrand (Arthur William):** Trellech (Wales) 18. Mai 1872 – Penrhyndeudraeth (Wales) 2. Februar 1970. *Britischer Philosoph, Mathematiker und Logiker.*
May 18, 1872 in Trellech (Wales) – February 2, 1970 in Penrhyndeudraeth (Wales). *British philosopher, mathematician, and logician.*

**Schopenhauer, Arthur:** Danzig 22. Februar 1788 – Frankfurt am Main 21. September 1860. *Deutscher Philosoph.*
February 22, 1788 in Gdańsk – September 21, 1860 in Frankfurt. *German philosopher.*

**Sokrates:** Athen um 470 v. Chr. – Athen 399 v. Chr. *Griechischer antiker Philosoph, Lehrer Platons.*
470 BC in Athens – 399 BC in Athens. *Ancient Greek philosopher, teacher of Plato.*

**Stone, Marshall Harvey:** New York 8. April 1903 – Madras, Indien 9. Januar 1989. *US-amerikanischer Mathematiker, der in der Funktionalanalysis, der reellen Analysis, Boolescher Algebra und Topologie gearbeitet hat.*
April 8, 1903 – January 9, 1989 in Madras, India. *American mathematician, who has worked in functional analysis, real analysis, Boolean algebra, and topology.*

**Suslin, Michail Jakowlewitsch:** Krassawka bei Saratow 3. November (jul.) / 15. November (greg.) 1894 – Moskau 21. Oktober 1919. *Russischer Mathematiker, der wichtige Beiträge zur Maßtheorie und deskriptiven Mengenlehre geliefert hat.*
November 15, 1894 in Krasavka – 21 October 1919 in Moscow. *Russian mathematician who made major contributions to the fields of measure theory and descriptive set theory.*

**Tarski, Alfred:** Warschau 14. Januar 1901 – Berkeley, Kalifornien 26. Oktober 1983. *Polnisch-amerikanischer Mathematiker und Logiker. Vor dem Zweiten Weltkrieg einer der Hauptvertreter der Lemberg–Warschau-Schule.*

January 14, 1901 in Warsaw – October 26 in Berkeley, California. *Polish-American mathematician and logician. He was one of the main representatives of the Lvov–Warsaw school.*

**Thomas von Aquin/Thomas Aquinas:** Roccasecca 1224 – Fassanova 7. März 1274. *Mittelalterlicher Philosoph und Theologe.*

1224 in Roccasecca – March 7, 1274 in Fassanova. *Medieval philosopher and theologian.*

**Zenon von Elea:** Elea um 495 v. Chr. – 445. v. Chr. *Antiker griechischer Philosoph, Schüler des Parmenides, bekannt für seine Paradoxien.*

Around 495 BC in Elea – around 445 BC. *Ancient Greek philosopher, student of Parmenides, known for his paradoxes.*

**Zweig, Stefan:** Wien 28. November 1881 – Petrópolis, Bundesstaat Rio de Janeiro 23. Februar 1942. *Österreichischer Schriftsteller.*

November 28, 1881 in Vienna – February 23, 1942 in Petrópolis, state Rio de Janeiro. *Austrian writer.*

Literaturverzeichnis und Werkregister –
References and Index of References

**Aristoteles:** ›Analytica posteriora‹ (Zweite Analytik).
**Aristoteles:** ›Analytica priora‹ (Erste Analytik).
**Aristoteles:** ›De anima‹.
**Aristoteles:** ›Opera omnia‹, Bd. 3, hrsg. v. Immanuel Bekker, Berlin (Georg Reimer) 1883. *Der Band enthält lateinische Renaissance-Übersetzungen u. a. von: Organon, De anima, De animalium, De interpretatione, De memoria et reminiscentia, Metaphysica, De sensu et sensili und De spiritu. Gödel hat hierfür am 2. April 1937 sowie am 5. Juli 1938 einen Bestellschein ausgefüllt.*
**Aristoteles:** ›Drei Bücher über die Seele‹, hrsg. und übers. von Julius Hermann von Kirchmann, Berlin (Heimann) 1871.
**Baker Eddy, Mary:** ›Science and Health‹, Boston, Mass (Christian Scientist Publishing Company) 1875.
**Baker Eddy, Mary:** ›Unity of God and Other Writings‹, Boston (Trustees under the Will of Mary Baker G. Eddy) 1919.
**Baker Eddy, Mary:** ›Science and Health, with Key to the Scriptures‹, Boston (Trustees under the Will of Mary Baker G. Eddy) 1934. *Das Buch befindet sich in Gödels Privatbibliothek.*
**Baker Eddy, Mary:** ›Retrospection and Introspection. Rückblick und Einblick‹, English-German Edition, Boston (Trustees under the will of Mary Baker G. Eddy) 1934. *Das Buch befindet sich in Gödels Privatbibliothek.* 135, 262
**Bernays, Paul:** »A System of Axiomatic Set Theory I«, in: ›Journal of Symbolic Logic‹ 2 (1937), S. 65–77.
**Bolzano, Bernard:** ›Wissenschaftslehre. Versuch einer ausführlichen und grösstentheils neuen Darstellung der Logik mit steter Rücksicht auf deren bisherige Bearbeiter‹, Bde. 1–4, Sulzbach (J. E. v. Seidel) 1837.
**Brentano, Franz:** ›Die Psychologie des Aristoteles, insbesondere seine Lehre vom nous poietikos‹, Mainz (Franz Kirchheim) 1867.
**Brentano, Franz:** ›Wahrheit und Evidenz. Erkenntnistheoretische Abhandlungen und Briefe‹ (Philosophische Bibliothek 201), hrsg. v. Oskar Kraus, Leipzig (Meiner) 1930. *Eine Ausleihe durch Gödel ist für den 16. November 1937 nachweisbar.*
**Brouwer, Luitzen Egbertus Jan:** »Begründung der Mengenlehre unabhängig vom logischen Satz vom ausgeschlossenen Dritten, in: ›Verhandelingen der Koninklijke Akademie van Wetenschappen te Amsterdam‹ 1918, 1919 (1920–1923), S. 1–43, S. 1–33.
**Brouwer, Luitzen Egbertus Jan:** »Zur Begründung der intuitionistischen Mathematik«, in: ›Mathematische Annalen‹ 93, 95, 96 (1925, 1926, 1927), S. 244–257, S. 453–472, S. 451–488.
**Brouwer, Luitzen Egbertus Jan:** ›Over de grondslagen der wiskunde‹, Amsterdam/Leipzig (Maas und van Suchtelen) 1907; engl: ›Brouwer, ›On the Foundations of Mathematics‹, in: ›Collected Works I. Philosophy and Foundations of Mathematics‹, hrsg. v. Arend Heyting, Amsterdam (North-Holland) 1975, S. 11–101. 48, 178
**Brouwer, Luitzen Egbertus Jan:** ›Intuitionismus‹, hrsg. v. Dirk van Dalen und David E. Row, Berlin (Springer) 2020.
**Dawson, Jr., John W.:** ›Logical Dilemmas. The Life and Work of Kurt Gödel‹, Wellesley, Mass. (Peters) 1997; dtsch.: ›Kurt Gödel. Leben und Werk‹, Wien/New York (Springer) 1999.
**Dedekind, Richard:** ›Stetigkeit und irrationale Zahlen‹, Braunschweig (Friedrich Vieweg) 1872.
**Fischer, Kuno:** ›Gottfried Wilhelm Leibnitz. Leben, Werke und Lehre‹, 5. Aufl., Heidelberg (Carl Winters Universitätsbuchhandlung) 1920. *Der Band befindet sich in Gödels Privatbibliothek.* 64, 194
**Frege, Gottlob:** »Über Sinn und Bedeutung«, in: ›Zeitschrift für Philosophie und philosophische Kritik‹, Neue Folge, Bd. 100 (1892), S. 25–50; engl.: »Sense and Reference«, übers. v. Max Black, in: ›The Philosophical Review‹ 57 (1948), S. 209–230.
**Gödel, Kurt:** »Eine Interpretation des intuitionistischen Aussagenkalküls«, in: ders., ›Ergebnisse eines mathematischen Kolloquiums‹ 4 (1933), S. 39–40; mit englischer Übersetzung wiederabgedruckt in: ders., ›Collected Works‹, Bd. I, S. 300–303.
**Gödel, Kurt:** »Is Mathematics Syntax of Language?«, 1953/9, in: ders., ›Collected Works‹, Bd. III, ›Unpublished Essays and Lectures‹, hrsg. v. Solomon Feferman, John W. Dawson, Jr., Warren Goldfarb, Charles Parsons, Robert M. Solovay, Oxford (Oxford University Press) 1995, S. 334–362.
**Gödel, Kurt:** »Russell's Mathematical Logic«, in: ›The Philosophy of Bertrand Russell‹, hrsg. v. Paul A. Schilpp, Evanston Ill. (Northwestern University) 1944, S. 123–153; Wiederabdruck in: ›Collected Works‹, Bd. II, S. 119–141.
**Gödel, Kurt:** »The Present Situation in the Foundations of Mathematics«, in: ders., ›Collected Works‹, Bd. III, ›Unpublished Essays and Lectures‹, hrsg. v. Solomon Feferman, John W. Dawson, Jr., Warren Goldfarb, Charles Parsons, Robert M. Solovay, Oxford (Oxford University Press) 1995, S. 45–53.
**Gödel, Kurt:** »Über formal unentscheidbare Sätze der ›Principia Mathematica‹ und verwandter Systeme I«, in: ›Monatshefte für Mathematik und Physik‹ 38 (1931), S. 173–198; Wiederabdruck

und Übersetzung ins Englische, in: ›Collected Works‹, Bd. I, S. 144-195.

Gödel, Kurt: [Exzerpte zu Brouwers Dissertation], in: Kurt Gödel Papers (C0282), Behältnis 10a, Reihe V, Mappe 39, ursprüngliche Dokumentennummer 050135.

Gödel, Kurt: ›Collected Works‹, Bd. I. ›Publications 1929-1936‹, hrsg. v. Solomon Feferman, John W. Dawson, Jr., Stephen C. Kleene, Gregory H. Moore, Robert M. Solovay, Jean van Heijenoort, Oxford (Oxford University Press) 1986.

Gödel, Kurt: ›Collected Works‹, Bd. II. ›Publications 1938-1974‹, hrsg. v. Solomon Feferman, John W. Dawson, Jr., Stephen C. Kleene, Gregory H. Moore, Robert M. Solovay, Jean van Heijenoort, Oxford (Oxford University Press) 1990.

Gödel, Kurt: ›Collected Works‹, Bd. III. ›Unpublished Essays and Lectures‹, hrsg. v. Solomon Feferman, John W. Dawson, Jr., Warren Goldfarb, Charles Parsons, Robert M. Solovay, Oxford (Oxford University Press) 1995.

Gödel, Kurt: ›Collected Works‹, Bd. IV. ›Correspondence A-G‹, hrsg. v. Solomon Feferman, John W. Dawson, Jr., Warren Goldfarb, Charles Parsons, Wilfried Sieg, Oxford (Clarendon Press) 2003.

Gödel, Kurt: ›Collected Works‹, Bd. V. ›Correspondence H-Z‹, hrsg. v. Solomon Feferman, John W. Dawson, Jr., Warren Goldfarb, Charles Parsons, Wilfried Sieg, Oxford (Clarendon Press) 2003.

Gödel, Kurt: ›Max 0 Phil I‹, siehe ders., ›Philosophie I Max 0‹.

Gödel, Kurt: ›Max I‹, siehe ders., ›Zeiteinteilung (Max) I‹.

Gödel, Kurt: ›Max II‹, siehe ders., ›Zeiteinteilung (Max) II‹.

Gödel, Kurt: ›Max III‹, Kurt Gödel Papers (C0282), Behältnis 6b, Reihe III, Mappe 66, ursprüngliche Dokumentennummer 030089.

Gödel, Kurt: ›Max IV‹, Kurt Gödel Papers (C0282), Behältnis 6b, Reihe III, Mappe 67, ursprüngliche Dokumentennummer 030090.

Gödel, Kurt: ›Max V‹, Kurt Gödel Papers (C0282), Behältnis 6b, Reihe III, Mappe 67, ursprüngliche Dokumentennummer 030091.

Gödel, Kurt: ›Max VI‹, Kurt Gödel Papers (C0282), Behältnis 6b, Reihe III, Mappe 68, ursprüngliche Dokumentennummer 030092.

Gödel, Kurt: ›Max VII‹, Kurt Gödel Papers (C0282), Behältnis 6b, Reihe III, Mappe 68, ursprüngliche Dokumentennummer 030093.

Gödel, Kurt: ›Max VIII‹, Kurt Gödel Papers (C0282), Behältnis 6b, Reihe III, Mappe 69, ursprüngliche Dokumentennummer 030094.

Gödel, Kurt: ›Max IX‹, Kurt Gödel Papers (C0282), Behältnis 6b, Reihe III, Mappe 69, ursprüngliche Dokumentennummer 030095.

Gödel, Kurt: ›Max X‹, Kurt Gödel Papers (C0282), Behältnis 6b, Reihe III, Mappe 70, ursprüngliche Dokumentennummer 030096.

Gödel, Kurt: ›Max XI‹, Kurt Gödel Papers (C0282), Behältnis 6b, Reihe III, Mappe 70, ursprüngliche Dokumentennummer 030097.

Gödel, Kurt: ›Max XII‹, Kurt Gödel Papers (C0282), Behältnis 6b, Reihe III, Mappe 71, ursprüngliche Dokumentennummer 030098.

Gödel, Kurt: ›Max XIV‹, Kurt Gödel Papers (C0282), Behältnis 6b, Reihe III, Mappe 72, ursprüngliche Dokumentennummer 030099.

Gödel, Kurt: ›Max XV‹, Kurt Gödel Papers (C0282), Behältnis 6b, Reihe III, Mappe 72, ursprüngliche Dokumentennummer 030100.

Gödel, Kurt: ›Philosophie I Max 0‹, Kurt Gödel Papers (C0282), Behältnis 6b, Reihe III, Mappe 63, ursprüngliche Dokumentennummer 030086.

Gödel, Kurt: ›Philosophische Notizbücher, Bd. 1: Philosophie I Maximen 0‹ / ›Philosophical Notebooks, vol. 1: Philosophy I Maxims 0‹, hrsg. v. Eva-Maria Engelen, übers. v. Merlin Carl, Berlin/München/Boston (De Gruyter) 2019.

Gödel, Kurt: ›Philosophische Notizbücher, Bd. 2: Zeiteinteilung (Maximen) I und II‹ / ›Philosophical Notebooks, vol. 2: Time Management (Maxims) I and II‹, hrsg. v. Eva-Maria Engelen, übers. v. Merlin Carl, Berlin/München/Boston (De Gruyter) 2020.

Gödel, Kurt: ›Philosophische Notizbücher, Bd. 3: Maximen III‹ / ›Philosophical Notebooks, vol. 3: Maxims III‹, hrsg. v. Eva-Maria Engelen, übers. v. Merlin Carl, Berlin/München/Boston (De Gruyter) 2021.

Gödel, Kurt: ›Resultate Grundlagen I-IV‹, Kurt Gödel Papers (C0282), Behältnis 6c, Reihe III, Mappe 83-86, ursprüngliche Dokumentennummern 030116-030119.

Gödel, Kurt: ›Zeiteinteilung (Max) I‹, Kurt Gödel Papers (C0282), Behältnis 6b, Reihe III, Mappe 64, ursprüngliche Dokumentennummer 030087.

Gödel, Kurt: ›Zeiteinteilung (Max) II‹, Kurt Gödel Papers (C0282), Behältnis 6b, Reihe III, Mappe 65, ursprüngliche Dokumentennummer 030088.

Gomperz, Heinrich: »Vorlesung zur Geschichte der europäischen Philosophie aus dem Wintersemester 1925/26 und Sommersemester 1926«, Mitschrift durch Kurt Gödel, in: Kurt Gödel Papers (C0282), Behältnis 6b, Reihe III, Mappen 72,5 und 72,6, ursprüngliche Dokumentennummern 030100.4 und 030100.5. 58, 188

Gomperz, Heinrich: ›Weltanschauungslehre. Ein Versuch die Hauptprobleme der allgemeinen Theoretischen Philosophie geschichtlich zu entwickeln und sachlich zu bearbeiten, Bd. 1. Methodologie‹, Jena (Eugen Diederichs) 1905.

**Gomperz, Heinrich:** ›Weltanschauungslehre. Ein Versuch die Hauptprobleme der allgemeinen Theoretischen Philosophie geschichtlich zu entwickeln und sachlich zu bearbeiten, Bd. 2, 1. Hälfte. Noologie‹, Jena (Eugen Diederichs) 1908.

**Hahn, Hans:** »Über lineare Gleichungssysteme in linearen Räumen«, in: ›Journal für die reine und angewandte Mathematik‹ 157 (1927), S. 214-229.

**Hetzenauer, Michael (Hrsg.):** ›Biblia Sacra secundum Vulgatam Clementinam edita‹, Bd. 5, ›Novum Testamentum‹, Regensburg (Pustet) 1922. *Der Band befindet sich in Gödels Privatbibliothek.* 105, 122, 233, 249

**Heyting, Arend:** »Die intuitionistische Grundlegung der Mathematik«, in: ›Erkenntnis‹ 2 (1931), S. 106-115.

**Hilbert, David: Bernays, Paul:** ›Grundlagen der Mathematik‹, Bd. 1, Berlin (Springer) 1934.

**Kaegi, Adolf:** ›A Short Grammar of Classical Greek‹, St. Louis, Mo. (Herder) 1909, 5. Aufl.

**Kaufmann, Felix:** »Bemerkungen zum Grundlagenstreit in Logik und Mathematik«, in: ›Erkenntnis‹ 2 (1931), S. 262-290.

**Külpe, Oswald:** ›Einleitung in die Philosophie‹, Leipzig (Hirzel) 1895.

**Kummer, Ernst Eduard:** »Über die Konvergenz und Divergenz der unendlichen Reihen«, in: ›Journal für die reine und angewandte Mathematik‹ 13 (1835), S. 171-184.

**Leibniz, Gottfried Wilhelm:** »Dissertatio de arte combinatoria [1666]«, in: ›Die philosophischen Schriften‹, Bd. IV, hrsg. v. Carl Immanuel Gerhardt, Berlin (Weidmannsche Buchhandlung) 1880, S. 27-102. *Unter anderem zu diesem Band aus der Gerhardt-Ausgabe hat Gödel Exzerpte angefertigt. Er hat ihn nachweislich am 18. Dezember 1929 ausgeliehen.*

**Luther, Martin (Übers.):** ›Die Bibel oder die ganze Heilige Schrift des Alten und Neuen Testaments‹, Berlin (Britische und Ausländische Bibelgesellschaft) 1936. *Der Band befindet sich in Gödels Privatbibliothek.*

**Menger, Karl:** ›Dimensionstheorie‹, Leipzig/Berlin (B. G. Teubner) 1928.

**Powell, Lyman P.:** ›A Life Size Portrait‹, New York (The Macmillan Company) 1930. *Eine Ausleihe dieses Bandes durch Gödel ist für April 1942 nachweisbar.* 135, 262

**Russell, Bertrand:** ›The Principles of Mathematics‹, Bd. 1, Cambridge (Cambridge University Press) 1903.

**Russell, Bertrand: Whitehead, Alfred North:** ›Einführung in die Mathematische Logik‹, übers. v. Hans Mokre, München/Berlin (Drei Masken Verlag) 1932. *In Gödels Privatbibliothek befindet sich ein Exemplar dieser Ausgabe.*

**Schoenflies, Arthur:** ›Die Entwicklung der Lehre von den Punktmannigfaltigkeiten. ZweiterTeil‹, Leipzig (Teubner) 1908.

**Schopenhauer, Arthur:** ›Über den Willen in der Natur‹, Frankfurt a. M. (Siegmund Schmeber) 1836. 59, 188

**Sigmund, Karl (Hrsg.): Dawson, John (Hrsg.): Mühlberger, Kurt (Hrsg.):** ›Kurt Gödel. Das Album/The Album‹, Wiesbaden (Vieweg) 2006.

**Thomas von Aquin:** ›Commentaria philosophica in Aristotelem‹. *Das Werk enthält Thomas' Kommentare zu folgenden Schriften: Expositio Perihermeneias, Expositio Posteriorum, In libros Metaphysicorum, In libros Physicorum, In libros De caelo et mundo, In librum De generatione, In libros Meteorologicorum, De anima, De sensu, Sententia libri Ethicorum, Tabula libri Ethicorum, Sententia libri Politicorum.*

**Thomas von Aquin:** ›De unitate intellectus contra Averroistas‹.

**Thomas von Aquin:** ›Summa theologiae I. Quaestio 1-49‹ (Opera omnia, Bd. 4), Rom (Typographia Polyglotta) 1888. *Gödel hat hierfür am 20. Mai 1937 einen Bestellschein ausgefüllt.*

**Wang, Hao:** ›A Logical Journey. From Gödel to Philosophy‹, Cambridge, Mass./London (MIT Press) 1996.

**Whitehead, Alfred North: Russell, Bertrand:** ›Principia Mathematica‹, 3 Bde., Cambridge (Cambridge University Press) 1910 bis 1913. *Es ist nachweisbar, dass die von Gödel ausgeliehenen Bände 2 und 3 am 23. September 1938 zurückgegeben wurden. Gödel besaß eine Übersetzung der Einleitungen der ›Principia Mathematica‹.* 48, 117, 126, 178, 244, 253

**Wilbur, Sibyl:** ›The Life of Mary Baker Eddy‹, New York (Concord Publishing) 1908. 135, 262

**Zweig, Stefan:** ›Die Heilung durch den Geist‹, Leipzig (Insel) 1931. 119, 246, 135, 262

**Personenregister –
Index of Names**

Aristoteles 58, 61, 87, 88, 188, 191, 215, 217
Baire, René Louis 84, 89, 213, 217
Baker Eddy, Mary 119, 246
Bernays, Paul 53, 183
Borel, Félix Édouard Justin Émile 85, 213
Brouwer, Luitzen Egbertus Jan 48, 50, 76, 85, 94, 106, 107, 117, 178, 180, 205, 214, 222, 234, 235, 244
Cantor, Georg Ferdinand Ludwig Philipp 80, 209
Church, Alonzo 69, 101, 199, 229
Chwistek, Leon 51, 128, 136, 181, 255, 263
Dedekind, Richard 114, 241
Descartes, René 58, 188
Dirichlet, Johann Peter Gustav Lejeune 103, 231
Einstein, Albert 66, 195 ff.
Empedokles 86, 215
Fermat, Pierre de 102, 230
Frege, (Friedrich Ludwig) Gottlob 117, 127, 135, 244, 254, 261
Freud, Sigmund 119, 246
Fries, Jakob Friedrich 56, 186
Gauß, Carl Friedrich 59, 189
Gödel, geb. Porkert, geschiedene Nimbursky, Adele 55, 136, 185, 262
Gomperz, Heinrich 58, 188
Hahn, Hans 115, 242 ff.
Hegel, Georg Wilhelm Friedrich 58, 188
Herbrand, Jacques 53, 90, 183, 218
Hilbert, David 58, 188
Jordan, Camille 60, 189
Kant, Immanuel 58, 64, 188, 193
Kummer, Ernst Eduard 54, 183
Lebesgue, Henri Léon 80, 82, 101, 210, 211, 229
Leibniz, Gottfried Wilhelm 58, 188
Locke, John 58, 188
Mesmer, Franz Anton 119, 246
Mostowski, Andrzej 54, 183
Neumann, John von (Baron Johann von, bzw. János Lajos Neumann von Margitta) 45, 171
Newton, Isaac 132, 259
Peano, Giuseppe 78 f., 80, 82, 85, 90, 91, 207 ff., 209, 211, 214, 219
Platon 58, 188
Plotin 58, 188
Richard, Jules Antoine 45, 171
Riemann, (Georg Friedrich) Bernhard 78, 82, 208, 211
Russell, Bertrand (Arthur William) 49, 56, 68, 78, 80, 129, 136, 179, 186, 198, 207, 209, 255, 263
Schopenhauer, Arthur 59, 188
Sokrates 62, 192
Souslin bzw. Suslin, Michail Jakowlewitsch 85, 92, 102, 213, 220, 230
Stone, Marshall Harvey 89, 217
Tarski, Afred 135, 262
Thomas von Aquin 56, 58, 103, 186, 188, 231
Zenon von Elea 69, 199
Zweig, Stefan 119, 246

# Errata-Liste für Band 3 / Errata List for volume 3

S. 3 ›Dawson‹ an Stelle von ›Dawsons‹
S. 8 ›Mappe 66‹ statt ›Mappe 64‹
S. 21 ›*initia*‹ statt ›initia‹, ›*specimina*‹ statt ›specimina‹; ›*Scientia Generalis*‹ statt ›Scientia Generalis‹; ›*organon*‹ statt ›organon‹
S. 22 ›Ars inveniendi‹ statt ›ars inveniendi‹
S. 56 Zeile 1 ›*Werkzeug*‹ statt ›*Werkezeug*‹; andere Lesart für ›zwischen (objektiv) trivialer Konstruktion‹ ›(objektiv) zwischen trivialer Konstruktion‹
S. 61 Fußnote ›Z. 16‹ statt ›z. 16‹
S. 61 Fußnote »›Ziel‹, ›Zweck‹, ›Motiv‹, ›Absicht‹« statt »›Ziel‹, ›Zweck‹, ›Absicht‹«
S. 88 Zeile 2 ›*q*‹ statt ›q‹
S. 90 Zeile 22 ›Das Gefühl der Tiefe bei allem‹ an Stelle von ›Bei allem‹
S. 105 Zeile 33 $A \cdot B = B^n \cdot A^m$ statt $A . B = B^n . A^m$
S. 105 Zeile 34 $B^k \cdot A^l$ statt $B^k . A^l$
S. 137 Zeile 3 »›ich erreiche *A*«‹ an Stelle von »›ich erreiche *A* «‹
p. 173 ›Philipp‹ instead of ›Phillip‹; ›Dawson‹ instead of ›Dawsons‹
p. 183 ›distinction between‹ instead of ›*distinction between*‹; ›thus reveals‹ instead of ›*thus reveals*‹; ›Its unity‹ instead of ›*Its unity*‹; ›determined‹ instead of ›*determined*‹; ›remarkable feature‹ instead of ›*remarkable feature*‹.
p. 199 line 3 ›all‹ instead of ›any‹
p. 215 remark 1 ›applied‹ instead of ›applied/implemented‹
p. 218 remark psychology 4 ›(digest).‹ instead of ›(digest)‹
p. 221 footnote ›'goal', 'purpose', 'motive', or 'intention'‹ instead of ›'goal', 'purpose', or 'intention'‹
p. 224 footnote ›see note 148‹ instead of ›see note 67‹
p. 225 remark mathematics, item 4 ›definition or which‹ instead of ›definition of which‹
p. 231 remark 4 Alternative readings: ›Passions determine the ultimate goal‹; ›Passions make you choose the ultimate goal‹
p. 236 remark 1 ›every thing‹ instead of ›all matter‹
p. 247 item 4 ›The feeling of depth for everything‹ instead of ›For everything‹
p. 262 remark 1 $A \cdot B = B^n \cdot A^m$ instead of $A \wedge B = B^n \wedge A^m$; $B^k \cdot A^l$ instead of $B^k \wedge A^l$

www.ingramcontent.com/pod-product-compliance
Lightning Source LLC
Chambersburg PA
CBHW080912170426
43201CB00017B/2295